JN144114

砲・工兵の日露戦争

——戦訓と制度改革にみる白兵主義と火力主義の相克——

小数賀 良二 著

錦正社

目次

第三章　砲兵の改革

第四章　工兵の改革

図表目次

図目次

表目次

砲・工兵の日露戦争

——戦訓と制度改革にみる白兵主義と火力主義の相克——

序章

日本陸軍は、大東亜戦争において米軍の圧倒的な物量、そしてその科学力の前に惨敗した。陸軍技術本部長を務めた多田礼吉中将が「近代戦は科学戦であり特に大東亜戦争は高度の科学兵器戦であった。米軍に対しての惨敗は科学兵器の劣戦力に起因する」と回想するように[1]、大東亜戦争の敗因に兵器技術の後れを指摘する意見は数多い。

陸軍は一九二八（昭和三）年に歩兵操典を改正し、その綱領に「必勝の信念」を初めて採用した。時の教育総監武藤信義大将は、「必勝の信念」の普及のため、同年一月に陸軍戸山学校において、歩兵各隊長会同の席上、次の訓示を実施した（傍線は引用者による）。

> 然ルニ近来動モスレハ各方面ニ於テ縷々国軍ノ編制装備ヲ非難スルノ言論ヲ聴キ其弊延イテ軍隊ニ及ヒ、甚シキニ至リテハ教練、検閲等ノ際ニ於テ不用意ノ間下級幹部及兵卒ノ信念ニ動揺ヲ生セシムルカ如キ有害無益ノ装備問題ヲ議シ[2]（後略）

精神力を強調する文脈の中でとは言え、陸軍の教育訓練に責任を負う教育総監が、隊長レベルの士官に対して「装備に関する議論は有害無益」とまで発言するのはやはり異様に思われる。

第一次世界大戦は、膨大な物量と死傷者、国家総力戦思想の誕生、数々の新兵器の投入などで日本陸軍に大きな衝撃を与えた。桑田悦は、一九二〇（大正九）年の日仏の歩兵操典草案を比較し、フランス軍では歩兵と戦車及び砲兵との協同を重視しているのに対し、日本軍は歩兵の絶対的優位を強調していると指摘している。また防御よりも攻撃を重視する傾向があり、日本軍の装備の近代化の遅れが非合理的な用兵思想を生み、後年次第に甚だしくなっていったとも指摘する。[3] 日本陸軍を特徴付けていたのは、歩兵の白兵突撃を絶対視する白兵主義であった。白兵主義が歩兵操典に採用されたのは、日露戦争後一九〇九（明治四十二）年の改正においてである（以下、改正歩兵操典）。つまり、歩兵は日露戦争から白兵主義を学んだ。では、伝統的に技術部門を担い、近代化を推進してきた砲兵と工兵は、日露戦争から何を学んだのだろうか。

第一節　研究の目的

日露戦争は二〇世紀最初の近代国家間戦争であり、機関銃や大口径火砲の破壊力、莫大な弾丸・戦費及び人命の損耗、長期にわたる消耗戦、蒸気機関と大口径主砲を備えた戦艦同士の海戦、といった近代戦の徴候を、第一次世界大戦に先駆けて示した戦争だった。[4]

第一次世界大戦が日本陸軍に与えた衝撃は、しばしば語られる。では、陸軍は日露戦争からは何を学んだのだろうか。日露戦争と第一次世界大戦の間には何があったのだろうか。

国家には、国家の生存と繁栄という国益を具現する国家目標がある。国家目標には、政治上の目標、安全保障上の目標、経済上の目標などが含まれ、これらの目標を達成するために政治戦略、軍事戦略、経済戦略などがある。国家目標を軍事戦略に基づいて達成するために使用される力が、軍事力である。[5]

日露戦争後の一九〇七（明治四十）年、帝国国防方針が制定された。大日本帝国の国家戦略が明示された唯一の公式文書である。[6]帝国国防方針は以下のような思考過程で策定された。[7]

国家はその生存発展を図るための大方針として国是を持ち、国是を遂行するための方策として国策（国家戦略）を定める。国策を遂行する上で外国の妨害を排除するのが国防である。国防の力を建設・維持・運営する計画が国防計画であり、その大方針が国防方針である。国防方針を策定する上での基本的な考え方が国防思想であり、それは主として軍事的手段による戦略（軍事戦略）と、外交等による政略によって構想される。軍事戦略を実施する具体的方法が作戦用兵であり、それに必要な兵力が所要兵力である。

すなわち日露戦争後とは、国防思想の統一を図り、国家戦略に基づいて国防方針を立て、所要兵力を整備増強する環境が整った時期であった。その戦力を運用するための用兵思想を担うのが、歩兵操典である。歩兵操典は、日露戦争の経験を取り入れて一九〇九年に改正された。そこで採用されたのが、歩兵の銃剣突撃によって戦闘に最終的に勝利するという、いわゆる白兵主義であった。大東亜戦争の敗戦後、「砲兵火力を軽視する日本軍独自の戦法は、この歩兵操典が原因」とある将軍が嘆いたという。[8]

日露戦争前までは、攻者はまず砲撃によって敵を制圧し、ついで歩兵の小銃射撃で敵を圧倒してから銃剣突撃することで撃破できるとされていた。したがって師団長が諸兵に適当な任務を与え、諸兵はこれを実行することで自然に協同が行われ、その戦力を統合発揮できると考えられていた。ところが日露戦争当時は、野戦築城と機関銃及び歩兵の携行火器の発達に伴って防者の抵抗力が増大したため、旧来の方法では敵陣を攻略できなくなった。したがって攻撃の間、常に諸兵が密接に協力して総合的に戦力を発揮することが必要となった。[9] 具体的には、砲兵の支援射撃と工兵の障害物排除である。

後述するように、白兵主義の成立経緯についてはかなりの先行研究がある。それに対して、技術兵科たる砲・工兵が白兵主義が台頭していく状況にどう対処したのかは明らかでない。

本研究は、日本陸軍の特に砲・工兵は日露戦争で何を学び、第一次世界大戦までの一〇年間に戦力向上のためどのような改善を行ったかを解明するものである。軍事思想や戦術は戦争を通じて変化するので、陸軍の日露戦争に対する評価も時代によって異なると思われる。したがって、陸軍が日露戦争から何を学んだかを解明するには、第一次世界大戦を経験する前の時期に着目すべきと考える。これらを解明することで、世界的な軍事の動向から見た日本陸軍の状況が明確になる。大東亜戦争の敗北の遠因がこの時期に作られたとすれば、砲・工兵の得た戦訓と日露戦争後の改革を解明するのは意義深いことと思われる。

第二節　先行研究の整理

一　日露戦争に関する研究

日露戦争に関して書かれたものは多数存在するが、[10] 学術研究としては大江志乃夫の先駆的研究[11]が代表的なものである。大江は日露戦争時の火力を銃器と火砲について検討した結果、日露戦争は「一、技術的に完成された小銃、機関銃をもってする世界最初の大規模かつ長期の戦争だった。二、野戦砲の技術的完成と、野戦及び攻城重砲の発達を促した。三、局地的な戦場では日本軍の火力はロシア軍に優越していた」[12]と結論付けている。さらに大江は、欧州各国は日露戦争で生じた新現象を未発達な極東で生じた例外的な現象と見なし、日本陸軍はそれを鵜呑みにした。そのため、日露戦争から戦術的な教訓を学んだだけで、自らの経験に基づく独創的な軍事理論を編み出すことができなかったと、厳しく批判している[13]。

日露戦争中の兵器行政に関しては横山久幸の研究がある[14]。陸軍は日露戦争中に、弾薬の欠乏、野砲の性能不足など様々な問題に直面したが、銑製榴弾[15]の採用、弾薬の増産と緊急輸入、野砲の射程延伸と防楯追加などの措置により、辛うじて難局を乗り切った。しかし、国産可能な兵器を装備する「兵器独立」の原則では、進歩に対応できなくなりつつあったと横山は指摘している。

日露戦争から得られた戦訓に関しては、遠藤芳信の研究に一部言及がある[16]。遠藤は、戦争中に得られた戦訓として第二軍司令部が作成した資料を、また戦後の戦訓抽出作業として陸軍軍制調査委員報告書を分析している。しかし遠藤は歩兵操典改正の契機としてこれらに着目しているため、砲・工兵の得た戦訓に関する記述は見られない。『砲兵沿革史』などの記述は、火砲の更新と砲兵部隊の編成状況に限定された断片的なものにとどまる。

大江は前述の研究で、陸軍は将来の戦闘の火力における火砲の決定的役割について学習せず、歩兵を戦闘の主兵に、野戦砲兵をその支援兵種にする主義を一層明確にした、と述べている[17]。大江は「日本陸軍が学習しなかった原因」を、いかにもステレオタイプな「日本陸軍の頑迷さ、後進性、非科学性、精神主義」で説明してしまっているように思われる。その一方で大江は、陸軍が野戦重砲の威力を高く評価し、重砲連隊を増強したことを紹介している。[18]これはむしろ、陸軍の先見の明と、戦訓を柔軟に取り入れる姿勢を示しているものであろう。こうした陸軍の姿勢は、日露戦争後どうなったのだろうか。

二　日露戦争後の軍制に関する研究

日露戦争後の軍制に関する研究は、一九〇九（明治四十二）年歩兵操典改正に関するもの、[19]二個師団増設問題に関するもの、[20]帝国国防方針に関するものが多い。[21]兵器開発に関しては、個々の兵器の開発採用過程について触れたものが散見されるが、[22]管見の限り、兵器の用兵思想や開発態勢まで含めた研究は見当たらないようである。

まず戦史叢書では、『陸軍軍戦備』で「日露戦争とその後の軍戦備」の一章を設けている。[23]陸軍は、山縣有朋参謀総長が提出した「戦後経営意見書」をもとに軍備充実を図った。財政状況を考慮して計画は二期に区分され、第一期においては従来の一三個師団から一九個師団を常設することとし、将来的には戦時五〇個師団を編成できる軍備を目指していた。

また、帝国国防方針策定と方針に基づく所要兵力決定の経緯を概説している。兵器研究促進のため、陸軍省兵器局、臨時軍用気球研究会、無線電信調査委員及び軍用自動車調査委員が設置された経緯に触れている。日露戦争後の陸軍の動きについてはほぼ網羅されているが、問題にされているのはあくまで兵力量であり、戦争から得た教訓がどのように反映されているのか（またはいないのか）、戦場の様相の変化を認識していたのかという観点は提示されていない。

黒野耐は、日露戦争後から昭和までの日本陸軍の軍備構想を、質と量の葛藤という観点から論じている。[24]黒野は、山縣の改革案と、満州軍総参謀長児玉源太郎が提出した「我陸軍ノ戦後経営ニ関シ参考トスヘキ一般ノ要件」(児玉案)を対比した。児玉案は、二期に分けて拡充を図る点は山縣案と同じであるが、師団の増加は二個師団に留め、現有師団の質の強化を図っている点に特徴がある。しかし最終的に採用されたのは、山縣案であった、と黒野は述べている。

小林道彦は、これを帝国国防方針策定の前段階として捉え山縣案と児玉案の調整過程を検討している[25]。これは、ロシアの復讐戦に対する強い懸念から平時二五個師団の整備を唱えた山縣と、戦後の国防環境の好転を背景に平時一九個師団で十分とする児玉との対立であった。しかしロシア軍の満州からの急速な撤退により陸軍内の懸念は衰え、当面二〇個師団の整備で意見の一致を見た、と小林は述べている。

これら先行研究では政策決定過程を重視しているため、戦術的観点からの検討はなされていない。日露戦争の戦訓から得られた戦術的思考が、どのように戦後の軍備や運用に影響を与えたか(あるいは与えなかったか)はあまり明らかでない。

三　日露戦争後の用兵思想に関する研究

一九〇九年、日露戦争の戦訓を取り入れて歩兵操典が改正された。陸軍の用兵思想の中核をなすのが歩兵操典であり、他兵科も戦闘の原則に関しては歩兵操典を準用していた。歩兵操典に関しては、遠藤芳信が多くの研究を行っている[26]。ただし遠藤の関心は、国民に対する軍事教育と歩兵操典の関連が中心である。

荒川憲一は、歩兵操典改正経緯を分析し、攻撃第一主義の教条化、白兵突撃主義及び精神力の強調と、それに伴う砲兵の相対的地位の低下といった影響を指摘している。そして改正歩兵操典の原則形成に影響を与えた要因として、

図１　「日露戦史編纂史料」の一例①
福島県立図書館佐藤文庫所蔵（筆者撮影）。

日露戦争の経験、帝国国防方針の制定、経済環境及びナショナリズムを指摘した[27]。

また原剛も改正経緯を分析し、日露戦争では砲兵火力が明らかに以前の戦争より向上しているのに、日本陸軍はこれを見落とした、と実証的に論じている[28]。

以上のように、歩兵操典改正により白兵主義が「日本独特の戦法」と見なされ奨励されるようになったことは、数多く指摘されている。これに対して、砲・工兵はどのような戦訓を得て、どのような改革を行ったのか、また白兵主義の台頭に対してどのように対処したのかは明らかになっていない。

先行研究はいずれも、砲弾の不足や歩砲協同要領の不備のため砲兵が歩兵の信頼を失い、結果として白兵主義へ傾倒していったとしている[29]。ここに三つの問題点がある。第一に、「砲兵側の視点」を欠いていること。改正歩兵操典に関して論じる場合、歩兵側の視点が中心となってしまい、砲兵の側はどう考えていたのか議論されたことがなかった。第二に、火力の主体を砲兵に限定していることである。そのため、歩兵自身の有する火力、つまり小銃火力が閑却されている。また日露戦争では工兵も、爆薬と、新発明の迫撃砲及び手榴弾を駆使して火力の担い手となった。これらへの認識も考慮してみる必要がある。第三に、「ロシア側の視点」

である。日本軍砲兵は、ロシア軍砲兵よりも多くの割合の損害を与えていた[30]。ならば、現に日本軍砲兵の射撃を受けたロシア軍は、日本軍砲兵をどう評価していたのか、検討する価値がある。

そこで本書は、新資料を用いてこれらの欠落した部分を解明する。「砲兵側の視点」及び「歩兵・工兵の火力」に関しては、砲兵として従軍した将兵の回想、部隊史、陣中日誌、戦闘詳報などを活用する[31]。「ロシア側の視点」については、福島県立図書館佐藤文庫所蔵の「日露戦史編纂史料」を活用する。これは、参謀本部第四部が日露戦史編纂のため収集翻訳した未公刊の海外文献で、ロシア軍将兵の回想、ロシア軍に従軍した欧州諸国の観戦武官及び記者の記録、また欧州の軍人の日露戦争評などからなる[32]。参謀本部が公刊戦史である『明治三十七八年日露戦史』や『明治三十七八年役露軍之行動』を編纂するのに用いた資料であるが、管見の限り直接研究の対象となったことはなく、貴重な資料と考えられる。

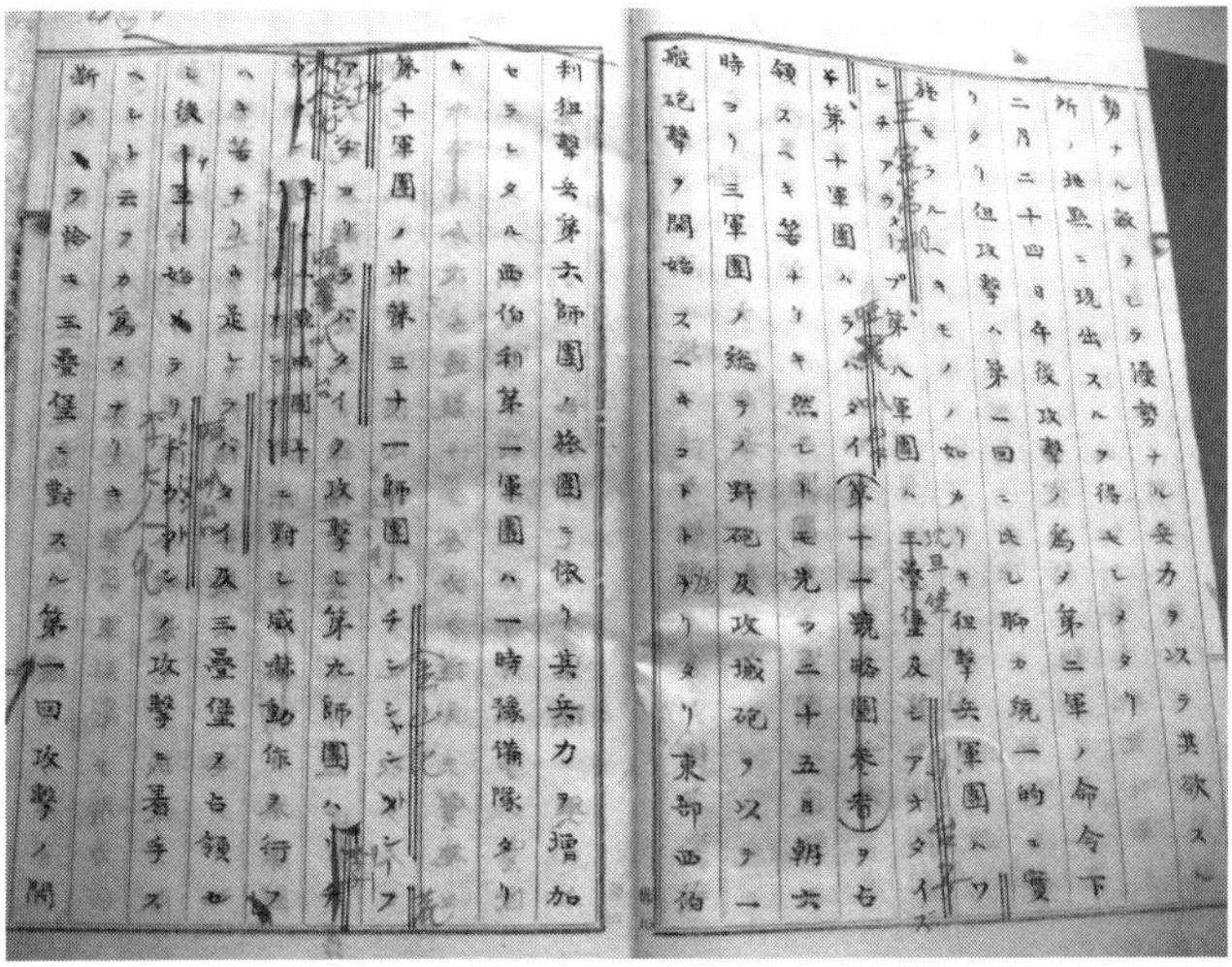

図２「日露戦史編纂史料」の一例②
福島県立図書館佐藤文庫所蔵（筆者撮影）。

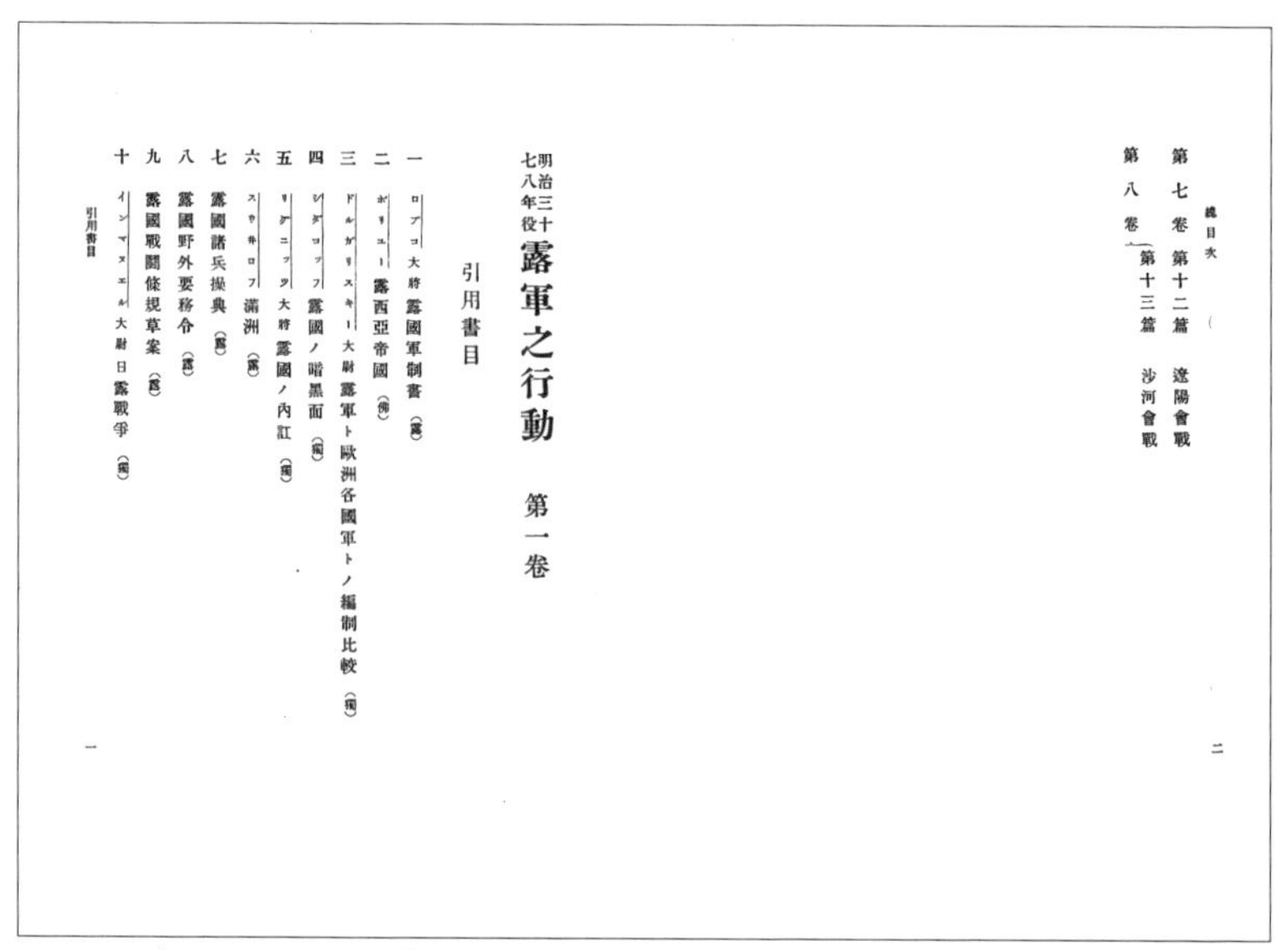

總目次

第七巻　第十二篇　遼陽會戰

第八巻（第十三篇　沙河會戰

二

明治三十七八年役　露軍之行動　第一巻

引用書目

一　ロプコ大將　露國軍制書（露）
二　ポリユー　露西亞帝國（佛）
三　ドルガリスキー大尉　露軍ト歐洲各國軍トノ編制比較（獨）
四　シダコツフ　露國ノ暗黑面（獨）
五　リグニツツ大將　露國ノ內訌（獨）
六　スヤ井ロフ　滿洲（露）
七　露國諸兵操典（露）
八　露國野外要務令（露）
九　露國戰鬪條規草案（露）
十　インマヌエル大尉　日露戰爭（獨）

引用書目　一

図３　参謀本部第四部『明治三十七八年役露軍之行動』第一巻（1908年）の目次①

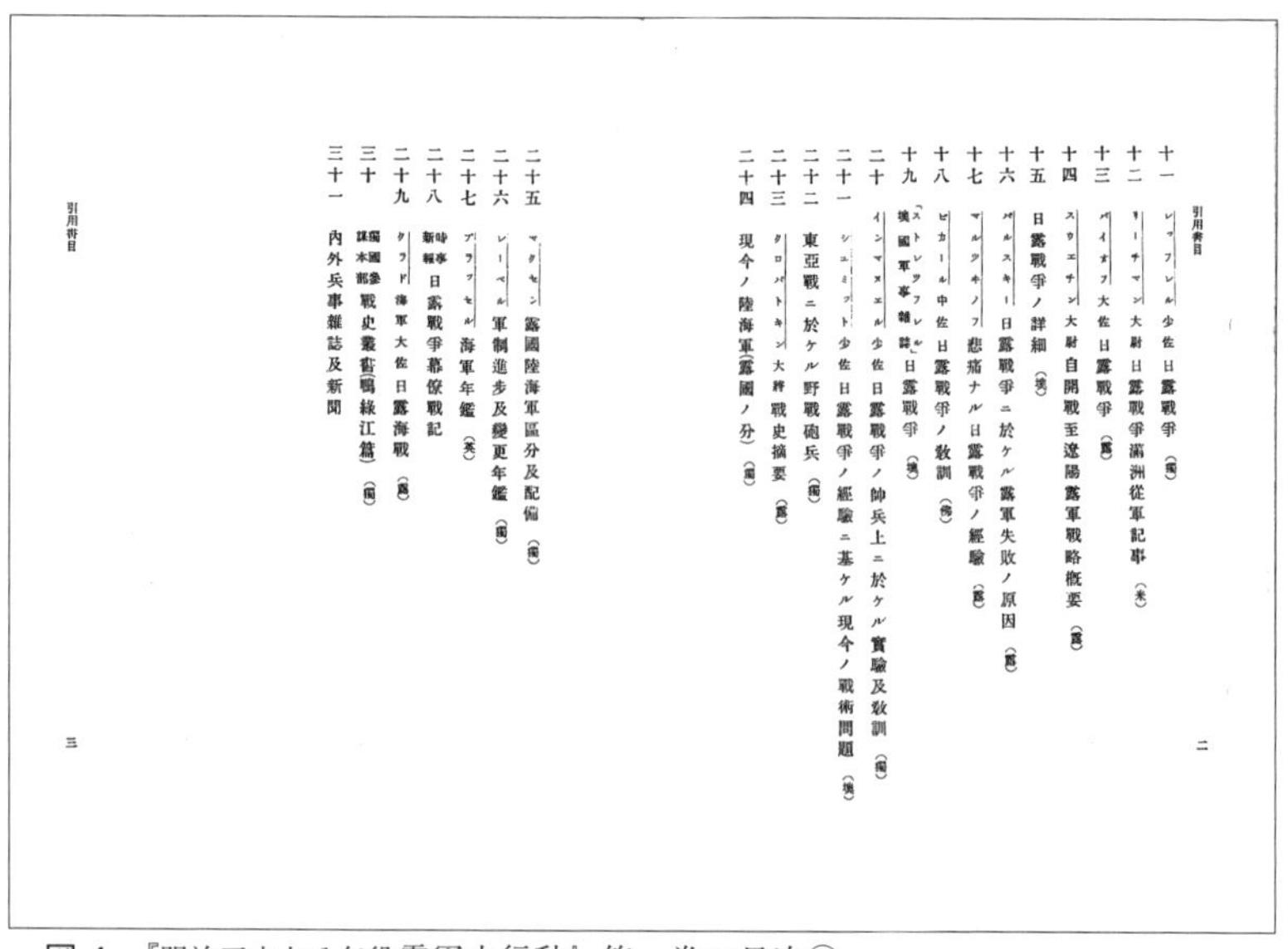

引用書目

十一　レツフレル少佐　日露戰爭（獨）
十二　リーチマン大尉　日露戰爭滿洲從軍記事（米）
十三　バイオフ大佐　日露戰爭（露）
十四　スウエチン大尉　自開戰至遼陽露軍戰略概要（露）
十五　日露戰爭ノ詳細（墺）
十六　バルスキー　日露戰爭ニ於ケル露軍失敗ノ原因（露）
十七　マルツキノフ　悲痛ナル日露戰爭ノ經驗（露）
十八　ピカール中佐　日露戰爭ノ敎訓（佛）
十九　「ストレツフレル」墺國軍事雜誌　日露戰爭（墺）
二十　インマヌエル少佐　日露戰爭ノ帥兵上ニ於ケル實驗及敎訓（獨）
二十一　シユミツト少佐　日露戰爭ノ經驗ニ基ケル現今ノ戰術問題（墺）
二十二　東亞戰ニ於ケル野戰砲兵（獨）
二十三　クロパトキン大將　戰史摘要（露）
二十四　現今ノ陸海軍（露國ノ分）（獨）

二

二十五　マツケンゼン　露國陸海軍區分及配備（獨）
二十六　レーベル　軍制進步及變更年鑑（獨）
二十七　ブラツセル　海軍年鑑（英）
二十八　時事新報　日露戰爭幕僚戰記
二十九　クラード海軍大佐　日露海戰（露）
三十　獨國參謀本部　戰史叢書（鴨綠江篇）（獨）
三十一　內外兵事雜誌及新聞

引用書目　三

図４　『明治三十七八年役露軍之行動』第一巻の目次②
　引用書目の二十に、図１の史料の名が見える。

第三節　概念の整理

一　歩兵と砲・工兵

各兵科の概念はそれぞれの操典に規定されており、本書でもそれを採用する。すなわち、歩兵は「戦闘ノ主兵トシテ戦場ニ於テ常ニ主要ノ任務ヲ負担シ戦闘ニ最終ノ決ヲ与フル」ものである。他兵種の協同動作は歩兵の任務達成を主眼として行われる。歩兵の本領は「地形及時期ノ如何ヲ問ハス戦闘ヲ実行」し得ることにある。よって、歩兵は「他兵種ノ協同ヲ欠クコトアルモ自ラ能ク戦闘ヲ準備シ」遂行しなくてはならない。(33)歩兵は火力と白兵を武器とし、軽快に機動することができ、また野戦築城を利用して抵抗されると掃討が難しい。

砲兵は、野戦砲兵と要塞砲兵（重砲兵）からなる。野戦砲兵は、他兵種、特に歩兵と協同して戦闘の目的を達成する。そのために、野戦砲兵は「戦闘ノ骨幹ヲ成形シテ他兵種ニ行動ノ自由ヲ与ヘル」ことを主眼とする。野戦砲兵の本領は「軽捷ナル運動ト威力強大ナル射撃」をもって戦闘を実行することにあり、適切に目標を選び精巧な射撃を加えて「敵ヲ圧倒震駭シ友軍ノ志気ヲ鼓舞作興シテ遂ニ全軍戦勝ノ途ヲ啓ク」に至る。(34)また、重砲兵は遠大の射程と偉大な砲弾効力を発揮して「野戦砲兵ノ撃破シ能ハサル目標並歩兵ノ攻撃ヲ阻害スヘキ術工物」を破壊する。(35)砲兵は強大な火力を提供するが、精密かつ重量のある器材を運用するので、機動が困難である。

工兵は、作戦の全経過にわたり、「特有ノ技術的能力ヲ発揮シテ作業ヲ実行シ以テ全軍戦勝ノ途ヲ啓ク」のを本領とする。特に近接困難な敵陣に対しては、「地上若ハ地中ヨリ之ニ近迫シ突撃防止ノ設備ヲ根底ヨリ破壊シテ歩兵ノ為ニ肉薄突撃ノ自由ヲ与ヘ」戦局の進捗を容易にする。(36)

すなわちあくまで戦闘の主体となるのは歩兵であって、砲・工兵は補助兵科の扱いであった。日露戦争当時、これは世界的に共通する傾向だったが、日本陸軍ではこの観念は非常に強固であった。(37) 同時代的な陸軍関係者にも、これを批判する声は多い。(38)

しかし明治の初期には、各兵科をまとめて呼ぶとき砲工歩騎輜の順序で呼んでいたと言われる。(39) すなわち砲兵、工兵、歩兵、騎兵、輜重兵の順であり、最初から歩兵が最優先ではなかった。また操典の記述上は軍の主兵は歩兵であり、砲兵はあくまで支援兵科だったが、砲兵自身は「砲兵こそ軍の主兵」と思っていた、(40) という回想もある。

先行研究が明らかにしているように、日本陸軍の白兵主義が成立したのが、一九〇九年の歩兵操典改正である。改正前の『明治三十一歩兵操典』（以下、旧歩兵操典）が「歩兵戦闘は火力を以て決戦するを常とす」（第二三二条）と述べていたのに対し、改正歩兵操典は「銃剣突撃を以て敵を殲滅するにあらざれば戦闘の目的は達し得られざるものと覚悟」すべきとし、「故に歩兵の戦闘主義は白兵にして、射撃は此の白兵を使用する為に敵に近接するの一手段なりとの主義」を「明瞭に指示」して白兵の意義を強調している。結果的に、射撃が白兵使用のための一手段におとしめられ、将来への問題を残すことになる。(41)

現代から見るとこの点は、歩兵戦闘から火力戦闘へ戦場の様相が移行しつつあった時代の流れに逆行するものとして批判されることが多いが、一つ疑問がある。それは、砲兵と工兵が、白兵主義の重視をどのように受容したのかである。

砲兵は火力をもって任務を遂行する兵種であって、火力の否定は存在意義を否定されるに等しいであろう。通説では、日露戦争で使用された野戦砲と榴霰弾では、ロシア軍の野戦築城に効果が薄く、適切に歩兵を支援できなかったことから、砲兵が歩兵の信頼を失ったとされる。しかし、野砲の威力向上と野戦重砲の投入などで解決する方策もあったはずであり、それだけでは十分に説明を尽くしていないように思われる。例えば軍務局砲兵課は、戦後すぐに作成した業務詳報の中で、今後「兵器ノ改良進歩ニ関スル審査実験ヲ怠ラザルコト」(42)と述べて兵器の改良を訴えている。こうした意見は顧みられなかったのだろうか。

また工兵は、兵器行政機構の中で重要な位置を占めているが、その通史を読んでも活動内容があまり明らかでない。工兵の歴史に関しては吉原矩の諸研究がある(43)が、第二次世界大戦当時の話題が中心であり、日露戦争前後の時期については未だ不明な点が多い。日露戦争は、野戦であっても陣地攻略が主体となった。そこでは、障害物除去や爆破作業といった工兵の任務は極めて重要なものであった。したがって工兵の存在意義とその実態を考察する必要があると考えられる。

二　戦訓と戦訓認識

外山三郎によると戦訓とは戦史の教訓であり、したがって歴史の教訓である(44)。

外山によれば、戦訓は四つに分類される。①不変的戦訓（原則）、②可変的戦訓、③核時代における戦訓、④戦場戦訓、である。①不変的戦訓とは、「孫子の兵法」に見られるような、古今東西に不変の原則である。②可変的戦訓とは、作戦レベルで当面する事態に対し、戦史の中から本質的に類似の事例を求め、作戦を支配した原則、因果関係、勝敗の原因、偶然・必然の失敗を抽出したものである。③核時代における戦訓とは、核戦争を回避するための抑止理論や、戦争回避の方策を求めるものである。④戦場戦訓とは、現に戦って得た部隊レベルの教訓であり、その収集・活用には迅速性・組織性・継続性が重要とされる。

西浦進は、戦訓という言葉は概ね三つの意味で使われているとしている[45]。一つ目は戦役間に得た情報に類するもの。敵の兵器や戦法、自軍の成功や失敗の事例の状況や原因など。二つ目はある戦史の研究によって教訓を得て、これを原則、方式、型、傾向として、当局のドクトリンとして取り上げるもの[46]。最後に「思考の一要素」として、ある個別特定下の状況での、因果の関係を脳裏に感銘しておくもの。一つ目は、外山の言う戦場戦訓、二つ目は同じく可変的戦訓に該当するであろう。西浦は、最後の意味の戦訓は「創造の基となる知識」であり、まったく新しい状況に際して適切な対策を創造するために「戦史研究にあたって、広く求むべきもの」と考えている。

外山の言う①不変的戦訓は、アメリカ軍が言う九項目の原則[47]に近いものと考えられる。これはある戦争で得られた教訓から容易に変化するようなものではないであろう。一方③核時代における戦訓は、名前の通り核兵器の存在に伴って発生したもので、本書の関心とは距離がある。また、西浦の言う「思考の一要素」の意味の戦訓はやや抽象的であり、本書では、外山の言う②可変的戦訓と④戦場戦訓を「戦訓」と総称することとしたい。

「戦訓を活かす」とは、得られた知識をこれからの行動に効果的に利用することを指す。例えば戦訓として新戦法を得たなら、教範類の整備、訓練態勢の確立、普及教育などが、必要な時点でなされていなくてはならない。同様に、新兵器ならば、開発、量産、配備、戦法の確立、訓練、補給整備体制の構築などが必要である。

ところで、外山は日本海軍の戦訓活用の失敗事例としてジュットランド海戦を挙げているが、この事例からは二つの教訓が導ける。一つは水平防御の重要性。もう一つは、「艦隊決戦と戦争の勝敗が必ずしも一致しない」ことである。前者は戦場戦訓、後者は可変的戦訓と考えられるが、日本海軍が学習したのは前者であり、後者は顧みられなかった。

このように、一つの戦史からでも引き出される戦訓は研究する者によって異なる。それは、研究した者の関心、経験、価値観などに左右されると考えられる。戦訓を引き出すに当たって、「経験した事態の何を事実と考え、事実のどこを重視し、どのように考察したか」を「戦訓認識」と呼びたい。

第一次世界大戦及び大東亜戦争を経た現在から見れば、日露戦争が示した戦訓は実際はどのようなものだったかは明白である。しかし本書では、日本陸軍が同時代的にどのような認識を持っていたかを重視したい。そうすることで、後知恵的な批判を避けられると考える。

三　白兵主義と火力主義

「白兵」とは、フランス語の arme blanche の直訳であるとされる。「白刃をきらめかせて」という表現があるように、抜き身の刀、刀剣、槍などの武器を指す。白兵戦は、刀槍によって近接戦闘を行うことである。白兵主義という言葉は、歩兵操典改正の方針である根本主義に出てくる。[48] 白兵戦、特に銃剣突撃により敵を殲滅し、戦闘に最終的な決着を付けるという考え方であり、本稿でもこの定義を採用する。英語では白兵戦を a hand-to-hand fight あるいは close combat と言うが、単に「近接格闘」というニュアンスであって、刀剣にこだわっているようには思えない。

一方、火力(Fire Power)とは、銃砲などの火器の威力を示す。火力主義という言葉は、日本陸軍の用語には見られず、「火兵主義」という用語が用いられた。一九一〇(明治四十三)年出版の『白兵主義』は、「戦術上白兵ヲ以テ勝敗ヲ決セントスル之ヲ白兵主義ト謂ヒ火兵ヲ以テ勝敗ヲ決セントスル之ヲ火兵主義ト謂フ」[49]と、白兵主義に対置して火兵主義という用語を用いている。同書の著者の関太常は欧州の戦史を概観して、火器の発達する以前は白兵主義が優勢だったが、一八七〇年普仏戦争で、フランス軍のシャスポー銃がドイツ軍の突撃を阻止し、以来「火兵主義勢力ヲ得テ白兵主義ヲ圧倒スルニ至リ以テ日露戦争ニ及ベリ」[50]としている。明治以降の日本陸軍は欧州式の火兵主義を重用していたが、古来我が国の戦闘法は純然たる白兵主義であり、日露戦争の結果白兵主義に回帰した、というのが関の主張であり、概ねこれが根本主義に対する、ひいては改正歩兵操典に対する理解だったと言ってよいであろう。

関は、旧歩兵操典に言う「火力ヲ以テ決戦」する方法を火兵主義と言っている。これは当時のドイツ歩兵操典の直訳であるが、ドイツ歩兵操典の該当の条項で言う火力は、歩兵の小銃火が主であり、砲兵火力や、まして工兵の用いる各種兵器は思考の外のようだ。

日露戦争当時は、戦場の様相が一九世紀以前のそれから大きく変化しつつあった時期である。[51]まず歩兵の携行火器は、連発小銃が標準となった。薬莢と一体の椎の実型弾丸、無煙火薬、銃身のライフリング(旋条)により、射程、命中率及び発射速度が格段に向上した。現在に通じる小銃の原型が完成した時期である。また、機関銃が大々的に採用された。連発銃は南北戦争当時すでに存在したが、ヨーロッパでは軍隊同士のまみえる戦場での使用は控えられてきた。しかし日露戦争によって、機関銃は防御兵器として絶大な威力があることが証明された。

一方、火砲の発達史において、この当時の大きな進歩は駐退復座装置の実用化である。それまでの火砲は、発砲すると反動で砲車そのものが後退してしまい、人力で元の位置へ戻してやらねばならなかった。これに対して駐退復座装置とは、油気圧シリンダで反動を吸収し、砲身だけが後退してまた元の位置へ戻る仕組みである。これを砲身後座式といい、発射速度が飛躍的に増大する。日露戦争は、ちょうど砲身後座式火砲への過渡期に当たる。また日露戦争は、大口径の重砲が野戦に投入された戦争でもあった。旅順攻略では、現地で工兵が開発した迫撃砲と手榴弾が威力を発揮し、さらに地中から敵陣地を爆破する坑道戦が展開された。

すなわち火力には、①小銃、機関銃など歩兵の携行火器、②野戦砲兵の運用する野砲、③要塞砲兵の運用する要塞砲、攻城砲及び野戦重砲、④工兵の迫撃砲、爆薬、手榴弾の四種類が含まれる。そうした実情を踏まえて本書では、火力とは「火薬の爆発エネルギーを利用して敵を殺傷する能力」とし、火力を用いて敵を殲滅し、戦闘に決着を付ける考え方を火力主義とする。(52)

第四節　本研究の視点

近年、ＲＭＡ（Revolution in Military Affairs）という用語がしばしば用いられるようになった。これは科学技術、特に情報技術の急激な発達に伴って生じた軍事面の変化を指す言葉である。(53) ＲＭＡという概念の源流には、歴史学の分野における軍事革命（Military Revolution）に関する議論がある。軍事革命とは、ロバーツ（Michael Roberts）が一九五五年に提唱した概念であり、軍事力構築と近代国家形成の因果関係に着目したものである。(54) 一方、軍事史の分野でも、軍事面での大きな非連続性に着目した軍事的な革新（military innovation）に関する議論が以前からなされている。軍事技術、作戦運用、組織、使用される資源の変化などによって引き起こされる革命的な変化が、戦争の形態、規模、軍事的効果を大きく変容させたとする議論である。

これらの研究は、対象とする軍の思想、組織制度、兵器の技術革新などに着目している。軍隊に革新的な変化が生じるときには、これらに変化が起こると考えられるからである。本書は、「日露戦争後の日本陸軍で軍事的な革新があった」と主張するものではない。ただ、陸軍にどのような変化が生じたかを観察するには、これらに着目するのが妥当であると考える。

一　用兵思想

軍事的な革新を、思想的な変化で捉える研究がある。例えばポーゼン（Barry R. Posen）は、軍事ドクトリンに着目した。彼は、軍事ドクトリンを国家の大戦略の構成要素と位置付け、その革新は政軍統合と戦争の勝敗に影響を及ぼすと指摘した。そして、軍事的な革新の成功例の一つとして、第二次世界大戦期のイギリスの防空システムを取り上げている。[55] ジスク（Kimberly Martin Zisk）も、軍事的な革新におけるドクトリンの重要性を指摘している。ジスクは、軍事的な革新を「軍事ドクトリンの革新であって既存の軍事ドクトリンの内容から大きく転換すること」と定義し、[56] ソ連の軍事ドクトリンがアメリカのドクトリンに対応して変化する様子を分析した。

ドクトリンとは、アメリカ国防省の定義によれば「軍隊或いは軍の部隊が国家目標の達成に関わるに際して、その行動の指針となる基本的な原則」[57] であり、「権威あるも適用に際しては判断を要す」と付記されている。日露戦争当時、日本陸軍にはドクトリンは存在しなかったとされるので、本書では日本陸軍の用兵思想に注目したい。日本陸軍では、歩兵操典第二部に戦闘の一般原則が記述されていた。[58] 日露戦争後に改正された野戦砲兵操典、重砲兵操典及び工兵操典では、戦闘の一般原則については改正歩兵操典第二部を基準として各兵科独自の戦闘法を加えている。[59]そこで、各兵科の操典に規定された戦闘の原則を、日本陸軍の用兵思想と見なし、その変化について調べる。本書では、日露戦争後の各兵科の操典改正作業が、各兵科を統合して戦力を発揮する「諸兵科連合（combined-arms）」という用兵思想構築の試みであった、と考えて論を進めていきたい。

二　組織制度

ローゼン（Stephen Peter Rosen）はベトナム戦争期のアメリカ陸軍の研究において、戦闘主体の変化に着目した。当時のアメリカ陸軍の軍事ドクトリンは欧州での通常戦を想定したものであったが、ヘリコプターを中核とした空中機動師団（Airmobile Division）を創設して対ゲリラ戦を遂行した。こうした事例から、ローゼンは軍事的な革新を「戦闘部隊における支配的な作戦概念（concept）の変化」「ある軍種（service）内の主要な戦闘部隊の変化、あるいは新しい戦闘部隊（combat arm）の創造」と定義した。[60]

ローゼンやマレー（Williamson Murray）らは、戦法や戦術の変化、それに伴う部隊編制及び教育訓練などの転換といった組織内部の動きを重視し、ある軍種内の戦闘部隊という単位の変化を革新と捉えた。

そこで、日露戦争後の日本陸軍に生じた組織制度の変化を考える。ここで組織制度とは、部隊編制、規則、教育、施設などを包含する概念とする。日露戦争前の陸軍の砲兵は野戦砲兵と要塞砲兵の二種類があった。野戦砲兵は各師団に一個連隊が配属され、師団長の裁量で運用できるので師団砲兵とも呼ばれる。一個中隊が六門の野戦砲を有し、三個中隊で一個大隊、二個大隊で一個連隊を編成する。したがって、一個師団は計三六門の野戦砲を装備する。これに対し、要塞砲兵は日本各地の海岸に建設された要塞に常駐し、備え付けの大口径重砲を運用する部隊である。日露戦争前は世界的に、重砲を野戦に投入しようとする試みがなされた時代でもあった。陸軍もそれに倣い、要塞砲兵の一部をもって野戦重砲隊を編成していた。それらの組織は戦後どのようになったか、などを検討する。

三　装　備

マレーとミレット（Allan R. Millett）の研究は、軍事組織が将来戦の様相を予測して的確に準備した事例を、軍事的な革新としている。例えば、空母機動部隊を中核とした海上航空戦力を構築した日米海軍、統合部隊コンセプトに基づく機甲部隊を開発したドイツ陸軍、レーダー、無線、統合指揮所及び戦闘機集団による防空システムを構築したイギリス空軍が、軍事的な革新に成功した組織である。[61] マレーらは、戦法や制度の改革まで含めて論じているが、これらはそもそも航空母艦、戦車、レーダーといった新兵器なしには考えられなかった。科学の進歩が兵器を発展させ、軍事に大きな影響を及ぼすという考え方は、ごく一般的なものであろう。[62]

日露戦争では、小銃と野戦砲の他に野戦重砲、攻城砲、機関銃、さらには迫撃砲や手榴弾、坑道爆破まで含めた多種多様な兵器が登場した。そこで、日露戦争後の陸軍の装備の変化を調べる。

当時、師団砲兵の主武器である野戦砲は口径七五ミリ級の加農であり、榴霰弾という弾丸を使用していた。榴霰弾とは、内部に多数の弾子を有し、目標の直前で炸裂して弾子をばらまく、野戦で人馬を殺傷する目的に特化した弾丸である。日露戦争は、野戦築城にこもったロシア軍を日本軍が攻撃することがほとんどであり、野戦砲による榴霰弾射撃はあまり効果がなく、むしろ榴弾が好まれた。そして、野戦砲に比べはるかに大きな破壊力を示し、その有効性を実証したのが野戦重砲であった。また、旅順攻略戦において現場の工夫で発明されたのが迫撃砲である。射程は短いながら、大きな火力を投射でき、しかも人力で軽易に持ち運びができる火器として注目を集めた。こうした経験から、戦後の陸軍の装備はどのように変化していったかを検討する。

第五節　論文の構成

序章では、本書の問題意識を述べ、先行研究を整理し、本書の位置付けと意義について述べてきた。すなわち、日露戦争は近代日本が経験した大戦争であり、その後の日本陸軍を特徴付ける白兵重視、火力軽視傾向の起点とされる。しかし先行研究はこうした現象を歩兵側の視点から説明しており、砲・工兵の視点から見たものはない。

本書は、日露戦争から日本陸軍の砲・工兵がいかなる戦訓を得て、第一次世界大戦までの間にどのような改革を行ったのかを解明するものである。その際、用兵思想、組織制度及び装備の観点から考察する。

第一章「砲・工兵の日露戦争」では、日露戦争中の砲・工兵の戦いの実情を、ロシア側資料を交えて解明する。「日本軍砲兵が、砲の射程、発射速度でロシア軍に劣り、弾薬が不足し、間接射撃と遮蔽陣地を活用できず一方的に射撃を受けた」という通説は妥当なものなのか、ロシア軍の目には日本軍砲兵はどのように映ったかを検討する。ロシア側資料として、前述した福島県立図書館佐藤文庫所蔵の「日露戦史編纂史料」を活用する。

また「攻城砲兵隊戦闘詳報」及び「攻城工兵廠陣中日誌」を用いて、要塞戦において、攻城重砲と野戦砲とが、攻撃準備射撃の期間、火力支援の要領、目標の割当、歩・砲兵の連絡手段等々、戦術を改良しながら作戦を進めていく様子を見る。加えて、工兵の対壕坑道戦及び爆破術の見直し、新兵器の迫撃砲と手榴弾の評価についても検討する。

第二章「日露戦争の戦訓抽出」では、日露戦争の戦訓抽出作業が、現場から中央までどのように行われ、どのような戦訓を得たかを検討する。併せて、欧州諸国の見解が日本ではどのように紹介されたかを調べる。日露戦争の戦訓研究は、各軍、満州軍総司令部、陸軍省軍務局各課及び各兵科など、様々なレベルで行われたが、公式なものは軍制調査委員によるものである。これらによると、陸軍は、将来の戦争は野戦と言えども陣地戦が主体になると正しく理解しており、火力の増強が必要であることをよく認識していた。

併せて、欧州の専門家や観戦武官は日露戦争をどのように見ていたか、それは日本にどう紹介されたかを検討する。資料としては、各軍及び軍務局各課の意見書、軍制調査委員の報告書を用いる。欧州の見解については『偕行社記事』や当時の軍事関連出版物を参照する。また、米英観戦武官の報告を交えて検討する。

第三章「砲兵の改革」では、日露戦争後の砲兵が用兵思想、組織制度及び装備にどのように戦訓を反映させたかを検討する。

日露戦争後の砲兵に求められたのは、陣地戦における破壊射撃と、歩兵への密接な協力であった。野戦砲兵操典及び『明治四十四年重砲兵操典草案』（以下、重砲兵操典草案）がどのような経緯で改正され、その内容はどう変化したかを見ていく。組織については、要塞砲兵が重砲兵と改称され、重砲兵連隊が常設となって要塞砲から野戦重砲へ重点が移っていく状況、装備については最新の砲身後座式野砲が整備され、また野戦重砲が増強される様子を概観する。

資料には、防衛省防衛研究所図書館所蔵資料、『偕行社記事』などを用いる。

第四章「工兵の改革」では、第三章と同様に日露戦争後の工兵が用兵思想、組織制度及び装備にどのように戦訓を反映させたかを検討する。ただし、工兵は担当する範囲が極めて広いので、本書では火力発揮に関係の深い部門に限定する。また資料の問題から、組織制度改正に関しては限定的な記述に留まった。

日露戦争は、道路構築、通信手段の確保、地雷処理、陣地構築及び旅順攻略で発達した坑道戦など、工兵が重要な役割を果たした戦争でもあった。作業ごとの個別の教範に過ぎなかった戦前の工兵操典が、戦後の改正で改正歩兵操典から戦闘の原則を取り入れ、工兵が戦闘兵種となる様子を見ていく。また旅順攻略の経験から、坑道戦法はその器材とともに研究が進められ、気球、飛行機といった新技術の吸収にも熱心であった。

資料には、防衛省防衛研究所図書館所蔵資料、『偕行社記事』、防衛大学校図書館所蔵資料などを用いる。

第五章「考察」では、まず改正歩兵操典において火力がどのように考えられているかを再検討する。次いで死傷者統計から、日露戦争はどのような戦争だったかを改めて考える。改正歩兵操典は白兵主義を採用する一方で、旧歩兵操典にはなかった野戦砲兵と野戦重砲兵に関する記述が見られる。また戦闘中の工兵の任務についても言及しており、各兵科を統合して戦力を発揮する「諸兵科連合」としての性格を持っていた。最後に、火力主義を阻害する要因は何だったかを考察する。

年数は西暦で表記し、元号を付記した。

引用に当たり、旧漢字は現用漢字に直した部分がある。「三十一年式速射野砲」を「三十一年式野砲」、「十五珊加農」を「十五加」、「十二珊榴弾砲」を「十二榴」、「野戦砲兵第三連隊」を「野砲第三連隊」のように適宜略記する。また日露戦争当時は、機関銃を「機関砲」と呼んだが、本書では原文を直接引用する場合を除き「機関銃」を用いた。

註

（1）多田礼吉「大陸軍の消滅に対しての感懐」（偕行社砲兵沿革史刊行会編『砲兵沿革史　第五巻　上』偕行社、一九六六年）四九一頁。
（2）「昭和2年武第2084号附属歩兵各隊長会同席上教育総監口演要旨」JACAR（アジア歴史資料センター）Ref.C01001070000（第3画像目）、「大日記甲輯昭和03年」（防衛省防衛研究所）。
（3）桑田悦「『旧日本陸軍の近代化の遅れ』の一考察（第一次大戦直後の日・仏歩兵操典草案の比較と『火力戦闘の主体論争』を中心として）」（『防衛大学校紀要』第三四号、一九七七年三月）二四八―二五二頁。
（4）「この戦争が速射砲やライフル、そして機関銃を使った最初の大国間の戦争であったことである。（中略）この戦争は兵力数と距離との点で空前の展開を見た戦争であった」（H・P・ウィルモット「歴史的展望の中の日露戦争」小谷賢訳（軍事史学会編『日露戦争（二）――戦いの諸相と遺産――』錦正社、二〇〇五年六月）一二―一三頁）。「第一次世界大戦が国家総力戦として特徴づけられているとするならば、日露戦争は、まさに、プレ国家総力戦的な性格を顕著にしめしたといえよう」（大江志乃夫『日露戦争の軍事史的研究』（岩波書店、一九七六年）一一六頁）。
（5）Naval Warfare Publication 1(Rev. A), *Strategic Concepts of the U.S. Navy* (W. S. Naval Warfare Publication Library, 1990), pp.1-2.
（6）黒野耐「国家戦略と同盟」（『年報戦略研究第1号　戦略とは何か』二〇〇三年十二月）三〇頁。
（7）同『帝国国防方針の研究――陸海軍国防方針の展開と特徴――』（総和社、二〇〇〇年）六―七頁。
（8）加登川幸太郎『三八式歩兵銃――日本陸軍の七十五年――』（白金書房、一九七四年）一三二頁。
（9）「兵器技術の進歩を中心とした編制推移の概要」（防衛省防衛研究所図書館所蔵資料）。
（10）「日露戦争研究　日本語文献目録」（軍事史学会編『日露戦争（二）』）三一一―三三二頁を参照。

(11) 大江『日露戦争の軍事史的研究』及び同『日露戦争と日本軍隊』(立風書房、一九八七年)。
(12) 同『日露戦争の軍事史的研究』一一五―一一六頁。
(13) 同『日露戦争と日本軍隊』二一五―二一六頁。
(14) 横山久幸「技術戦としての日露戦争――日本陸軍による技術革新期への対応――」(『日露戦争と世界――100年後の視点から――』平成16年度戦争史研究国際フォーラム報告書、防衛庁防衛研究所、二〇〇五年三月)。
(15) 製造が容易で原料が豊富な鋳鉄を用いて作る榴弾。制式砲弾よりも威力が劣り、全国の鋳物工場を動員して製造したため品質が悪かった。
(16) 遠藤芳信「一九〇九年歩兵操典改正の思想」(『軍事史学』第二〇巻第一号、一九八四年六月)四―七頁。
(17) 大江『日露戦争の軍事史的研究』一六一頁。
(18) 同右、一〇七頁。
(19) 遠藤「一九〇九年歩兵操典改正の思想」。荒川憲一「我が国独特の戦法の誕生――歩兵操典成立の経緯にみる戦法の創出について――」(『陸戦研究』第四七巻第五五二号、一九九九年九月)など。
(20) 由井正臣「二箇師団増設問題と軍部」(『駒沢史学』第一七号、一九七〇年四月)。今井清一「日露戦後の軍備拡張と軍縮論」(『横浜市立大学論叢』第四三巻第一号、一九九二年三月)など。
(21) 黒野『帝国国防方針の研究』。小林道彦「『帝国国防方針』再考――日露戦後における陸海軍の協調――」(『史学雑誌』第九八巻第四号、一九八九年四月)など。
(22) 吉永義尊『日本陸軍兵器沿革史』(私家版、一九九六年)。竹内昭・佐山二郎『日本の大砲』(出版協同社、一九八六年)など。
(23) 防衛庁防衛研修所戦史部『戦史叢書99　陸軍軍戦備』(朝雲新聞社、一九七九年)四三―七〇頁。
(24) 黒野耐「近代における日本陸軍の軍備構想――質と量の葛藤――」(『防衛研究』第二〇号、一九九八年四月)四―六頁。
(25) 小林「『帝国国防方針』再考」七〇頁。
(26) 遠藤芳信「日露戦争と一九〇九年歩兵操典改正――1910年代以降の『軍事教練』の内容方法の分析のために――」(『東京大学教育学部紀要』第一五号、一九七六年三月)。同「一八九一年歩兵操典の研究」(『軍事史学』第一七巻第二号、一九八一年九月)。同「一九〇九年歩兵操典改正の思想」。同『近代日本軍隊教育史研究』(青木書店、一九九四年)。
(27) 荒川「我が国独特の戦法の誕生」二六―二七頁、及び三一―三四頁。
(28) 原剛「歩兵中心の白兵主義の形成」(軍事史学会編『日露戦争(二)』)二七三頁。

(29) 同右、二七三頁。荒川「我が国独特の戦法の誕生」三二―三三頁。
(30) 原「歩兵中心の白兵主義の形成」二七三頁。
(31) 佐藤文庫は、故佐藤傳吉が収集した明治から昭和戦前期にかけての軍事・戦争関連資料のコレクション。
(32) 参謀本部で情報収集・分析業務に当たった誉田甚八の回想によると、戦後のロシア当局者の報告、ドイツのロシア軍観戦武官の著書など、「苟モ資料若クハ参考ニ供スヘキモノハ総テ翻訳ニ附セリ」(「日露戦役感想録」防衛省防衛研究所図書館所蔵資料)。
(33) 『明治四十二年歩兵操典』(軍人世界社、一九〇九年)一―二頁。
(34) 『明治四十三年野戦砲兵操典』(川流堂、一九一〇年)一―二頁。
(35) 『明治四十四年重砲兵操典草案』(防衛大学校図書館所蔵資料)一頁。
(36) 「大正二年工兵操典」(防衛省防衛研究所図書館所蔵資料)一―三頁。
(37) 桑田「『旧日本陸軍の近代化の遅れ』の一考察」二四八―二五二頁。
(38) 佐藤鋼次郎『日露戦争秘史　旅順を落すまで』(あけぼの社、一九二四年)三八―四五頁。小林順一郎『陸軍の根本改造』(時友社、一九二四年)八七―九三頁。鵜崎鷺城『陸軍の五大閥』(隆文館図書株式会社、一九一五年)二六〇―二七六頁。佐藤は日露戦争当時、第三軍参謀として旅順攻略戦に従事。小林は第一次世界大戦の欧州を実見し、砲兵戦闘主体の陸軍への改革を唱えた人物で、いずれも砲兵である。鵜崎は在野の人物で詳細は不明ながら、「歩兵科に行きしものは概して無芸無能の士なり。蓋し他の兵科は特殊の技術を要するが故にゴマカシの利かざるも、歩兵は何人を以てするも勤まればなり」と手厳しい。当否はともかく、一般にこうした見方が流布していたことは事実である。
(39) 「山吹物語(その1)」(『偕行』第三五〇号、一九八〇年二月)八頁。
(40) 同右、六頁。
(41) 葛原和三「『戦闘綱要』の教義の形成と硬直化」(『軍事史学』第四〇巻第一号、二〇〇四年六月)二二頁。
(42) 「第3　兵器弾薬の消耗力を予定すること」JACAR: Ref.C06040181900、「明治37、8年戦役　陸軍省軍務局砲兵課業務詳報砲兵課」(防衛省防衛研究所)。
(43) 吉原矩『日本陸軍工兵史』(九段社、一九五八年)など。
(44) 外山三郎「戦訓論」(『軍事史学』第九巻第二号、一九七三年九月)。
(45) 西浦進『兵学入門』(田中書店、一九六七年)二〇二―二〇四頁。

(46) 西浦は、ドクトリン(doctrine)と、セオリー(theory)またはプリンシプル(principle)とを区別している。セオリーまたはプリンシプルとは真の科学的理論であり、ドクトリンとは「教義、方針、術の表現」である。ドクトリンは、「責任用兵当局が当時最も適切だと考えた、能力の発露であり、術策の一部の表現とみるべきである。さらに極言すれば、それは国策と一貫すべき統帥命令の内容に相当するものである」(西浦『兵学入門』一八九―一九〇頁)。

(47) 目的、攻撃、簡明、統一、集中、経済、機動、奇襲、警戒の各原則(principle)。Dale O. Smith, *U.S. Military Doctorine : A Study and Appraisal* (Little, Brown & Company, 1955), p.58.

(48) 「歩兵操典に関し訓示及講話の要旨送付の件」JACAR: Ref.C06085078700(第7画像目)、「明治43年坤貳大日記3月」(防衛省防衛研究所)。根本主義は、操典編纂に当たって示された方針のこと。第三章で詳述する。

(49) 関太常『白兵主義』(兵林館、一九一〇年)四頁。関は歩兵大尉で、『偕行社記事』第四一四、四一五号(一九一〇年六、七月)に「最近戦役ノ実例ニ徹シテ白兵ノ価値ヲ論ス」を発表している。「第十七回懸賞問題答案ノ比較的優秀ナルモノ」だという。

(50) 関『白兵主義』五頁。

(51) Jonathan B. A. Bailey, *Field Artillery and Firepower* (Routledge, 2004) 及び Shelford Bidwell and Dominick Graham, *Fire Power : British Army Weapons and Theories of War 1904-1945* (Pen & Sword Books Limited, 2004) など。

(52) 「仏露両軍ノ攻撃戦法ヲ批評シ我カ軍ノ攻撃法ニ論及ス」(『偕行社記事』第四八二号別冊附録、一九一四年九月)に「火力主義」の用語が見られる。逆に、第一次世界大戦後、陸軍の砲兵火力増強を訴えた小林『陸軍の根本改造』では、火力主義という用語は用いていない。

(53) 旧防衛庁では、ＲＭＡを「軍事力の目標達成効率を飛躍的に向上させるために、情報技術を中核とした先進技術を軍事分野に応用することによって生起する、装備体系、組織、戦術、訓練等を含む軍事上の変革」と定義した〔「情報ＲＭＡについて」(防衛庁防衛局防衛政策課研究室、二〇〇〇年)六頁〕。

(54) "The Military Revolution 1560-1660," Clifford J. Rogers ed., *The Military Revolution Debate* (Westview Press, 1995), p.16.

(55) Barry R. Posen, *The Source of Military Doctrine : France, Britain and Germany between the World Wars* (Cornell University Press, 1984), pp.95-102.

(56) Kimbarry Martin Zisk, *Engaging the Enemy : Organization Theory and Soviet Military Innovation, 1955-1991* (Princeton University Press, 1993), p.4.

(57) *Department of Defense Dictionary of Military and Associated Terms* (Joint pub 1-02, 1979), p.113.

(58) 第一部は教練。

(59) 吉原『日本陸軍工兵史』七四頁は、「歩兵操典第二部は唯一の金科玉条であった」としている。

(60) Stephen Peter Rosen, *Winning the Next War : Innovation and the Modern Military* (Cornell University Press, 1991), pp.7-8.

(61) Williamson Murray and Allan R. Millett, *Military Innovation in the Interwar Period* (Cambridege University Press, 1996).

(62) ほかにMartin Van Creveld, *Technology and War : From 2000 B.C. to the Present* (The Free Press, 1989) や Trevor N. Dupuy, *The Evolution of Weapons and Warfare* (Da Capo Press, 1984) など。

第一章　砲・工兵の日露戦争

本章の概要

本章では、日露戦争中の砲・工兵の戦闘の実態を、ロシア側証言を交えて述べる。ロシア側証言については、欧米諸国の観戦武官報告及び福島県立図書館佐藤文庫所蔵の「日露戦史編纂史料」を活用する。日露戦争中、砲兵は慢性的に弾薬が不足し、また威力が乏しく歩兵の不信を招いたとされる。数々の証言から、砲兵が不評だったのは事実である。従来これは、弾薬消費見積もりの誤りと、野砲及び弾丸の性能のためとされてきたが、ロシア側から見ると、実情はやや相違する。

まず日本軍砲兵の活動の実態を述べ、それが当時、日本軍将兵自身、観戦武官及び実際に交戦したロシア軍将兵にどのように評価されたかを調べる。それには、投入された火砲の種類と性能、採用された戦術などに着目する。通説では、日本軍の野砲はロシア軍に比べて射程が短く発射速度が遅いなど、性能上劣っていたとされる。戦術面においても、遮蔽陣地と間接射撃を採用するロシア軍に対し、日本軍は旧来の暴露陣地と直接射撃を採用していたため、苦戦したと言われる。こうした通説は、妥当なものだろうか。また劣勢であったなら、日本軍砲兵はどうやってロシア軍砲兵に対抗していったのだろうか。

同様にロシア軍砲兵について、ロシア軍砲兵自身、観戦武官及び日本軍将兵にどのように評価されたかを調べる。先行研究において、日本軍砲兵はロシア軍に対して、ロシア軍砲兵が日本軍に与えたよりも大きな損害を与えていたことが判明している。ロシア軍が火砲の性能及び戦術において優位であったのなら、なぜそのようなことが起きたのだろうか。

そして、日本軍砲兵の自己評価が低い理由について検討する。日本軍砲兵が、他兵科特に歩兵の期待に応えられず、砲兵自身も自責していたのは事実である。そうした認識を抱いたのはなぜかを検討する。

次に、日露戦争でも有数の熾烈な火力戦闘だった旅順攻略戦において、日本軍砲兵がいかに戦ったかを、「攻城砲兵隊戦闘詳報」の記述から探る。旅順攻略戦は失敗と苦戦の連続であったが、砲兵はその中でいかに戦訓を得て、戦術を改良していったかを述べる。

最後に工兵の戦闘について、同じく旅順攻略戦の活動を述べる。旅順では、対壕、坑道及び爆破といった工兵の役割の重要性が見直された。また現地で工夫された迫撃砲及び手榴弾が、重要な役割を果たした。これらの活動状況を、工兵隊及び攻城工兵廠の陣中日誌から明らかにする。

第一節　砲兵の活動

例えば、旅順攻略について「ベトンに榴霰弾を撃つだけで無策」という批判がある。[1]典型的な批判であるが、旅順攻略戦における弾種ごとの使用弾数を計算すると、野砲一六万九四五二発、重砲一八万八二九三発で重砲弾の方が多く、また重砲は榴霰弾の約四倍の榴弾を撃ち込んでいる。[2]旅順攻略に苦戦したのは、臼砲などの旧式な攻城砲では、いかに大口径であっても大した効果がなかったからである。まして七五ミリ級の野砲では、榴弾を使用しても大勢に変化はなかったであろう。

また、技術審査部が行った銑製榴弾の試験が「まったく非科学的であった」[3]とする批判がある。その試験方法とは、弾丸のまわりを板で囲って爆発させ、弾痕を調べるものである。[4]これは静止爆発試験と言い、現代でも基本的に同じ試験が行われている。[5]

日露戦争に関する言説には、こうした誤解や先入観が散見される。本章ではロシア側及び欧米の視点を交えて、極力これらを排し、日露戦争の実態と当時の日本軍自身の認識とを解明していく。

一　日本軍砲兵の活動

ロシア軍砲兵は日本の三十一年式速射野砲よりも新しい野砲を装備していたため、射程が長く、発射速度が速く、また遮蔽陣地からの間接射撃を採用したため、日本軍は「まったく敵砲兵に翻弄される有様」[6]で終始苦戦した。そのため、野戦砲兵が歩兵の信頼を失い、火力重視から白兵重視へと転換することになった、というのが定説である。

ここでは、実際に従軍した砲兵の証言や交戦したロシア側の証言、及び欧米観戦武官の報告から、日本軍砲兵の実像を探る。

（一）　野戦重砲の投入

日本陸軍は戦前から野戦重砲兵の整備を進めていた。そして開戦とともに、克式十二珊榴弾砲を装備した野戦重砲兵連隊を編成し、鴨緑江の戦闘に投入した。連隊は鴨緑江の中州に陣地を布き、電話で結ばれた観測所からの指示により対岸の九連城を砲撃した。この陣地は小樹林の後方に堅固に構築され、胸墻には散水して発射の際に塵埃が飛ぶのを防ぐなど、入念に隠蔽されていた[7]。そのためロシア軍はこの砲を発見できず、連隊は一方的に射撃して九連城を無力化してしまった[8]。この戦闘は野戦における間接射撃の実用性と、重砲の破壊力を実証した。実際に運用した第一軍はもちろん、各軍とも野戦重砲の配属を熱望したが[9]、要塞攻略に重砲を集中するため、野戦重砲兵連隊は第三軍に回された。

なお、野砲第二連隊も同じ中州に布陣しており、観測所と指揮所を共用していた[10]。ロシア軍は「野砲及び重砲の蔭蔽陣地から射撃を受けた」としている。[11]

（二）　間接射撃と遮蔽陣地

間接射撃とは、観測所からの指示により火砲が直接目視できない目標を射撃する技法である。うまく用いれば一方的に敵を攻撃できるので、着想は昔からあったが、技術的理由などにより日露戦争当時、世界的に野戦での使用はまだ一般的ではなかった。

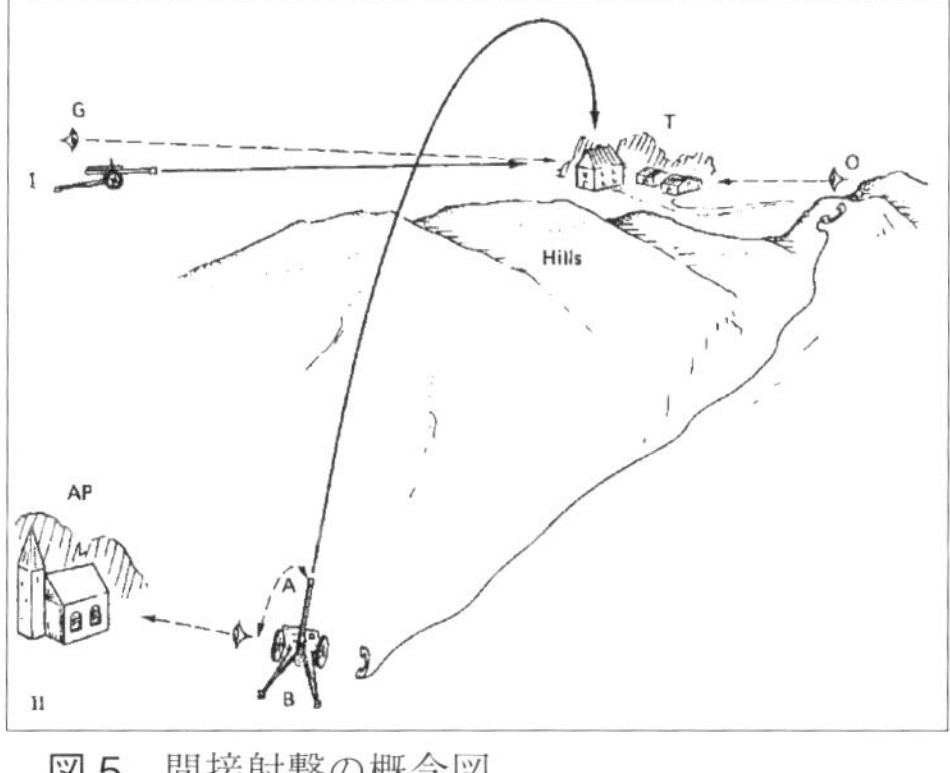

図５　間接射撃の概念図

砲側の射手が目標（Ｔ）を直接視認して射撃する直接射撃（Ⅰ）に対し、間接射撃（Ⅱ）では砲は目標から視認されない位置に隠れ、観測員（O）からの修正指示に従って射撃する。

出典：Shelford Bidwell and Dominick Graham, *Fire Power : British Army Weapons and Theories of War 1904-1945* (Pen & Sword Books Limited, 2004), p.8.

「ロシア軍は間接射撃を常用し、日本軍は暴露陣地しか知らなかった」という定説は、非常に疑わしい。大石橋の戦闘で活躍したパシュチェンコ（Pachtchenko）中佐は、ロシア軍の間接射撃への嫌悪（aversion to indirect fire）、砲兵運用への無理解及び火力統制の欠陥が、日本軍との最初の交戦で失敗した主因であると断じている。[12]その手記によると、「ロシアの砲は中国人の目から隠していた（日本軍の密偵のおそれがあるため）だけで、壕は掘っていなかった（no digging was done）。七月二十四日の朝、日本軍の砲火は着発弾により整然と（methodically）開始された。それらは我々の榴霰弾の射程外（beyond the range of our shrapnel）からで、驚くべき正確さ（remarkable precision）

図６　日本軍野砲兵の観測員①
画面左端に観測員がいる。
出典：『日露戦争写真帖Ⅰ』（小川一眞出版部、1904年）58頁。1904（明治37）年8月31日撮影。「ドウンアンジュアン東南方畑地ニ於ケル某野戦砲兵隊ノ戦闘」。

図７　日本軍野砲兵の観測員②
木がなければ、梯子に乗る。烟台停車場北方、二台子東南方の野砲第十三連隊第六中隊陣地。
出典：『日露戦争写真帖Ⅱ 第一軍、第二軍』（小川一眞出版部、1905年）121頁。1904年10月12日撮影。

図８　日本軍野砲兵の観測員③
樹上の展望哨。
出典：『写真集日露戦争』（国書刊行会、1979年）110頁。

図９　日本軍野砲兵の観測員④
有線電話や手旗信号で連絡をとる第四師団野砲第四連隊。沙河対陣中の撮影。このころ、野砲連隊にも電話の配備が進んだ。
出典：『写真集日露戦争』199頁。

であり、砲は完璧に隠蔽（completely concealed）されていた。これにより、歩兵壕は大きな被害を受けた。日本軍の砲火は、明らかに我々の所在を知っているように見えた。我々の砲火が衰えないと見ると、日本軍は左から右へと前線を掃射していったが、射程を変えなかったので砲に被害はなかった。日本軍は、砲撃指示を出す観測所の位置に特に注意を払っている。二四門を有するロシア軍砲兵は、七八門の日本軍と対等に渡り合ったが、これは旧来の戦術を捨て日本軍に倣ったからである。(13)」

欧米観戦武官の報告は一致して「暴露陣地を採用していたロシア軍砲兵は、鴨緑江の戦闘で日本軍の砲撃により大損害を蒙ったため、遮蔽陣地を採用するようになった」としている。(14)

旅順攻略に従事した野砲第十六連隊では、八月十八日の初陣で、午前七時から午後五時までかけて陣地を構築し、「各砲車ハ★四五十枚ノ土嚢ヲ使用シ掩壕ニハ掩蓋ヲ設ケ全間接照準ノ位置ヲ占(15)」めた。第二軍に属する野砲第一旅団の野砲第十四連隊でも、「蔭蔽シテ陣地ヲ占領」を繰り返し強調している。(16)

兵器開発者として有名な南部麒次郎は、一八九七（明治三十）年にフランスの軍事雑誌記事にヒントを得て間接照準法を考案し、連隊将校に講演したと回想している。(17)また一八九八（明治三十一）年の野戦砲兵射撃教範には、すでに方向鈑と孤形照準器を用いた間接照準法が記載されている。(18)したがって、操典には記載はなくても部隊は現実にはその技能を修得していたし、事実戦場で実践していた。

野砲第二連隊副官の石井常造は、沙河会戦の最中、敵の砲兵陣地を占領し、観測所と陣地の間に電話が引いてあるのを発見して驚いているが、(19)同時に日本軍も観測所を設置して徒歩伝令を用い、砲と観測所、及び指揮官との間を連絡して「目標ノ指示、変換、射撃ノ修正等ヲナシ概シテ適当ナル時機ニ実行スルヲ得セシメ」たとしている。石井の著書には、随所に砲兵展望哨の記述が登場する。電話の配備は十分でなかったにせよ、間接射撃自体は日常的に行っていたわけである。

なお一九〇四（明治三十七）年十一月九日には、連隊から将校以下若干を二週間の予定で野戦電信隊に分遣し、電話機の使用を練習した[20]。野砲第十二連隊の小隊長だった白石七郎も、十一月十八日に電話の使用法演習を行ったと記録している。二十一日には連隊本部と集合地との間に電話を架設し、「結果頗る好」だったという[21]。この時期、野砲連隊にも電話機の配備が進んだのであろう。奉天会戦では、陣地と連隊本部とを電話で結んでいる[22]。開戦時の各種電話機保有数は一〇〇個強であるのに対し、臨時調弁した数は約二、〇〇〇個に上る[23]。

（三）　大規模な火力集中

遼陽会戦における日本軍の火力集中は、当時の常識を超えるものだった。激戦地の首山堡を観戦した記者は、「山ごと粉砕するつもりではないか」という感想を抱いた[24]。

第一軍司令部に従軍して遼陽会戦を経験したパーマー（Frederick Palmer）記者は、アメリカ観戦武官マーチ大尉（Capt. Peyton C. March）がかつて見たことのない火力に感嘆する様子を記録している[25]。

米陸軍参謀部の砲兵の専門家であるマーチ大尉は、かつて世界に比類のない膨大な砲火を見て、深い吐息とともに言った。「こいつはすごい！」

彼は繰り返した、「こいつはすごい！」

何度も何度も。

当時、営口の税関長を務めていた黒澤礼吉によると六〇キロメートル離れた営口でも、遼陽の砲声が聞こえたという。「斯の如き猛烈な砲戦は、未だ曾て世界の歴史になきものだと、外国観戦武官等の驚きが一致していた。」[26]遼陽会戦において、日本軍は各種火砲四八四門を投入し、一二万五六七発の砲弾を発射した。[27]これは一四日間の集計なので、単純計算でも一日約八、六〇〇発である。それほどの砲弾を投射しても、容易に突破できないのが野戦築城だったのである。

（四）現場の工夫

遮蔽陣地の採用で敵砲の発見は困難を極め、現場の部隊は目標の発見に工夫を重ねた。

野砲第十二連隊の山砲大隊小隊長として従軍した瀧原三郎の回想に、「敵砲兵に音響測量をしてみた」[28]というくだりがある。

石井常造は、奉天会戦さなかに所在不明の敵野砲から間接射撃を受けた。最前線の歩兵に問い合わせても発見できなかったが、偶然、発砲の火光で敵を発見できた、[29]と回想している。

また、石井は鴨緑江渡河直前の偵察において、敵の撃った砲弾を発見し、完全なものを選んで信管とともに持ち帰った。これから、火砲は七六・二ミリの速射砲で、信管の分画から曳火の最大射程は五、五〇〇メートル、着発の場合は六、五〇〇メートルと判明した。[30]これらの弾丸は、各大隊に配布して教育材料とした。

不発弾や弾片を調べて敵の位置や戦力を推定することは、しばしば記録に見られ、[31]広く行われていたようである。

音響や火光から敵砲を発見する方法は、日露戦争当時は人力に頼っていたが、[32]第一次世界大戦で大きく発展し、専用の器材と部隊を用いるようになった。[33]

なお、白石七郎の日記には、一九〇四年七月八日に「速射砲材料に関する改正意見調査委員を命ぜらる[34]」という記述がある。どのような制度でどんな業務を行ったのかは残念ながら不明だが、この時期すでに改善活動に着手していたことは注目される。

二　ロシア軍砲兵の活動

ロシア軍砲兵射撃による日本軍将兵の死傷者数は、小銃・機関銃射撃によるものに比較して少ない[35]。この理由はいくつか考えられる。

（一）　日本軍砲兵の制圧射撃

戦後、日本軍歩兵からは、砲兵は対砲兵戦闘に熱中して歩兵の支援をしてくれなかったとの不満が聞かれる。しかし日本軍砲兵が活発に活動している限り、ロシア軍砲兵は前進する日本軍歩兵への阻止射撃に注力できない。砲兵射撃による歩兵の損害が少ないのは、その結果と考えられる。

沙河会戦のさなか、ロシア軍第三七師団は日本軍砲兵から激しい射撃を受け、かつ歩兵に包囲されそうになった。しかしロシア軍砲兵は「砲弾ヲ雨注サレシカ為メ敵ニ応射スルヲ得ス[36]」。この後日本軍に包囲された第三七師団は、総員七、八〇〇〇名中、将校一二〇名、下士卒三、五〇〇〇名の死傷者を出した[37]。

ロシア軍砲兵の回想によると、日本軍の射撃中は壕内に隠れ、弾着が遠ざかると「小壕ヨリ出テ数回砲撃ヲ行ヒタル後更ニ再ヒ壕中ニ隠伏シタリ」。こうした射撃法のため、「我カ砲火ハ到底適時ニ発揚サレサリキ[38]。」

奉天会戦においてシベリア第六軍団が陣地を維持できたのは、日本軍歩兵が展開開始時にロシア軍の砲弾に斃れ、小銃の有効射程に到達できなかったからである。日本軍砲兵がロシア軍砲兵に有効に応戦している陣地では、このような事態は起きなかった(39)。英国観戦武官報告は、第一軍参謀の「友軍砲兵が十分強力で敵砲の注意を惹きつければ、それだけ歩兵は安全」という意見を記録している(40)。

図10　ロシア軍砲兵の遮蔽陣地

出典：Sir Ian Hamilton, *A staff officer's scrap-book during the Russo-Japanese War,* vol. 1 (E. Arnold, 1905), p.318.

(二)　間接射撃と遮蔽陣地

間接射撃と遮蔽陣地の採用により、日露ともに敵砲兵の撲滅が困難になった。その根本的な原因は、まだ偵察観測手段が技術的に未熟であり、敵砲兵の所在がつかめなかったことである(41)。

沙河会戦中、ロシア軍の狙撃兵第六師団及びシベリア第四軍団第二連隊は、本渓湖付近の日本軍陣地を攻撃することとなった。攻撃に先立ち、払暁から正午まで野山砲四二門で射撃した。日本軍歩・砲兵はまったく沈黙しているので、砲撃を中止し歩兵が前進を開始したところ、猛烈な射撃を浴びた。これに対しロシア軍砲兵は、「友兵ヲ射殺スルノ恐怖ノ念」から援護射撃を行わなかった。攻撃は結局、部隊の約半数の死傷者を出して失敗した。この失敗は、歩兵の前進開始後は砲兵が援護射撃を行わず、敵砲兵を撲滅できなかったのが原因であると批判されている(42)。

間接射撃は、観測所に観測将校を配置して射弾を観測し修正する必要がある。したがって砲側と観測所との連絡が重要になるが、日本軍は観測所らしき場所を狙って撃ってくるため、電話線がしばしば不通になってしまい、最終的には伝令に頼らざるを得なかった(43)。そのため、有効射を送るのに時間を要した。手旗信号を用いて、ようやく効率良く連絡が可能になったが、こうした手段が取れたのは経験豊かな指揮官の下で特別に訓練を積んだ部隊のみだったようである(44)。

そもそもロシア野砲が砲身後座式であるため日本軍の野砲よりはるかに発射速度が速いというのは、あくまで理論上のことに過ぎないらしい。ドイツの戦場特派員であったオスカル・フォン・シュワルツがロシア軍に従って見聞した記録には、ロシア野砲の射撃を見学した際の証言がある(45)。それによると、ロシア野砲の性能は大いに予想に反し、最近の砲身後座式砲の射撃速度が一分間二〇発以上という数字は、「純然タル学理ニ止マルコト示サレタリ」。実際の戦場においては、いかに駐鋤を地面に堅く固定しても、決して動揺しないというものではない。砲架は射撃の度に「毎回約三手幅高ク後方ニ躍リ」、その都度照準をやり直さなければならない。数発も撃つと駐鋤周辺の土壌が「極メテ弛解シ」、砲は三〜四メートルも後退してしまう。中隊長は、毎分二〇発など到底無理で、三〜四発以上は撃ったことがなく、兵士も耐えられないと語った。またロシア野砲の弾丸は、弾頭と薬莢が一体になった近代的なものであるが、それだけ重量が増加するので、装塡手の疲労が甚だしかったという。同趣旨の証言はいくつか見られる(46)。

加えて、最新式の野砲は全部隊に支給されたわけではなく、支給を受けたのも部隊が戦場に到着する寸前だった(47)。なかには、輸送中の列車内で座学を行っただけで、現物に触れたのは戦場に到着してからという部隊もあったという(48)。三十一年式野砲に十分に慣熟していた日本軍に対して(49)、こうした不利もあったのである。

米国観戦武官報告は、ロシア野砲の射程の長さは戦場の支配的要素（the dominating factor）ではなかった、と述べている。[50]

日本軍野砲は戦争中に防楯を追加装備したが、それ以前にも、野砲第二連隊では木製の応急防楯を使用していた。射撃するときに取り付ける方式で厚さ二・五インチ、ロシア軍の榴霰弾には有効だった。[51]このため、日本軍砲兵はより前線に近く進出し、有効な射撃を行えた。これに対し、ロシア野砲は最後まで防楯を装備しなかった。[52]当時は世界的に、運動性を確保するため野砲の重量増加を嫌うのが主流であった。[53]そのため、ロシア野砲兵は日本軍砲兵の榴霰弾射撃でしばしば大きな被害を出し、遮蔽陣地にこもるようになった。

掩護物を設けられない場合、ロシア野砲兵は「支柱ヲ有シテ屈曲セル木框ヲ砲口ニ被着シ其ノ上ニ土嚢ヲ置ケル速成楯ヲ設ケ」[54]て身を守った。ロシア軍もまた、戦闘を通じて学習し、現場の工夫を重ねて日本軍に対抗したのである。

(三) 予備隊の運用

ロシア軍は、砲兵のかなりの部分を司令部予備として拘置しておくのが常だった。そのため、戦機に乗じて火力を集中発揮するのが困難で、優勢な砲兵を持ちながら戦機に投入できないことが多かった。[55]鴨緑江の戦闘では、ロシア軍は歩兵二四個大隊、一六個騎兵中隊及び九個砲兵中隊を有していたが、戦闘に参加したのは二四個大隊中一六個、砲兵九個中隊中五個であった。[56]沙河会戦時は、ロシア満州軍の保有速射砲六一〇門のうち二四〇門が総予備隊のものとしている。[57]

多数の砲兵を予備とすることで戦力が分散し、火力を集中発揮できないことを問題視する見解は、欧州の軍事専門家の著作にも見られる。[58]先行研究は、個々の戦場においては日本軍の火砲数はロシア軍と互角かそれ以上だったと指摘しているが[59]、ロシア軍砲兵の予備隊控置はこの傾向に拍車をかけていたと言えよう。

（四）砲弾の問題

ロシア野砲には榴弾の準備がなく、榴霰弾のみであった。日本軍砲兵が経験したように、軽易な野戦築城であっても、防御を施した歩兵に対しては榴霰弾は効果が乏しい。また、ロシア野砲の榴霰弾には欠陥があった。鹵獲したロシア野砲の評価試験報告書によると[60]、ロシア軍の榴霰弾は、弾体内の炸薬と弾子の充塡密度が低いため、発射の加速度で弾子が後方に不規則に偏って弾体が変形してしまい、炸裂しても効果的に弾子を飛ばすことができなかった。日本軍のロシア火砲による死傷者が少ないのは、これが一因であろう。

ロシア軍の証言では一様に、日本軍砲兵の榴弾を「下瀬弾」と表現している。下瀬火薬のことであるが、日本軍の榴弾射撃を大きな脅威に感じていたことが窺える[61]。ロシア軍砲兵は榴弾装備を強く要望しており、停戦間際にようやく榴弾の備蓄ができた。「これでまともに戦える」との感想が記録されている[62]。

黒溝台会戦において、日本軍の守る沈旦堡は激戦地の一つとなった。ロシア軍は村落内に突入したものの、日本軍の頑強な抵抗を排除し切れず撤退した。この攻撃が失敗した原因の一つに「我カ砲兵榴弾ヲ有セス又砲撃準備ノ際臼砲ヲ備ヘサリキ[63]」ことが挙げられている。そもそもロシア軍の速射砲採用は、ドラゴミロフ（M. I. Dragomirov）の反対のため遅れており[64]、榴弾を装備しなかったのもこれが原因だったようである。

また、日本軍の弾薬不足はよく知られているが、ロシア軍の砲弾も潤沢ではなかった。開戦当初、速射砲や山砲用として用意された砲弾数は基準を上回り、山砲の基準三六〇発に対して五二〇発が用意されてはいた。しかし、実戦に際して他地区から砲兵隊が増援されてくることや、近代戦における砲弾消費の激増といった要因は考慮されていなかった。(65)

遼陽会戦時、第三シベリア軍団は一五時間で四、一七六発、砲一門につき一時間三五発を発射し、八月二十五、二十六日の戦闘後「一切ノ弾薬車及弾薬廠ヲ空虚ニ(66)」していた。日本軍は遼陽会戦後、弾薬不足のために徹底した追撃を行えず、ロシア軍に決定的な打撃を与えられなかったが、ロシア軍にとっても有効な逆襲のできない状態だったわけである。

ロシアの野戦軍の弾薬は、軍隊の携行弾薬、移動砲兵廠の弾薬及び地方砲兵廠の弾薬に区分されるが、日露戦争では地方砲兵廠は設けず、鉄道端末に砲兵倉庫を設けた。(67)規定準備弾薬は、野砲一門につき携行二〇〇発、移動砲兵廠二〇〇発、地方砲兵廠二〇〇発の計六〇〇発である。しかし、部隊により移動砲兵廠の編制が違うため、準備弾薬にも差があった。平均すると開戦時の弾薬は、一門当たり七三一発で、動員後は一門六八三発となった。(68)

ロシア砲兵の弾薬準備は大石橋の戦闘でもすでに不足気味であった。(69)七月二十六日、ロシア満州軍砲兵監は本国の陸軍省砲兵本部へ「消費の補充と定数増加」を要望し、「遅延セハ軍ノ危険ニ陥ル」ことを説明した。砲兵本部は弾薬の定数増加は見合わせていたが、遼陽会戦後、携行弾薬と移動砲兵廠、倉庫の備蓄を合わせても一門当たり三三〇発まで減少した。ロシア満州軍総司令官クロパトキン（Aleksei Nikolaevich Kuropatkin）大将は「遼陽ヲ退却スルニ至リタル主要ナル原因ノ一ハ砲弾ノ欠乏ニ由ルコト多(70)」と、砲兵本部へ弾薬を再請求した。ここに至って、砲兵本部は弾薬定数の増加と弾薬の増産に着手し、官設及び私設工場を動員、さらに墺・独・仏に弾薬を発注して、哈爾浜（ハルピン）に数十万発を備蓄する計画を立てた。(71)

当時、既存の弾薬はワルシャワ軍管区などに一五万発を有しており、うち八万六千をすぐ極東へ発送し、残り六万四千は弾薬箱ができ次第送ることになった。そのため、これ以後極東へ派遣された砲兵隊は携行及び移動砲兵廠分の弾丸を持つのみとなった。

沙河会戦開始時のロシアの野戦軍の保有弾薬は九万五千発で、上記の八万六千発はまだ輸送中であった。軍は会戦初期に保有弾薬を射尽してしまい、十月十日から十九日にかけて哈爾浜へ九万六千発を輸送して急場を凌いだが、高級司令部は砲弾の欠乏を「頗ル憂慮」し、「其ノ影響ハ軍隊ニ及ヒ自信力ヲ弱メ疑惧ヲ生セシメ且不決心ニ陥ラシムル原因ヲナセリ。」[72]

奉天会戦初期には軍は三四万発を保有していた。沙河対陣の間、月平均五万発を補充していたが、これが本国の製造力の限度だった。黒溝台会戦では五日間で七万五千発を射耗し、この補充ペースでも不足を認識した。

奉天会戦では予備弾薬を悉く消費してしまった。外国へ発注した合計三九万発は注文から七ヶ月後、一九〇五（明治三十八）年四月に本国に到着し、月々六万発を極東へ輸送した。しかしこのペースでは、同年夏に大会戦があれば、またも補給に困難が生じると危惧されていた。

大きな会戦での開始時の一門当たり保有弾薬、戦闘中の補充弾薬、終了時の保有弾薬は次のようになる。

遼陽会戦（八月二十八日時点）　一門当たり五二〇発　補充五〇発　終了時三三〇発
沙河会戦（十月八日時点）　一門当たり四一四発　補充一〇五発　終了時（十月二十八日）四四〇発
奉天会戦　一門当たり七〇〇発　補充九〇発　終了時四一四発（三月二十三日）

一九〇五年九月十四日の休戦時は、一門当たり五八〇発であった[73]。日本軍は、野砲一門当たりの保有弾薬定数が四五六発であるが、各会戦での三十一年式野山砲の消費弾薬を計算してみると、以下のようになる[74]。

遼陽会戦　一門当たり二六三発
沙河会戦　一門当たり二四九発
奉天会戦　一門当たり四〇〇発

この他に、旧式な七珊野砲、重砲及び戦利砲が加わるが、例えば奉天会戦において発射された弾丸は、野砲二九万七八六四発、重砲三万五一二三発、戦利野砲五、六七〇発である[75]。弾丸数から見る限り、野戦において砲兵火力の中核を担っていたのは野砲であることが分かる。

戦況と部隊によって消費弾薬数には差があるが、特に弾薬不足に苦しんだ遼陽会戦では、最多は第五師団の一門当たり三七八・七発。第三師団の三七三・七発がこれに次ぐ[76]。この両師団は、激戦地の首山堡攻略を担当したからであろう。会戦前の保有弾数は資料を得ないが、会戦終盤には極めて心細い状態になっていたのは間違いあるまい。それに比べればロシア軍の状況はまだ余裕があるように見えるが、前述のように、弾薬の大量消費を予測できず、開戦後に慌てて増産に走り、あるいは外国に発注した点では、日露とも同様であった。

三　日本軍砲兵の自己評価が低い理由

（一）大石橋の戦闘

日本軍砲兵の苦戦の代表例としてしばしば取り上げられるのが、一九〇四年七月二十三日から二十五日にかけて行われた大石橋の戦闘である。[77]

遼東半島に上陸した第二軍は、遼陽を目指して北上を続けていた。その途上で、大石橋に陣地を布くロシア軍と交戦したのがこの戦闘である。この戦闘における日本軍砲兵の苦戦が有名になったのは、雑誌『砲兵』一九三〇（昭和五）年一月号の巻頭論文として、室兼次中将が回想を載せたことによるらしい。[78] この論文には、姿の見えないロシア砲兵から一方的に撃たれる恐怖が生々しく記録されており、読む者に強い印象を与えるが、ではいずれの戦場でもこのような状況だったのだろうか。

前述の通り、日露戦争においては火砲よりも小火器による死傷者が多かった。しかしこれを、陸軍省編『明治三十七八年戦役統計』（以下、『戦役統計』）のデータから兵科別に見てみるとやや違う様相が見えてくる。

表1　兵科別の死傷原因比率

兵科	銃創(%)	砲創(%)
歩兵	78.6	12.9
野戦砲兵	22.0	73.0
要塞砲兵	25.4	65.4

陸軍省編『明治三十七八年戦役統計第三巻二』(1911年)から筆者作成(以下、『戦役統計』)。

表1のように、砲兵は銃創よりも砲創が多いのである。砲兵は敵砲兵と撃ち合うのを一義的な任務とするためであろう。とすると、死傷者数に占める砲兵の比率が高い戦闘は、敵砲兵が優勢だった、と言えるはずだ。そこで、『戦役統計』に記録されている各戦闘ご

と、兵科ごとに死傷者比率を比較してみる。

表2のように、野戦砲兵が占める損害は平均七・一%ほどであるが、大石橋の戦闘では二三%に上る。この戦闘において、参加総兵力に対する人員比率は歩兵五四・七%、野戦砲兵九・三%であり、損害比率とは比例しない。全体の一割しかいない野戦砲兵が損害の二割を占めるのだから、これはかなりの損害であろう。大石橋の戦闘の損害は、むしろ例外的な数字と言える。

表2　死傷者総計に占める各兵科の比率

戦　闘	歩兵（%）	野戦砲兵（%）
鴨緑江	95.6	2.8
十三里台子	79.9	19.5
金州及び南山	94.6	2.9
龍王廟	19.5	3.4
油厳	76.3	7.9
得利寺	88.7	9.3
分水嶺	72.5	17.6
摩天嶺	100	0
蓋平	86.3	0
摩天嶺	99.4	0.6
板頭	88.5	10.5
大石橋	74.9	23.1
海城	72.7	16.5
析木城	91.3	7.9
様子嶺及び楡樹林	89.0	8.6
遼陽	95.2	1.9
沙河	94.9	2.8
黒溝台	93.7	2.8
奉天	92.7	3.2
遼陽窩棚	94.8	1.6
平　均	85.0	7.1

『戦役統計 第三巻二』から筆者作成。
なお龍王廟の戦いは騎兵が主体だったため、歩兵の損害が少ない。

（二）　弾薬・信管の不良

急造の銑製榴弾の品質が劣悪で役に立たなかった、という回想は数多い[79]。しかし、銑製榴弾が大々的に使用されたのは沙河会戦以降である。その使用数は榴弾の半分、榴霰弾の八分の一に過ぎず、部隊によっても差がある。

沙河会戦では榴弾一万五五二発、榴霰弾八万七七六三発に対して銑製榴弾二、九〇一発。その大部分は第三師団と第六師団で消費（計二、七六三発）されている。榴弾と榴霰弾の合計に対する銑製榴弾の比率は、約三%。

黒溝台会戦では榴弾一、三七〇発、榴霰弾二万九一一三発に対して銑製榴弾三、一五四発で、同一四%。

表３　奉天会戦における各軍の使用弾種

	榴弾（発）	榴霰弾（発）	銑製榴弾（発）	銑製榴弾の比率（%）
第一軍	17,643	38,428	11,783	21
第二軍	5,187	53,705	28,679	49
第三軍	7,581	32,677	21,185	53
第四軍	14,759	37,214	4,156	8
鴨緑江軍	4,787	13,451	6,629	36

『戦役統計 第五巻三』から筆者作成。

奉天会戦では榴弾四万九九五七発、榴霰弾一七万五四七五発に対して銑製榴弾七万二四三二発で、同三二％。[80]

銑製榴弾の低性能が大きな影響を与えたのは、奉天会戦からであると考えて良さそうである。各軍ごとに見ると、表3のようになる。

銑製榴弾の比率は第三軍が最も多く、過半数に達している。第三軍は旅順で、また第二軍は黒溝台会戦で大量の弾薬を消費しており、その分の補充を銑製榴弾で受けたことが分かる。[81]

そもそも銑製榴弾は「鋼製ノモノニ比シ其威力素ヨリ劣」るものではあるが、「製作容易原料豊富ニシテ目下ノ急ヲ凌クニ適スル」という判断で採用されたものである。[82]兵の士気を考えれば、たとえ効果が乏しくてもないよりは数段ましである。

輸入により弾薬不足が解消された一九〇五年七月には、銑製榴弾の調達は早々と中止され、[83]戦後残存していた五万発は演習用弾丸に改修された。[84]

一九〇四年十月十六日、旅順の砲台から徒歩砲兵第一連隊陣地に対して発射されたロシア軍の榴弾は、総計二四発すべてが不発だった。これらを調べたところ、信管が明らかに「急造シタルモノニシテ其不発ハ信管ノ構造不良ナルニ原因セルカ如シ。[85]」

一方で十月二十二日、徒歩砲兵第三連隊が二十八珊榴弾砲で一七発発射したところ、うち着発は三発のみ、他は不発だった。弾丸数発について信管を外し点検したところ、「炸薬嚢ノ括目ノ部分重畳シテ信管ニ対向セルヲ見タリ（点検弾ノ全部皆然リ）」。このため、着弾時の衝撃が信管に伝わらず不発になったものと思われ、「第一連隊ヨリ受領ノ分ヲ出来得ル丈修正」[86]した。

このように、不発は日露に共通する問題であった。

（三）砲弾の不足

旅順攻城中の第三軍では、「弾薬節約のため極力掩護射撃を要請しないように」との訓令を発したことがある。[87]遼陽、沙河の両会戦では砲弾が不足して大いに作戦に困難を生じた。この問題について、一九〇四年八月二十九日付で大本営参謀部から陸軍省へ提出された文書が現存している。「砲弾ノ製作工程ヲ増加スヘキ提議」の標題で四ページからなり、その要旨は以下の通り。[88]

速射砲をもってする戦役はこれが世界初となる。一九〇四年五月以来、最多の砲弾を消費したのは南山の戦闘で一門当たり一七三発、次いで得利寺の戦闘で六三発である。鴨緑江、大石橋、摩天嶺附近の戦闘では一門当たり約三〇～四〇発であり、これらの平均を取れば、速射砲を採用したからといって甚だしく砲弾消費が増えるものではなかった。しかし普仏戦争の初期でも、クルップ式火砲を用いて一日一門平均九九発を発射し、マルスラトゥールの戦いで九五発、セダンの戦いで五六発を発射している。当時の幼稚な底装砲でもこれだけ射撃しているのだから、今日の速射砲では少なくともその二倍、二〇〇発は「認容セサル可カラス」。でなければ、速射砲を採用した意味がない。

現在の携行弾薬、弾薬縦列及び野戦兵器廠の弾薬を合計すれば、一門当たり四五六発となるので、二日間の戦闘を持続できる。しかし現在では戦場に大兵力を集中するので迅速に勝敗を決しなくてはならず、毎月大小二回の戦闘を予期する必要がある。したがって、月ごと一門当たり四〇〇発を発射するものとして準備しなくてはならない。現状、

表4　19世紀末から20世紀初頭の主要な戦争の参加砲数及び消費弾数

年	戦争	国	戦場	砲数（門）	消費弾数（発）	一門当たり弾数（発）	射撃時間
1863	南北戦争	北軍	ゲチスバーグ	80	32,000	400	
		南軍		145	20,000	138	
1870	普仏戦争	独	ヴィーソンブール	222	20,900	94	
		独	セダン	564	33,600	43	
1899	ボーア戦争	英	Magersfontein	24	3,840	160	
1904	日露戦争	露	遼陽	96	40,500	422	1日
		露	沙河	48	8,000	167	40分
1915	WW1	仏	シャンパーニュ	1,100	935,000	850	
1916		独仏計	ベルダン	4,000	24,000,000	6,000	16週
		英仏計	ソンム	2,029	1,732,873	854	8日

Bailey, Jonathan B. A., *Field Artillery and Firepower*, Appendix A (Routledge, 2004) から抜粋。

毎月一門当たり一〇〇発を製造できる工程のみと考えると、「転タ寒心スヘキモノアリテ遂ニ弾薬補給ノ欠乏ヲ告クルニ立至ラン歟。」遼陽攻略で現存の弾丸四五六発を撃ち尽くしたと仮定すると、内地兵器本廠から直ちに補充する一七二発を除き、残り約二八〇発。この製作に三ヶ月、輸送に一ヶ月、計四ヶ月の間作戦行動が取れなくなる。したがって、速やかに弾薬製造工場を増設して「弾薬補給ノ基礎ヲ固クスルヲ要ス。」

しかし月産一門当たり四〇〇発の工場を得るのは経費その他の関係上困難なので、まずは月産二〇〇発を目標とし、残り半分は「此際外国工場へ製作方ヲ特約シ以テ迅速ナル作戦ノ進捗ニ応スル」計画を立てなければならない。

日露戦争の弾薬準備が普仏戦争の実績を基に算定されたものであるとの通説は広く流布しているが、管見の限り、弾薬必要量算定の思考過程を示す資料は現存しない。逆に「砲兵課業務詳報」は、「速射砲の戦闘は前例がないため、弾薬所要算定の基準もなし」と明言している[89]。上述の大本営提議文書は、比較対象として普仏戦争の事例を挙げているだけで、参考にしたとは言っていない。これが誤って「普仏戦争の実績を参考にした」と伝わったのではないだろうか。

前に挙げた弾薬消費の数字を子細に見れば、普仏戦争の実績は一日一門平均一〇〇発程度。それに対して、現在の携行弾薬、弾薬縦列及び野戦兵器廠の弾薬を合計すれば、一門当たり四五六発[90]。会戦が二日間続くとして一日二〇〇発以上は撃てる計算であり、一九世紀以前の戦争ではいわゆる「会戦」は一日で決着するものであったから、むしろ十分に余裕があった。普仏戦争において両軍が使用した火砲は、プロシアが後装式クルップ社製八センチ野砲、フランスは前装式四斤野砲であった。八センチ野砲の発射速度は資料を得ないが、四斤野砲が毎分二発、三十一年式野砲が毎分六～七発だから、その中間と考えてよいであろう。仮に毎分五発と考えれば、三十一年式野砲の発射速度はその約一・四倍。単純計算で一日一門平均一四〇発で足りることになるが、実際には一門二〇〇発を準備していたわけで、決して非難される数字ではない。

ベイリー（Jonathan B.A.Bailey）の *Field Artillery and Firepower* には、歴史上の戦いの参加砲数と消費弾量の一覧表が掲載されている。試みに日露戦争前後の数字を表４に示す。

日露戦争でも弾薬消費が激増しているが、第一次世界大戦がいかに規格外の戦争だったかがよく分かる[91]。

（四）　歩砲間の距離

砲兵に対する歩兵の不満とは、つまるところ必要なとき必要な場所に火力支援がもらえない、ということに尽きる。

背後から大砲をぶっ放して助けてやらうとしても、一体敵はどこから撃ってゐるのだか、敵の姿が見えない。味方の状況もわからない。砲兵などは二千メートルも三千メートルも後方にゐるのだから、斜面にぴったりくひついている味方がどれかわかったもんでない。うしろであっけに取られて見ているだけです。[92]

東鶏冠山の第二回総攻撃は、この正面は徐行(ママ)正面でなかなか味方砲兵が撃ってくれない。散々要求したあげく、それじゃ十五榴を二十五発だけ。えらく恩にきせられたが、射って貰った。見てをったところが、鶏冠山の中腹の散兵壕の中に一発落ちたのが非常によくて、私は砲兵の方に感謝してやったほどです。[93]

旅順攻略に従事した野砲第十六連隊では、一九〇四年十二月十七日「山本小隊ハ第六突撃歩兵陣地ニ前進シ射撃ヲ実施効アリ」[94]と、歩兵の突撃陣地まで前進した事例があるが、歩兵側の意識は上述のようなものである。逆に砲兵からは、こんな事例がある。旅順攻略戦に参加していた野砲第二旅団は八月十六日、軍参謀に対して「陣地偵察のため十七日午前中にある地点を占領してほしい」との要望を伝えた。しかし軍参謀長からの回答は、歩兵線の前進は「計画通リ明十七日日没後ニ実施」するので、砲兵の都合で前倒しは不可能[95]というものであった。

遼陽会戦中、野砲第二連隊は、敵砲兵一中隊が高粱畑内に布陣しているのを発見した。「連隊ハ右翼師団ノ歩兵ノ前進ニ信頼シテ敵ノ砲八門ヲ鹵獲センコトヲ希望シ」、榴弾射撃を加えた。「敵ノ砲兵ハ周章狼狽」して、砲を置いて逃走した。後は歩兵が前進すれば敵砲を鹵獲できるところだったが、「悲ムヘキ情報ヲ得タリ即チ友軍歩兵ハ一旦前進シタルモ命ニ依リ旧位置ニ帰還セリ。[96]」

歩兵側の意識は、日清戦争の経験が基底となっていた。出征した多門二郎がなかなか会敵しないことを嘆くと、中隊長は「日清戦争なんぞ、これよりひどいよ。砲兵が撃ち始めると敵が逃げたから歩兵は駆歩するばかりさ[97]」と諫めたという。日清戦争における野戦砲兵の活躍は、「実ニ万口ノ賞賛ニ値スルモノ」で、一八九四(明治二十七)年十一月二十、二十一日の旅順攻略の功績は「野戦砲兵ニ帰セサルヲ得ス」。七珊野砲の放つ榴霰弾を清国軍は天弾と呼んで恐れ、「『クルップ』砲ヨリ武装セラレタル清国軍砲兵ヲ圧倒シ常ニ数ニ於テ優勢ナリシ敵ヲ征服(98)」した。このときの印象が歩兵側に強く残り、日露戦争における砲兵の印象を悪くしたのであろう。

また「攻城砲兵隊戦闘詳報」にはしばしば、戦線後方を移動中の敵予備隊や車両を射撃している記録が現れる。それは重要任務ではあるが、最前線の歩兵にとっては効果が実感しにくい。攻城砲はまだしも、野戦砲もまた射程の延伸によって、遠距離から射撃を行うようになった。この物理的距離が歩兵と砲兵の心情的な距離の開きでもあった。

四　日本軍砲兵の戦術の変化

約半年間にわたる旅順攻略戦の実態を詳細に調べると、砲兵戦術の変化の様子が見て取れる。旅順攻略戦は、攻城砲兵の威力が成否を分ける熾烈な火力戦であった。その砲兵戦力は、第一、第九、第十一、第七各師団に属する野戦砲兵連隊、野戦砲兵三個連隊からなる野戦砲兵第二旅団(以下、「野砲第二旅団」)、そして攻城特種部隊である。攻城特種部隊には、野戦重砲兵連隊、徒歩砲兵第一～第三連隊、徒歩砲兵第一独立大隊、さらに海軍陸戦重砲隊が加わっていた。野戦砲兵と攻城砲兵の戦術の変化をそれぞれ見ていく。

(一)　野戦砲兵の戦術の変化

野砲第二旅団は、野砲第十六、第十七、第十八各連隊からなっていた。しかしその運用は、旅団ごと第一師団の隷下になったり、連隊を引き抜いて師団に配属させたりで、各師団の火力を必要に応じて増強するためのプールの役割を持たされていた[99]。

八月十九日、第一回総攻撃が開始されるが、膨大な被害を出して失敗した。この間の戦闘詳報は、火力支援を求める歩兵の記述が多数見られる[100]。

八月二十日時点での砲兵の目標割当は、「第十六連隊は二龍山附近、第十八連隊は松樹山附近」という大雑把なものだった。これが、第一回総攻撃が中止された二十九日には、「第十六連隊は松樹山低砲台、第十八連隊は松樹山補備砲台」とやや明確になる。この後、射撃計画は精緻化の一途を辿る。

第一回総攻撃の失敗からは、砲兵の火力支援、特に直接照準による近距離射撃が必要なこと、掩蓋下の敵を制圧するには榴弾によって掩蓋ごと破壊する必要があること、歩兵が火力投射を求める地点が砲兵には判断しにくいこと、敵味方が接近しているので友軍誤射の危険があること、などが読み取れる[101]。特に、砲兵の射撃中は敵兵は隠れており、友軍歩兵が堡塁に取り付いて弾幕が移動すると活動を再開するという問題は、今後幾度となく繰り返されるジレンマであった。

また支援要請が、軍司令部、師団司令部、歩兵旅団長、歩兵大隊長とあらゆるレベルから届いている。野砲第二旅団は軍司令部の直属である。したがって軍事的に考えれば、指揮系統を通じて軍司令部から指示を受けるか、または予め支援要請の要領を定めておくべきである。しかるにこれだけの混乱が見られるのは、火力支援の要請、判断、指揮統制のシステムがまだ構築されていないものと考えられる。

八月三十一日の第三軍司令官訓示により、正攻法に転換することが示される。この訓示は一五項目からなり、当時

の戦訓認識に基づく注意事項が多数含まれている。砲兵と関連の深い項目を要約すると[102]、

三、野砲第二旅団及び攻城砲兵隊は、担当地域内において自己の判断及び各師団長等の要求により射撃を行う。弾薬を節約しつつ、歩兵の敵塁突入の瞬間には全力を尽くして援助すべし。

五、対壕作業中は努めて独力で敵の企図を妨害し、特に重砲兵への協力要請は、弾薬節約のためなるべく避ける。

十一、野戦砲兵殊に山砲隊の一部は突撃歩兵に随伴し、自己の危害を顧みず猛火を加え、迅速に堡塁内に進入して占領を確実にする。

十月十六日、野砲第二旅団は第九師団の二龍山攻撃を支援している。この攻撃中には、射撃の効果や突撃のタイミングなどを、軍司令部及び師団司令部から適宜通報を受けており[103]、第一回総攻撃時の混乱に比べ改善が見られる。もちろん攻撃の規模が違うからだが、部隊も司令部も火力支援の要領に慣れてきたからでもあろう。

十月二十日以降は弾薬不足が甚だしく、ほとんど射撃が記録されていない。二十一日には、野砲第二旅団長から第一、第九師団長へ「弾薬の補給がない限り今後は極めて有利な目標のみを射撃することとし、従来のような砲火の制圧、敵の工事・交通の妨害、夜間射撃は遂行しない」と通知するまでに至った。その背景には、第三軍へ充当される予定だった弾薬が遼陽会戦で消費されてしまった事情があった。第二回総攻撃はこのような状況で行われたのである。

十月二十四日、第二回総攻撃の軍命令を受けて、旅団命令が発出される。二十六日に開始される攻撃準備射撃の目標割当は、第十六連隊は「二龍山方向」、第十六連隊の一中隊・第十七連隊の一大隊・第十八連隊の一大隊は「松樹溝・松樹溝方向」とされた。各中隊に配分される榴霰弾は一門当たりわずか一〇発で、弾薬の節約が繰り返し強調さ

れるとともに、通信要領が詳細に定められた。

十月二十九日午後、改めて目標割当及び注意事項が命令される[104]。

第十六連隊　松樹山砲台より松樹溝谷地に至る支那囲郭及び第十七、第十八連隊において射撃すべき地区の稀薄なる部分

第十七連隊　松樹山の中央大地隙の西方散兵壕

第十八連隊　松樹山の中央大地隙の東方散兵壕

射撃数は榴弾・榴霰弾合計一門七発を超えざること

十月三十日総攻撃当日は、また詳細に目標割当がされたほか、各隊はよく状況を認識し、突撃中隊の前進に伴い目標を変換すること、新たに出現した目標に柔軟に対応すること、人力による陣地変換を準備することなどの注意事項が示された。総攻撃は早朝から攻城砲兵の射撃により開始され、午前十一時頃から猛烈なものとなる[105]。午後〇時三十分、旅団も射撃を開始。しかしこの攻撃も、失敗に終わる。

十一月三日、第三軍命令で海軍陸戦重砲隊の一部（十二吋砲六門）を野砲第二旅団長の指揮下へ入れることとなった。野戦砲だけでは近接支援火力が不足するため、海軍重砲によって増強する狙いと思われる。

第三回総攻撃の第三軍命令は、十一月二十三日に発出された。十一月二十五日に、軍命令を受けて旅団命令が発されているが、そこでは各連隊の射撃計画はさらに精緻に立案されるようになった。部隊ごとの目標割当が以前にも増して細かくなったほか、射撃の種類は破壊射撃、突撃準備射撃、追撃射撃の三種に区分され、その開始時間も予め決

められた。

砲兵は、歩兵の突撃直前に突入地点に向けて突撃準備射撃を行い、突撃開始と同時に射程を延伸し、突入地点後方を射撃する。従来、射程の延伸は歩兵部隊からの連絡または砲兵指揮官の判断で行われていたが、あまりうまくいかなかった。射撃開始時間が定められたのは、その反省からと思われる。例えば第十六連隊の計画及び目標は以下のようである。

午前十時三十分よりする破壊射撃
二龍山砲台東南囲壁内にある砲門
二龍山砲台の低軽砲台
二龍山砲台西南咽喉部よりその西南急造砲台に至る間
松樹山砲台の東側面及び同砲台東南端より松樹溝中心に至る囲壁
午後十二時三十分よりする突撃準備射撃
二龍山砲台の軽砲線
及びその東南囲壁砲間に至る間
二龍山西南咽喉部より松樹溝谷地の囲壁全部
松樹山砲台の東側面
午後一時突撃後の追撃射撃
望台西南高地稜線上の砲兵及び散兵壕

松樹溝南端の砲火及びその附近の散兵壕
松樹山独立家屋南方高地砲兵
二龍山砲台の重砲線

弾薬は一門七〇発を標準とし、破壊射撃に五分の一、突撃準備射撃に五分の二、追撃射撃に五分の二を使用すると定められた[106]。破壊射撃は銃眼、砲門及び敵砲、特に機関銃を破壊した上で突撃路を啓開することを目指した。

これは、弾薬量と射撃継続時間は比べものにならないが、第一次世界大戦で確立された移動弾幕射撃[107]に近い戦術である。

歩兵部隊との意思疎通もかなり円滑になった。十一月二十六日には、第九師団から「二龍山咽喉部ニ達」したので、野砲第二旅団の射撃は「H砲高地ノ線ニ向ケラレン事ヲ望ム」との通報を受け、第十六連隊の射向を要求通り変換している[108]。

砲兵にとって二〇三高地陥落後のロシア軍の抵抗は目に見えて衰えており、残る堡塁の攻略はルーチンワークと化した感がある。すなわち、敵前まで歩・工兵が対壕を掘って接近し、工兵が爆破で突撃路を拓き、同時に攻城砲兵が堡塁を破壊射撃、野戦砲兵が敵歩・砲兵及び機関銃を制圧射撃する間に歩兵が壕内を制圧する、というものである。

十二月二十八日、第九師団の二龍山砲台占領は、「(砲兵) 各隊ノ射撃ハ機ニ応ジ至当ニ集中分散セラレ適切ニ援助ノ任務ヲ遂行シ多大ノ効果ヲ挙ゲ」「戦闘後第九師団長ヨリ深厚ナル感謝ノ意ヲ表セラレタリ[109]」。要塞攻略のノウハウをほぼ会得したものと言えよう。

（二）　攻城砲兵の戦術の変化

「攻城砲兵隊戦闘詳報」は、八月二十八日からのものが現存する。二十九日の記述には、「十九日二十日の砲撃で破壊した敵堡塁はほぼ修復を終えて原形に復し、火砲も修理又は交換されている。望台一帯の高地には副防御と散兵壕を備え、防御力を増加している」との観察が記述されており[110]、破壊の効果が不十分なことが分かる。

八月三十一日、第三軍は正攻法を開始。歩・工兵は対壕を掘り、ロシア軍はそれを妨害するために射撃し、日本砲兵はこのロシア軍歩・砲兵を射撃する。これが第三軍の日常であった。

九月十七日、十九日に予定された攻撃のための第三軍訓令が発出された。そこで「四、突撃施行ノ時期ハ固ヨリ砲撃ノ成果ニ因リ攻撃隊長ノ決スル処」であるが、予め砲撃の緩急を計り、各攻撃を同時に行うため、また突撃前後の動作をしやすくするなどの関係上、突撃時刻は概ね定めておく必要があり、午後五時頃とする、としている[111]。

また国旗の上げ下げによる歩砲間の連絡方法が指定されたが、攻城砲兵隊は「砲兵隊ノ位置ヨリ直接ニ突撃隊ノ動作ヲ望見シ難キ時ハ所要ニ応シ中間記号手ヲ配置[112]」せよとの注意書きがある。前線から距離があるためであろう。

十月一日、二十八珊榴弾砲が射撃を開始。二日、気球を揚げて観測射撃を試みたが、動揺が激しく実施不可能であったため海鼠山観測所による観測に変更した。英国観戦武官の報告によると、日本軍は二万分の一の優れた地図（An excellent map）に、〇・五インチ間隔の方眼を引いて目標を指定していた[113]。この地図は、司令部の士官全員に供給されていた。

十月十六日は第九師団の攻撃が行われた。午後一時三十二分、十二珊加農の諸砲台に対し、攻撃援助射撃が命令された。午後三時三十一分、攻城砲兵司令部から「第九師団ハ午後四時予定ノ如ク突撃ヲ実施」するので、午後三時五十五分になったら鉢巻山に対する砲台は射程を延伸するように、各連隊に命令が出された。すなわち、射程延伸のタイミングを各砲に任せるのではなく司令部で統制している。午後四時三十分、友軍が鉢巻山を占領したので射撃を中止すると、敵は鉢巻山南方に野砲を布置し鉢巻山を射撃した。野戦重砲兵連隊は第六中隊に命じて応戦させた。午後五時四十五分、攻城砲兵司令部から、「望台後方の敵予備隊を榴霰弾で射撃せよ」との命令を受領、直ちに攻撃した。(114)この日の戦闘は「近来稀レニ視ル砲戦ニシテ当隊ノ各砲台ハ緩急宜シキヲ得充分ニ第九師団ニ攻撃援助ヲ与ヘタルモノト信ス」(115)と記録されている。

十月二十五日午前九時、各射撃指揮官を司令部に集め、第二回総攻撃計画の概要及び攻城砲兵射撃計画の説明を行った。攻城砲兵隊は二十六日から準備砲撃、三十日から全力射撃を行う。三十日の攻撃計画は以下のように、第一期から第三期に区分されていた。(116)

第一期　当日朝八時から射撃開始
第二期　歩兵の突撃と同時に射撃目標を転移し、歩兵に対する敵火の集中を阻止
第三期　占領地後方を射撃し、保持拡張

十月二十六日、四日間の攻撃準備射撃が開始された。二十八榴は敵の各砲台を、海軍十二加、十五加は松樹山及び二龍山両砲台の胸墻を破壊し、外壕を縦射する。その他の砲は敵砲の制圧及び威嚇を任務とし、二十八榴と海軍砲を援助する計画だった。(117)

十月二十九日午後五時、攻城砲兵司令部は第二回総攻撃の命令を発出した[118]。

総攻撃は三十日午後一時の予定で、第一期射撃は午前七時に開始。第一期から第二期への移転は「歩兵突撃ニ移リ之ニ危害ヲ及ホスニ至ラハ」のタイミングで、「別命ヲ待タス」各連隊の判断で行う。第三期の射撃は別命による。

これを受けた徒歩砲兵第二連隊の連隊命令では、目標変換は原則として連隊の命令によるが、友軍誤射の危険があるときは各砲台の判断を優先するとしている[119]。また徒歩砲兵独立大隊は、準備の万全を期すべく両中隊長を「大隊観測所ニ招致シ総砲撃計画案ニ基キ各般ノ説明ト注意」を与えていた[120]。

野戦重砲兵連隊の命令は、第二期へ変換したら「二、三十分間稍速度ヲ大」にし、砲座の破壊のみならず掩蔽部、側防設備及び歩兵線に射弾を集中するよう、射撃速度や目標まで細かく指定している[121]。

しかし、こうした入念な射撃計画の下に実行された第二回総攻撃も失敗する。先述した野砲第二旅団の弾薬不足から考えると、重砲による敵砲台制圧は成功しても、壕内の側防機関銃の破壊が困難だったことが失敗の原因だったようである[122]。曲射弾道の重砲の遠距離射撃では、そうしたピンポイントの拠点破壊が難しかった。

反省点として、攻撃準備射撃によって破壊した部分も夜間に修理されてしまうこと、長時間の攻撃準備射撃はかえって防備を堅くさせてしまうこと、また弾薬不足も相まって歩兵の突撃開始後の火力支援がないことも指摘された[123]。

十一月二十三日午前十一時、攻城砲兵司令部は二十六日からの第三回総攻撃の命令を受領した。

五　攻城砲兵ハ左ノ如ク砲撃ヲ施行スヘシ[124]

一、攻撃主目標タル諸砲台及旧囲壁ニ向テスル破壊射撃
二、望台一帯ノ高地ニ於ケル諸砲及堡塁ニ向テスル攻撃準備
三、我攻撃部隊ニ向テスル敵砲ノ制圧
四、他方面ニ対スル牽制的行動特ニ二〇三高地ニ対スル砲撃

翌二十四日午後五時、軍命令を受けて砲兵命令を発出した。作戦は、攻撃準備射撃の第一期（前回の反省から一日のみ）と、歩兵が突撃に移る第二期に分かれ、それぞれ詳細に目標を割当てられた。ただし現存する命令からは、第一期から第二期の転移を判断するのは軍司令部か砲兵司令部か、各砲台に委ねられるのか判然としない。突撃は、工兵が胸墻及び障害物を爆破するのと同時に開始されるので、原則は命令によるが、適宜砲台側で判断するのではないかと推測される。

十一月二十六日午前十一時三十分、総攻撃開始。午後一時、東鶏冠山北砲台の胸墻を爆破し突撃に移ると同時に、攻城砲兵は射程を延伸、第二期射撃に移った[125]。この時期の戦闘詳報は、要塞の激しい破壊状況の記述が連続する[126]。

第一回総攻撃から開城まで、旅順陸正面の備砲の数は重砲一二五門から七一門、軽砲二九三門から三五四門、機関銃四三丁から八丁へと変化している[127]。この重砲数の減少こそが、攻城砲兵隊の奮戦を如実に物語る。また機関銃が激減しているのも分かる。

二十八珊榴弾砲の効果は現在ではやや疑問視されており、不発弾が多いことや旧式の堅鉄弾では永久堡塁のベトンを貫通できなかったことが指摘されている。十月三十日、徒歩砲兵第三連隊第二中隊の二十八榴が、東鶏冠山咽喉部に一五発を射撃し、命中一一発を得た。うち八発は咽喉部に命中したが「咽喉部ハ頗ル堅固ナルモノト見ヘ時々命中

後跳飛[128]」したという。しかし一方、次のような記録がある。

松樹山砲台ニ対シテハ其効力非常ニ多大ナリト認ム（中略）特ニ其中央凸角後ニ於ケル掩蔽部ニ命中セシトキノ如キハ其潜伏セシ敵兵数人ヲ一時ニ空中ニ放散セシメ実ニ奇観ナリシ[129]

掩蓋もろともに敵兵を吹き飛ばす威力が、いかに将兵の志気を鼓舞したか想像に難くない。ステッセル（Anatolii Mikhailovich Stoessel）の開城時の談話[130]を考えても、二十八珊榴弾砲の功績は多大と言わねばなるまい。

以上のように、旅順攻略戦において陸軍は、野戦砲と重砲の任務分担、歩砲協同の要領、火力支援要請の方法、目標の割当、指揮統制など貴重な経験を積み、砲兵戦術を進歩させていった。

第二節　工兵の活動

一　旅順攻略戦

第一回総攻撃が失敗して正攻法に転じた際、第三軍司令部工兵部長は、各工兵大隊長に堡塁攻略に関する訓示を与

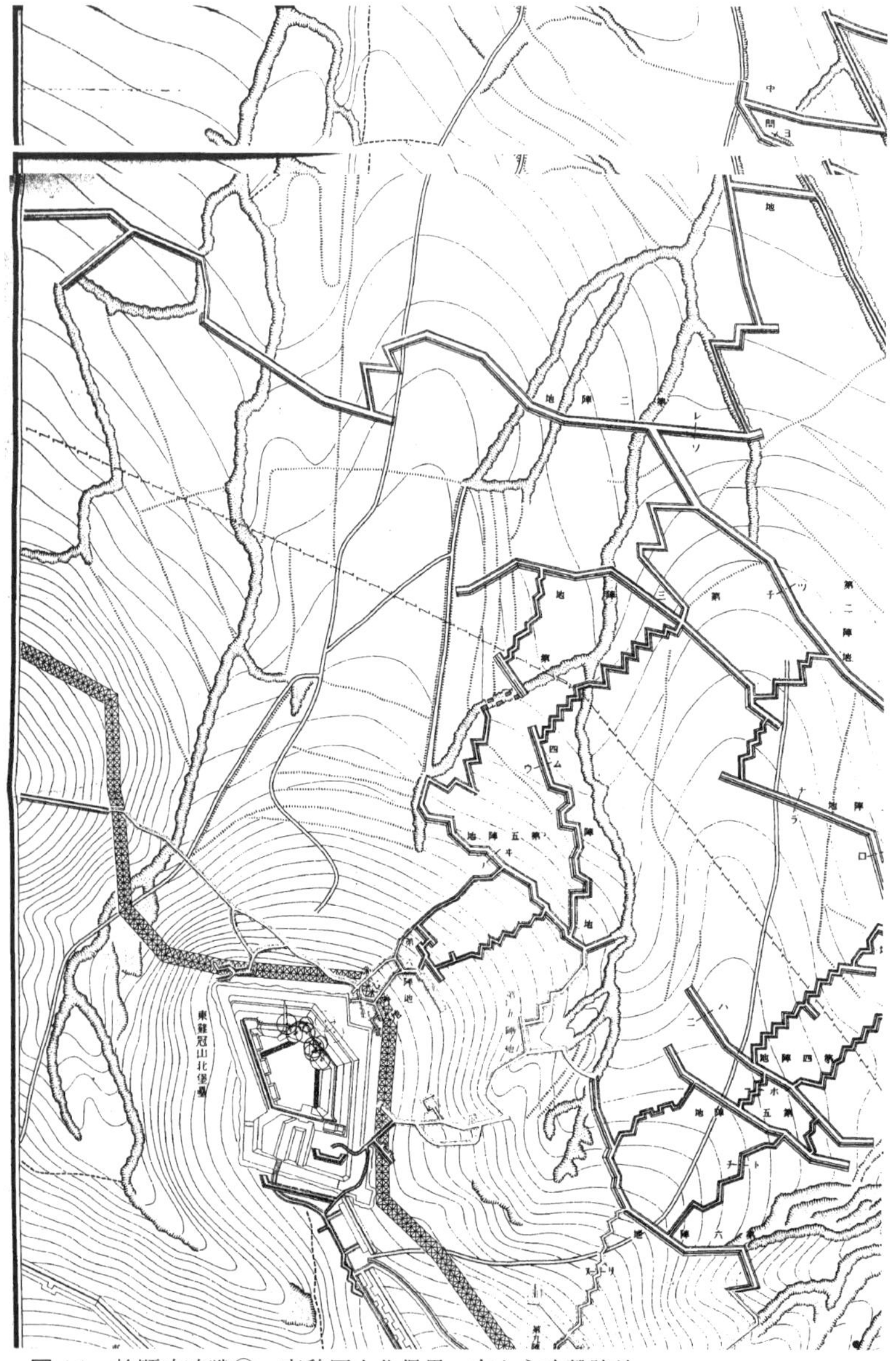

図 11　旅順攻略戦①　東鶏冠山北堡塁へ向かう攻撃陣地
東鶏冠山北堡塁へ向けて掘られた坑道。
出典：参謀本部『明治三十七八年日露戦史　第六巻』（1912 年）の附図第九。

えた[131]。要点は、堡塁から五〇メートル程度の地点に突撃陣地を設けることである。工兵はさらに対壕を掘って敵堡塁の外壕に達する。歩兵と工兵からなる突撃隊は、砲撃と連携して外壕に突入、爆薬と射撃によって側防機関銃を破壊、銃眼を制圧し、破壊口を設ける。堡塁を占領したら直ちに工事を施し、逆襲に備えるというものであった。

九月一日から、第一師団は水師営南方堡塁へ、第九師団は龍眼北方の角面堡（註：トーチカのこと）並びに鉢巻山堡塁へ、第十一師団は東鶏冠山北堡塁及び同山砲台へ向けて対壕作業を開始した。この作業は当該方面の所在部隊がこれに任じ、工兵は一般の指導及び特別工事を担任し、歩兵は歩兵陣地及び交通路の築設、攻路の掘開並びに工兵の施行する作業の助手を務めた。

図 12　旅順攻略戦②　対壕内の風景

日本軍の対壕。右側に写っているのは携帯防楯。重すぎるうえ目立つので、将兵には不評だった。

出典：『日露戦争写真帖Ⅲ　第三軍』（小川一眞出版部、1905 年）94 頁。

九月十七日頃、対壕が水師営南方堡塁及び龍眼北方の角面堡に対し約七〇～八〇メートルの距離に近接し、人員及び弾丸の補充もあったため攻撃を企図した。攻撃は九月十九～二十二日に実施され、第九師団方面は龍眼北方角面堡を占領、第一師団方面では水師営南方堡塁及び海鼠山を占領したが、二〇三高地攻撃は失敗した。

この戦闘で各将兵は攻撃工事の有効性を自覚し、さらに作業に精励するようになった。

第十一師団は十月二十日、東鶏冠山北堡塁の外壕直前の鉄条網に達し、斜堤前に歩兵陣地を構築、かつ地下攻路の掘開に着手し

図13　旅順攻略戦③　松樹山砲台爆破の瞬間
出典：『日露戦争写真帖Ⅲ 第三軍』165頁。1904（明治37）年12月30日撮影。

た。「工兵第十一大隊攻城日誌」の十月十五日の記述には、「わが軍の砲撃往々にして作業頭に落達し危険甚だし。しかれども敵に接近したる今日免るべからざる通弊なり」とある。十月二十四日、工兵第十一大隊の坑道では「作業中過日来敵ノ作業ヲ為ス音響ヲ聞キシガ本日ニ至リ果然此音ハ敵ノ坑道ナルコトヲ知ル」[132]。ロシア軍も対抗して防御坑道を掘っていたのである。第二回総攻撃のさなかの十月二十七日、坑道がロシア軍により爆破された。作業者四名が死亡、三名が重傷を負い、直径二〇メートルの噴火口を生じ、ベトン壁の一部が露出した[133]。

ウェーヤーコウレフの『旅順口要塞戦ノ実験ニ於ケル要塞坑道防御論』によると、ロシア軍は九月中旬、龍盤山東西堡塁陥落に応じて作業に着手していた[134]。十月二十二日には日本軍の坑道の音を察知し、二十五日には爆破のため薬室を設置した。必要な火薬は七プード（約一一六キログラム）と算出したが、要塞司令部は土質を考慮して八プード（約一三二キログラム）を指示。結局、担当将校は七プード半（約一二五キログラム）を採用した。二十七日正午半、ステッセルが自ら爆破スイッチを押して前述の爆破を行った[135]。しかし、日本軍坑道は破壊したものの、爆薬量が多過ぎて地上に大破口を生じ、また日本軍が存在を探知していなかったベトン製の外岸壁が露出したため、かえって攻略の糸口を与えてしまった、と日露ともに評している[136]。

満州軍は工兵三個中隊を増援し、次いで第七師団を戦闘序列に加えた。

十一月二十六日、第三回総攻撃を開始したが攻撃は進捗せず、二十八日からは二〇三高地攻略を優先することに決定する。以降、攻撃正面では坑道作業を続行し、十二月十日、軍は各師団に対し、二龍山、松樹山、東鶏冠山北の各堡塁を作業の進捗により個々に爆破するよう命じた。十二月十七日以降、各師団は逐次その目的を達しつつ前進し、三十一日には主要攻撃目標である二龍山、松樹山、東鶏冠山の三堡塁を悉く攻略し、翌年一月二日の旅順降伏に至った。歩兵陣地の構築一七キロメートル、塹壕三七キロメートル、坑道六〇〇メートル余を掘開した末の陥落であった。

二　攻城工兵廠の活動

旅順要塞攻撃のため、大本営は攻城砲兵司令部を編成して、その隷下に攻城特種部隊を配し、第三軍に配属した。その構成部隊の一つが攻城工兵廠である。一般的に、要塞攻撃では攻城工兵司令部が編成され、軍司令部に直属して全工兵の運用、攻城工兵器材の整備、補給、教育並びに工兵技術等について補佐する。しかし日露戦争では攻城工兵司令部は編成されず、攻城工兵廠は攻城砲兵司令部の下に置かれ、第三軍司令部工兵部長の統制下で運用された。攻城工兵廠は首廠を周家屯、派出所を大連に配置し、主として材料、資器材の集積及び補給、製作、修理を担当した。(137)

八月十四日、攻城工兵廠は部隊から、通電された鉄条網をどうすれば切断できるか検討を依頼された。攻城工兵廠は、鉄条鋏の柄に割った竹を巻き、麻紐で縛る絶縁法を考案した。十七日には、工兵第九大隊長から鉄条柵爆破実験の状況報告があった。この試験は、長さ八メートルの竹に二六キログラムの黄色爆薬を詰め、鉄条網に立てかけて爆破するという方法で、結果は良好であった。ただし、工兵第十一大隊では、「八メートル四方の鉄条網を構築し、工兵廠長の考案による破壊法を実験。黄色薬二三キログラムを使用したが、三～四メートルを切断できたのみ」だったという。[138]

各隊の爆薬の消費量は莫大で、二十日には第九師団司令部から「工兵隊ノ爆破薬ハ悉ク消費シテ尚支給補充ヲ要ス」[139]と請求が届くほどであった。

二十日から二十四日まで第一回総攻撃が実施され、甚大な被害を出して失敗する。二十五日には工場で試験用伏射防楯を製作、二十八日には携帯防楯の小銃射撃試験を行うなど、兵員の生命をいかに守るかが重大問題となったことが窺える。またこの日、軍工兵部長に対し第一期攻略計画案（望台攻略）を提出している。対壕と坑道を用いたいわゆる正攻法ではなく、「重砲の砲撃に歩兵随伴の山砲を併用して突撃する」[140]というものである。第三軍参謀だった井上幾太郎が考案したとされる教令[141]は、これを参考にしていると思われる。

九月十六日、大連の派出所へ通気機及び通気管二組を大至急送付するよう発信している。[142] 正攻法への方針転換に伴い、坑道器材が不足したのであろう。

九月二十五日、木工場で迫撃砲製作に着手した。[143] 迫撃砲は、岡崎出身の攻城工兵廠長今澤義雄中佐が三河の花火筒から着想したものであり、命名者は乃木大将自身だとされる。[144] 十月五日、迫撃砲の試射を実施。[145] 翌六日の試射には、軍司令官、砲兵司令官、砲兵旅団長、工兵部長他の参観があった。[146] 前線での火力支援について、第三軍上層部が深く関心を寄せていた様子が分かる。また工兵部長へ、迫撃砲製作のため工兵大隊から職工人員計八名の差し出しを依頼した。[147] 八日の試験射撃には工兵第一、第九、第十一の各大隊長及び士官が、実際に運用に任ずる担当者として見学した。翌九日には早速、工兵第九大隊に迫撃砲三門と砲弾二〇発を支給した。

十一日には工兵第十一大隊からも請求があり、第九大隊からは迫撃砲二〇門、弾丸一五〇発を請求してきた。未完

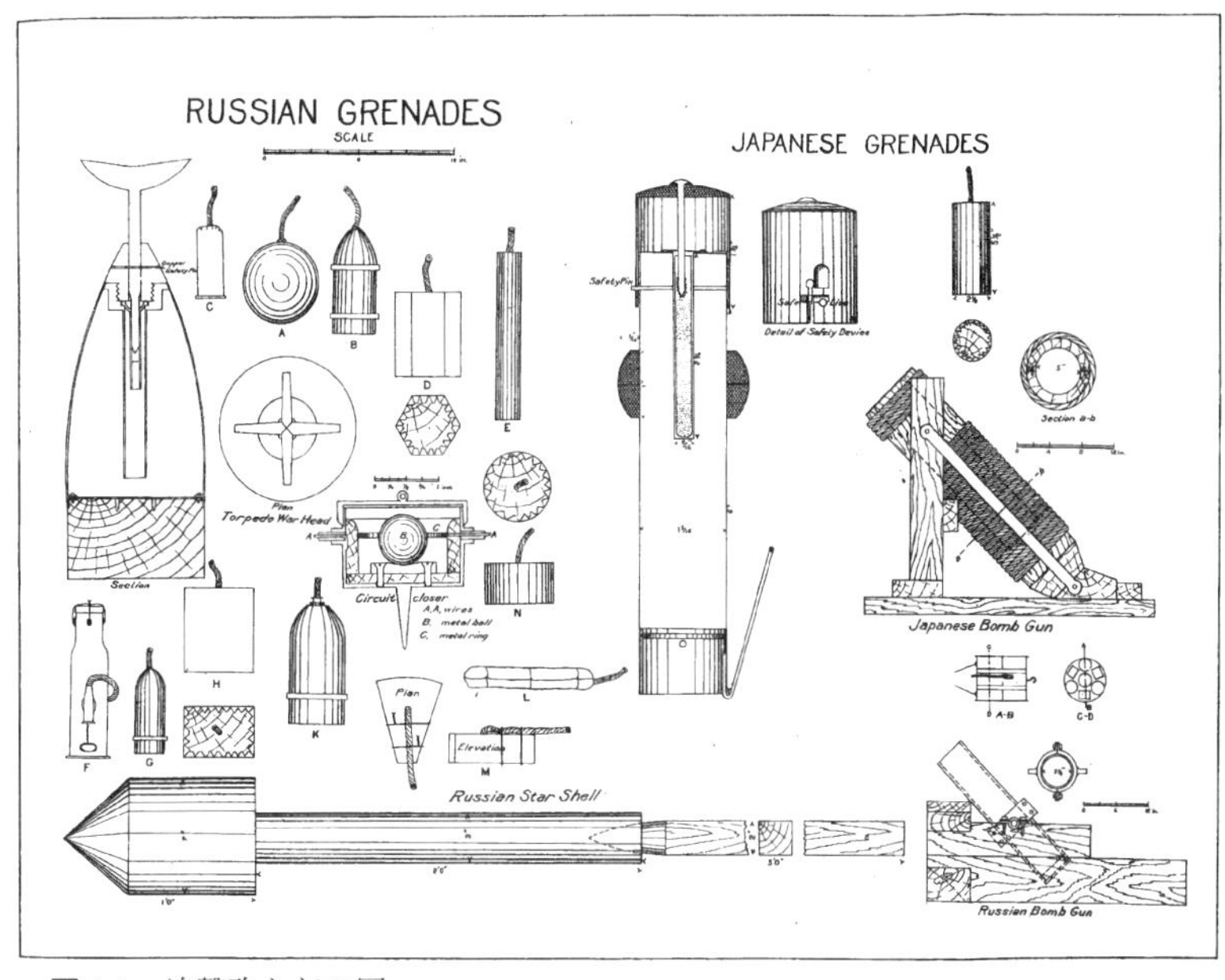

図 14　迫撃砲などの図
米国観戦武官報告書に記載された日露両軍の兵器。右中段に迫撃砲がある。
出典：War Department, Office of the Chief of Staff, *Reports of Military Observers attached to the Armies in Manchuria during the Russo-Japanese War* (Part III) (1906), p.192.

成なので十三日午前に一七門（先に渡したものと合わせて二〇門）交付として、下士二名、兵卒四名の終夜作業で製作を行った[148]。増産のため軍司令部へ依頼して各隊から木工の心得のある兵を集め、予定通り工兵第九大隊へ迫撃砲一七門、砲弾一五〇、装薬五〇〇、火口索一六〇本を交付できた[149]。十五日、弾丸の製造にハンダが必要だったが手持ちがない。当時は缶詰めの封をするのにハンダが用いられていたので、近隣部隊に交渉して廃品の缶詰を集め、「ハンダ一貫三百匁ヲ得[150]」た。

迫撃砲の砲身は木製で竹の箍を嵌め、口径一二センチメートル、全長約八〇センチメートル、重量は一〇キログラム前後（木製のため誤差あり）であった。砲架と合わせると約三七キログラム。弾丸は鉄またはブリキ製の円柱状で重量約二・四キログラム。

七〇センチメートルほどの導火索を有し、弾着後二秒ほどで爆発する仕組みであった。

砲手は一門二名で、運用するには五門を一分隊とし、二〜四分隊で一隊を編成する。先述の第九大隊はちょうど四分隊分二〇門を請求している。発射の際は、装薬と弾丸を針金で結束して砲口から入れ、火縄で砲尾から点火する。注意事項として、使用前一晩ほど、火口を塞いで砲身内に水を張っておくこと、また使用後も一昼夜ほど水を張って腔内に付着した残渣を洗浄すること、としている。これは木製の砲身に少量の水気を与えることで、砲身の保存を図り、かつガス漏れを防ぐためである。材料も人手も不足する中で苦心惨憺作ったものなので、「火砲ノ使用ニ任スルモノハ充分ナル注意ヲ以テ火砲ヲ重愛セラレンコトヲ切望」[151]するとしている。「工兵第十一大隊攻城日誌」にも「本日迫撃砲の試射をなし結果良好なり」の記述が見られる。

十月十八日、第九師団の鉢巻山及び二龍山攻撃に迫撃砲が使用され、工兵第九大隊長からの成果報告が、工兵部長を通じて攻城工兵廠にも知らされた。使用された迫撃砲数は鉢巻山六門、二龍山五門の計一一門で、鉢巻山には一一二発、二龍山には二一発を発射した。鉢巻山では四三発が掩蔽部及び塹壕に落下した。成績は「意外ニ善良」で、「所望点ニ落達シタルモノハ敵ノ塹壕ヲ破壊シ守兵ニ損傷ヲ与ヘ掩蔽部其他ノ構造物ヲ破壊スル」など爆破の成果を得るだけでなく、敵を恐怖させ友軍の士気を大いに振起する。迫撃砲による爆破は、わが損害を避けて敵に多大な損害を与える効果がある、と高く評価している。[152]ただし、近接しての爆弾投擲も依然必要であるとしている。理由は、爆弾を投げ入れる方がより確実で、白兵戦を挑んでくる敵に対して最も有効だからであった。なお試験中、腔内爆発が一発生じ、砲身は破壊されてしまった。[153]報告は「薬罐ノ某所ニ欠点アリタルナラン」としている。

これ以後迫撃砲は増産に入り、砲は日産一〇門、弾丸は最大五〇〇発までに達した。最終的に、迫撃砲の生産数は一二一六門に達した。[154]

十月三十一日、第二回総攻撃が失敗に終わった時期であるが、工兵課長へ、黄色火薬及び雷管の補給を請求している。爆破ばかりでなく、擲爆用として「頗ル多量ヲ要ス」るからであった。この時点で、黄色薬八、〇〇〇キログラム、海軍より譲渡を受けた綿火薬六、〇〇〇キログラム、雷管五、六〇〇個を使用していた。「今後ハ一人当方面ノミナラズ多量ヲ要スルナラン依テ充分ニ黄色薬及雷管ハ準備アリタシ」[155]と結んでいる。

十一月一日には、これまでの口径一二センチ迫撃砲に加えて一八センチ迫撃砲も試作した。

十二月十八日、工兵第九大隊第一中隊長より「迫撃砲は、地形や彼我の距離が近いという理由で砲兵による支援が困難な状況での火力支援に有用である。昨夜の敵は、迫撃砲破壊を目的に攻撃してきた」との意見が寄せられた。[156]

また同じ十二月十八日に行われた東鶏冠山北堡塁爆破の状況報告が届いた。東鶏冠山北堡塁は、第十一師団が九月二日から作業に着手して、工兵第十一大隊が中心となって坑道を掘り進めてきた。構築した歩兵陣地の総延長二、七九七メートル、攻路長二、九〇四メートル、後方交通路四五五メートル、坑道延長は一五八メートルという大工事であった。使用した材料は土嚢六万七一七〇個、板二、〇四一枚、柱一、一三九本。作業人員はのべ歩兵二万三一七二名、工兵三、九四七名。作業中に三一一名の死傷者を出している。作業当初は土質が脆く一日三メートルのペースで掘れたが、次第に硬質となり、終期には一日一メートルがやっとだった。途中で導電線多数を切断、地雷一五個を除去し、外岸窮窖を八回、胸墻を二回爆破して、目標に到達したのは十二月十七日であった。作業日数一〇二日。[157]十七日午前九時から一日がかりで爆薬計二、二〇〇キログラムを設置した。午後二時十一分、爆薬に点火すると大爆発を生じ、土石は二五〇メートル四方に散乱し、外壕は「埋塡セラレテ外岸窮窖(きゅうこう)右方出口三ヶノ内二ヶハ閉塞セラレ」、胸墻は予定通り「正面ノ左方約十米ヲ残シテ数多ノ漏斗状噴火口ヲ残シテ飛散」した。胸墻上にいた敵兵は「飛散シ掩蔽下ニ在リシモノハ悉ク圧潰シ死傷」し、捕虜の言によればその数は二八〇名に達した。

機関砲ハ其機能ヲ失ヒ野砲ハ破壊セラレ残兵僅カニ中庭ノ急造胸墻ニヨリテ射撃セシノミ斯クシテ爆破ハ偉大ナル結果ヲ奏シ歩兵ヲシテ容易ニ砲台ヲ占領スルヲ得セシメタリ[158]

工兵第十一大隊は爆発と同時に、計五門の迫撃砲（うち一門は一八センチ砲）で砲撃した。「敵ノ大部ハ爆発ノ土石ニ当リテ圧潰シ残兵僅カニ内庭ノ土嚢散兵壕ニ依リ」、応戦していた。「迫撃砲弾ハ内庭ノ各所ニ落下シ敵ヲシテ騒擾身ノ措ク所ナキニ至ラシメ」、午後四時、一二センチ砲二門は内庭に進出して、装薬を最少量よりさらに減らしてわずか六〇メートル先の敵を射撃した。占領後の調査によれば、敵兵の死体の惨状や、「弾痕ナクシテ寸断セラレタル」土嚢胸墻の状況、破壊された機関銃など、主として迫撃砲によるものと考えられる。工兵第十一大隊の報告は、爆薬供給や迫撃砲及び手榴弾の製作など、「攻城工兵廠ノ尽力ニ対シ熱心ナル感謝ヲ表ス[159]」と結んでいる。

年が明けて一九〇五年一月二日、旅順は開城。攻城工兵廠の任務も終了した。これ以後は、撤収と北方転進の準備に関する記述が主となる。

一月十二日、第二軍工兵部長へ「迫撃砲弾及砲ハ御所望ニ応シテ多数渡スベキニヨリ当軍工兵部ヘ照会相成度件[160]」と発信。迫撃砲の評価を聞きつけた第二軍から、貸し出しの調整があったものと思われる。実際に第二軍は奉天会戦で迫撃砲二三門を運用している[161]。

なお、現地製作のものとは別に審査部でも迫撃砲を研究試作しており、一九〇四年十二月二十二日、大阪砲兵工廠で製作された迫撃砲二四門と弾丸四、〇〇〇発が、各軍司令部へ四分の一ずつ送付された[162]。また翌年一月十八日には、その使用法を各軍参謀長、満州軍総参謀長など宛に送付[163]。奉天会戦では、第四軍でも迫撃砲陣地を作っているので[164]、これが砲兵工廠製のものとも考えられる。

三　工兵の活動の評価

要塞の戦備が不明であればまず強攻を試み、駄目なら正攻法へ転換するというのは「仏国攻守城教令[165]」の教えである。第一回総攻撃が無謀だったのでも、正攻法への転換が英断だったのでもなく、単に当時の戦闘用法の常識に従った既定の方針だったのである。

坑道戦法そのものも、一八八六（明治十九）年に制定された工兵操典（坑道之部）ですでに紹介されている。全国の工兵大隊において坑道戦の訓練があまり重視されていなかったのは確かなようだが、工兵第三大隊小隊長として従軍した岩越恒一は、「戦前、少尉時代に坑道教育もそれなりにあった。『坑道教育がなかった』というのは、上原勇作の要求するレベルになかったの意だろう」と回想している[166]。また、一九〇三年の『偕行社記事』には、「要塞攻撃ニ於ケル工兵ノ勤務」という記事が見られる。同年三月六日及び四月二十八日に松井工兵少佐[167]が偕行社で行った講演の再録である。これは二三ページに及ぶ長文の記事で、欧州諸国の工兵の編制、要塞攻撃の手順を述べている。それによると、要塞攻撃は奇襲、強襲、砲撃及び正攻があり、完備した要塞に対しては通常、正攻法を取ると言う。工兵は対壕を掘り、障害物を除去しながら敵陣に接近し、要すれば坑道戦を行う。この戦闘は「専ラ工兵ノ任スル所トス[168]。」

攻城工兵廠は日本国内で出征の準備をしていた最初から、坑道器材を準備している[169]。「攻城工兵廠陣中日誌」には、明治三十七年五月十七日、「門司兵器支廠ヨリ土工器具ノ一部及対壕坑道器具ヲ受領シ員数、種類、機能ヲ調査ス」という記述が見られる。[170] 要塞戦に備え、これらの準備は当然のことだったのであろう。

一九〇五年一月三十日、第三軍司令官から、攻城工兵廠に対して所要の「器具材料ノ補給、交換、製作、調度」加えて「迫撃砲ヲ発明シ手擲弾、攻路頭鉄鈑携帯防楯等ヲ創作」した功績「偉大ナリ」[171] として感状が授与された。先述の今澤中佐個人に対しても武功確認書が出されており、特に各種防楯製作により死傷を減じたことと迫撃砲などを開発したことは、「武功抜群ナルモノト認ム」としている。[172] 迫撃砲は非常に有効で、部隊も軍中央も高く評価していたにもかかわらず、戦後その開発は停滞してしまった。細部は後述するが、原因はしばしば腔発を起こす危険性にあったようである。

先述のウェーヤーコウレフは、「敵カ間断ナク接近セルコトト敵ノ平行壕作業ニ対スル無比ノ勢力ニ対シテハ殆ト之ニ向テ対抗スル手段ナク唯地下坑道作業ヲ以テ僅ニ之ニ対抗シタルカ」と、日本軍工兵の活動を高く評価している。[173]

本章のまとめ

日本軍砲兵が、「常に」ロシア軍より劣勢で一方的に射撃を受けたというのは誤りである可能性が高い。観戦武官報告などによると、ロシア軍砲兵はもともと暴露陣地と直接照準を好んで使用していたが、鴨緑江の戦闘で日本軍の野戦重砲による間接射撃で大損害を被ったことに強い衝撃を受け、それ以降は遮蔽陣地と間接射撃を採用するようになった。このことで日本軍の三十一年式野砲より射程が長い利点を生かせるようになったものの、距離が遠い分打撃力にも正確さにも劣り、また榴霰弾しか装備していないこと、及び新型砲を受領して間がないための練度不足と相まって、あまり効果が挙がらなかった。またロシア軍野砲の砲身後座機構は完全なものではなく、発射速度も期待されたほど速くはないとの観察も残されている。

日本軍野戦砲兵はロシア軍に先んじて遮蔽陣地と間接射撃を採用し、射程と発射速度の不利及び弾薬の欠乏を押して善戦した。また、野戦重砲の有効性を世界に先駆けて証明した。しかしロシア軍が遮蔽陣地を採用するようになって、お互いに目標を発見できないことから手詰まりとなった。さらに、当時の野砲の主武器である榴霰弾は、野戦築城に対しては効果が乏しかった。しかし、砲兵が健在である間は、ロシア軍の砲は日本軍歩兵に指向されない。ロシア軍の砲兵火による日本軍の損害が比較的少ないのは、これが一因と思われる。こうした経験から、戦前は砲兵戦闘が終了してから歩兵が前進する戦術を採用していたのに対し、日露戦争中は砲兵の射撃間に歩兵が小銃の射程内まで前進する戦術へと移行していった。

一方、旅順攻略戦では、攻撃準備射撃の期間、火力支援の要領、目標の配分、歩・砲兵の連絡手段等々、試行錯誤しながら作戦を進めていた。総攻撃の度に、砲兵の射撃計画は次第に精緻なものになり、奇襲効果を挙げるために攻撃準備射撃を短縮したり、歩兵からの火力支援要請の要領を定めたり、歩兵の突撃開始に伴う砲兵の射撃目標変換要領を定めたりといった改良がなされた。これらは、後年の第一次世界大戦における砲兵戦術の進化を思わせる。要塞戦においては、攻城重砲の破壊力と野戦砲による密接な支援射撃の双方が必要であることが判明した。また、工兵の対壕、坑道及び爆破が極めて有効であることが見直され、さらに新兵器の迫撃砲と手榴弾が有用な火力投射手段として注目された。旅順攻略は、工兵が対壕を掘って敵堡塁に接近し、地下から爆破し、攻城重砲が敵砲台を制圧し、野戦砲が銃眼を直接射撃して敵機関銃を制圧すると同時に歩兵が躍進することで達成された。

次章では、こうした戦場の実相から、陸軍がどうやって戦訓を抽出したか、得られた戦訓はどのようなものだったかを検討する。

註

（1）三宅宏司『大阪砲兵工廠の研究』（思文閣出版、一九九三年）一九七頁。
（2）陸軍省編『明治三十七八年戦役陸軍政史　第三巻二』（防衛大学校図書館所蔵資料）四四二頁（以下、『陸軍政史』）。
（3）大江志乃夫『日露戦争と日本軍隊』（立風書房、一九八七年）二一八頁。
（4）『陸軍政史　第三巻二』三三五頁。野砲十二連隊の小隊長だった白石七郎中尉の日記には、「野山砲信管距離以外の敵に対するため銑製榴弾の支給を受くることとなる、この榴弾の威力実験は、半径二十米の円周の周囲に一米八〇糎の板囲いを置き静止破裂の結果、その有効弾痕数一千八〇以上に及ぶという」とある〔「白石七郎の戦記と追想」（防衛省防衛研究所図書館所蔵資料）一二八頁。一九〇四（明治三十七）年十月三日の記述〕。現場の小隊長に詳細な実験結果まで伝わっているのが面白い。
（5）防衛システム研究会編『火器弾薬技術ハンドブック』（防衛技術協会、一九九〇年）一九六頁。
（6）加登川幸太郎『三八式歩兵銃──日本陸軍の七十五年──』（白金書房、一九七五年）九七頁。
（7）石井常造『日露戦役余談』（陸軍大学校将校集会所、一九〇八年）五六頁及び七五─七八頁。石井は野砲第二連隊に大尉で連隊副官として従軍。最終階級は中将。
（8）参謀本部編『明治三十七八年日露戦史　第一巻』（一九一二年）二四三頁（以下、『日露戦史』）。目撃証言として、多門二郎『日露戦争日記』（芙蓉書房、一九八〇年）三八頁（同書は『余が参加したる日露戦役』一九一〇年の復刻版）。多門は歩兵第四連隊の中尉で、小隊長として従軍。
（9）「第二篇　戦役間に於ける兵器に関する事項」JACAR（アジア歴史資料センター）Ref.C06040173700、「明治37、8年戦役陸軍省軍務局砲兵課業務詳報　砲兵課」（防衛省防衛研究所）。「業務詳報」は、参謀本部が戦前には野戦重砲兵二個中隊の動員しか認めなかったのに、いざ開戦したら増加案を照会してきたことに、「平時ヨリ準備シ得ヘカリシコトヲ戦時蒼惶ノ際ニ整理セサルヘカラサルコトト為レリ遺憾ナリシト云フヘシ」と皮肉に論評している。
（10）石井によると、遮蔽に配慮するように連隊長から注意を受けていたにもかかわらず、砲側は射界を確保したいがために木を伐採してしまうので困ったという（石井『日露戦役余談』七七頁）。

（11）『日露戦史　第一巻』二四四頁。

（12）"RUSSIAN FIELD ARTILLERY AT THE BATTLE OF DA-THCI-TSIAO," *Journal of the United States Artillery*, Vol.23, No.2(whole no.72)(March-April 1905), p.199. *Rousskii Invalid* 誌に掲載されたパシュチェンコ中佐の手記を、英訳転載したもの。大石橋の戦闘をロシア側から見た証言として貴重である。

（13）Ibid., pp.199-205.

（14）War Department, Office of the Chief of Staff, "Report of Lieut. Col. Walter S. Schuyler, General Staff, Observer with the Russian Army," *Reports of Military Observers attached to the Armies in Manchuria during the Russo-Japanese War* (Parts I & II)(1906), pp.111-112. 筆者所蔵資料。アメリカ観戦武官シャイラー中佐は一九〇四年四月～十二月の間、第一シベリア軍団、第二軍団、第一七軍団及びクロパトキン司令部などを観戦した。本報告は、ロシア砲兵は速射砲の訓練が行き届いていないことや、鴨緑江戦で大打撃を受けるまで遮蔽陣地及び間接射撃が採用されていなかったことを述べている。

　ロシア側の証言として、以下のものがある。フォン・テッタウ少佐「露国満州軍十八ヶ月従軍記」（「日露戦史編纂史料」福島県立図書館佐藤文庫所蔵資料）。またロスタニヨ「満州ニ於ケル露軍」（同）。「日露戦役ノ実験ヨリ得タル砲兵戦術ニ関スル問題」（『偕行社記事』第三八六号別冊附録、一九〇八年十二月）。元はロシア軍ノーウィコフ大佐の一九〇六年の著書。

（15）「野戦砲兵第十六連隊陣中日誌　其二」（防衛省防衛研究所図書館所蔵資料）。★は判読できない文字。

（16）「野戦砲兵第十四連隊歴史6／12」（同右）。八月二十四日旅団命令。

（17）南部麒次郎『或る兵器発明家の一生』（天龍社、一九五三年）三七―四〇頁。

（18）『野戦砲兵射撃教範』（厚生堂、一八九八年）八―九頁。偕行社砲兵沿革史刊行会編『砲兵沿革史　第二巻　上』（偕行社、一九六二年）二二〇―二二一頁。

（19）石井『日露戦役余談』二八八―二八九頁。

（20）同右、三三七頁。

（21）「白石七郎の戦記と追想」一四七―一四八頁。

（22）石井『日露戦役余談』四二六頁。

（23）陸軍省編『明治三十七八年戦役統計　第三巻二』（一九一一年）一〇五―一〇八頁（以下、『戦役統計』）。

（24）『外国武官観戦秘聞』（戦記名著刊行会、一九二九年）一〇五―一〇七頁。『ニューヨーク・ヘラルド』紙記者フランシス・マクカラアの回想。

(25) Frederick Palmer, *WITH KUROKI IN MANCHURIA* (Charles Scribner's Sons, 1904), p.270. パーマーは *Collier's Weekly* の記者で、本書は開戦から遼陽会戦までの見聞をまとめたもの。

(26) 黒澤礼吉『日露戦争思出の記』(私家版、一九三五年)六七—六九頁。なお「六〇キロメートル」は原文ママで、実際の距離は約一〇〇キロメートル。

(27)『戦役統計　第五巻三』一二〇頁。

(28) 瀧原三郎「日露戦争(戦場)に於ける砲兵小隊長としての実験(第三回)」(『砲兵』第一〇号、一九二八年十二月(靖国偕行文庫所蔵資料)五六頁)。

(29) 石井『日露戦役余談』四三二—四三三頁。

(30) 同右、七二頁。

(31) 例えば「野戦砲兵第十六連隊陣中日誌　其一」。

(32)『野戦砲兵射撃教範』(川流堂、一九〇三年)五〇頁に、敵砲の火光及び砲煙を目標とする方法の記述がある。

(33) 偕行社砲兵沿革史刊行会編『砲兵沿革史　第三巻』(偕行社、一九六二年)一四四—一五九頁。また、「現時欧米諸国ニ於ケル砲兵射撃ノ趨勢並其教育ニ就テ(其一)」(『砲兵』第一号、一九二七年六月)六九頁には、欧米諸国陸軍砲兵の標定隊に関する記述がある。

(34)「白石七郎の戦記と追想」七四頁。

(35) 安井洋編『軍陣外科叢書第三輯　戦傷ノ統計的観察』(南江堂、一九一四年)二〇四—二〇五頁。

(36) ミエーフ、ブニヤコフスキー共著『日露戦史摘例集』日本参謀本部訳((東京偕行社、一九一〇年)七八—七九頁。防衛大学校図書館所蔵資料)。本書は、ロシア軍将兵の回想や体験を豊富に掲載している。

(37) ただし大敗の主因は、撤退命令が届かず敵中に取り残されてしまったことにあると結論している(同右、八〇頁)。

(38) エヌ・ア・ツァベリ『日露戦争ノ際ニ於テ適用シタル野戦防御ノ形式』参謀本部訳(偕行社、一九一〇年)九五—九六頁(以下、『野戦防御ノ形式』)。

(39) ロスタニヨ「満州ニ於ケル露軍」。

(40) General Staff, War Office, *The Russo-Japanese war : reports from officers attached to the Japanese forces in the field*, Vol.III (Ganesha, 2000), p.470. 原著は一九〇五年刊行。ヒューム中佐の奉天会戦の報告。

(41) Bailey, Jonathan B. A., *Field Artillery and Firepower* (Routledge, 2004), pp.56-57.
(42) ミエーフ、ブニヤコフスキー共著『日露戦史摘例集』三三八―三四一頁。
(43) 第三章で詳しく述べるが、戦後改正された明治四十三年野戦砲兵操典には、観測所が重要な射撃目標に加えられた。
(44)「日露戦役ノ実験ヨリ得タル砲兵戦術ニ関スル問題」。
(45) 参謀本部第四部、オスカル・フォン・シュワルツ「クロパトキン軍ニ於ケル十ヶ月間従軍記　其ノ二」(『日露戦史編纂史料』)。
(46) 渡邊岩之助「近世野戦砲兵の進歩」(『火兵学会誌』第一巻第一号、一九〇五年十一月)一五頁。原文はドイツのローネ将軍がドイツ兵事雑誌に発表したもので、フランス砲兵雑誌に転載されたのを渡邊が訳出。独国砲兵大尉エーベルハルト「野戦砲兵ニ関スル日露戦ノ教訓」(武章生編『列強兵学家ノ日露戦ニ基ク戦術上ノ意見』厚生堂、一九一一年)一一九頁。
(47) 部隊の約半数は動員直前に新型砲を受領し、その後四～五ヶ月後に新射撃教範と操典を受領した(エーベルハルト「野戦砲兵ニ関スル日露戦ノ教訓」一一九―一二〇頁)。前出のパシュチェンコ中佐も「将校は砲に慣熟する時間がなかった」と回想している("RUSSIAN FIELD ARTILLERY AT THE BATTLE OF DA-THCI-TSIAO," p.199)。
(48) 露国大尉エル・シエット・ソロウィーフ「戦争上ノ実験」(『日露戦史編纂史料』)。
(49) 常設師団には、一九〇三(明治三十六)年二月に支給を完了した(『兵器沿革史　第二輯』(防衛省防衛研究所図書館所蔵資料)一〇一頁)。
(50) "Reports of Capt. Peyton C. March, General Staff, Observer with the Japanese Army," *Reports of Military Observers attached to the Armies in Manchuria during the Russo-Japanese War* (Parts I & II), p.20. マーチ大尉は一九〇四年四月から十一月まで第二師団に随行していた。
(51) *Ibid.* (Parts I & II), pp.19-22. 英国観戦武官報告にも、同様の記述が見られる(*The Russo-Japanese war*, Vol.I, p.394)。
(52) ドラゴミロフの反対のため(露国参謀少将エ・マルツィノフ「悲痛ナル日露戦争ノ経験」(『偕行社記事』第三六九号別冊附録、一九〇七年十月)三二頁)。ドラゴミロフは長くロシア陸軍大学校(Nicholas Academy)の学校長を務め、ロシア軍の戦術思想に大きな影響を与えた。本記事の指摘によると、ドラゴミロフは機関銃の導入にも反対していた。
(53) 渡邊「近世野戦砲兵の進歩」一五頁。
(54) ツァベリ『野戦防御ノ形式』九六頁。
(55) テッタウ少佐「露国満州軍十八ヶ月従軍記」。メシミー「仏国ニ於ケル野戦砲兵拡張問題」(武章生編『列強兵学家ノ日露戦ニ基ク戦術上ノ意見』二〇五―二〇六頁）。エーベルハルト「野戦砲兵ニ関スル日露戦ノ教訓」一一三―一一五頁。ロスタニヨ「満州ニ於ケル露軍」。

(56) インマヌエル「師兵上ニ於ケル日露戦争ノ実験及教訓」（『日露戦史編纂史料』）。

(57) ヅルージニン「本渓湖戦記事」（同右）。

(58) 例えば、仏国砲兵少佐ムーニエー「日露戦ニ関スル論評」（武章生編『列強兵学家ノ日露戦ニ基ク戦術上ノ意見』）二〇二頁。及びメシミー「仏国ニ於ケル野戦砲兵拡張問題」二〇四頁。参謀本部で情報収集・分析業務に当たった誉田甚八も、「ロシア軍砲兵は戦闘間予備隊を置くので、戦場で目撃された数をもって全砲兵数とは言えない」と述べている（「日露戦役感想録」防衛省防衛研究所図書館所蔵資料）。

(59) 大江志乃夫『日露戦争の軍事史的研究』（岩波書店、一九七六年）一〇四頁。

(60) 「発石本陸軍次官　宛大島大本営参謀　第一軍に於ける戦利砲の研究に関する件」JACAR: Ref.C06040411400、「明治37年7月―9月　謀臨書類綴　大本営陸軍参謀」（防衛省防衛研究所）。ただし本報告は、射距離と射撃速度においては「著シク優等ナリ」と高く評価している。砲身のみが後座し、砲車全体は「毫モ後坐スルコト無」く、三十一年式野砲の射撃速度に比べ「著シク大ナリ」。だが、毎発後砲架頭が仰起するため、火砲の軸心が砲車の両輪に対して正しく中央にあればよいが、これがずれると次第に誤差が生じる。いまだ過渡期の技術だったのだろう。

(61) もっとも、「時ヲ経ルニ従ヒ敵ノ下瀬榴弾ハ戦役ノ当初想像セシカ如ク危険ナルモノニアラサルヲ知レリ」とも言う（ツァベリ『野戦防御ノ形式』一二二頁）。「兵卒ハ戦闘ノ諸事ニ慣レ而シテ下瀬火薬ニテ装塡セル野砲弾スラ亦既ニ無形的効力ヲ失ヘリ」（ロスタニヨ「満州ニ於ケル露軍」）。

(62) 「砲兵戦術ヲ主トシテ歩砲兵ノ協同動作ヲ論ス」（『自明治末期至大正中期砲兵研究録』靖国偕行文庫所蔵資料）四七頁。陸軍砲兵少佐瀧原三郎が久留米偕行社で講話したもの。内容から一九一七年頃と思われる。

(63) ミエーフ、ブニヤコフスキー共著『日露戦史摘例集』二六七―二六八頁。

(64) マルツィノフ「悲痛ナル日露戦争ノ経験」三一頁。

(65) I・I・ロストーノフ『ソ連から見た日露戦争』大江志乃夫監修、及川朝雄訳（原書房、一九八〇年）八五頁。

(66) 墺国参謀少佐フォンヘーン「日露両軍ノ戦術」（武章生編『列強兵学家ノ日露戦ニ基ク戦術上ノ意見』）二一七頁。また、墺国工兵大尉タルナヴァ「遼陽及奉天戦ノ研究」雪山俊夫訳（『日露戦史編纂史料』）にも、「露国軍司令部ハ弾薬ノ欠乏及其他ノ欠陥ヲ顧慮シテ（中略）煙台停車場ヘ向テ退却スルコト及全橋梁ヲ破壊スヘキノ命令ヲ受領セリ」の記述がある。

(67) 参謀本部編『日露戦争ニ於ケル露軍ノ後方勤務』(東京偕行社、一九一五年)九九頁(以下、『露軍ノ後方勤務』)。
(68) 同右、九九—一〇〇頁。
(69) 同右、一〇〇頁。大石橋では一日一門五二二発、沙河では同三六一発を消費した(エーベルハルト「野戦砲兵ニ関スル日露戦ノ教訓」一四一頁)。
(70) 『露軍ノ後方勤務』一〇一頁。「弾薬就中砲弾ヲ節約スヘキコトヲ再言ス遼陽ニ於テ我カ軍ハ二日間ニ砲弾十万発以上ノ特別予備弾ヲ費消セリ須ク記憶スヘシ砲弾ノ輸送ハ極メテ困難ニシテ一旦其弾丸ヲ射尽シタル砲兵ハ軍ニ在リテ無用ノ長物タルヘキヲ」(「『クロパトキン』大将ノ奉天ニ於テ部下団隊長ニ下シタル訓示」(武章生編『列強兵学家ノ日露戦ニ基ク戦術上ノ意見』)七五頁)。傍点原文ママ。
(71) 『露軍ノ後方勤務』一〇一頁。
(72) 同右、一〇二—一〇三頁。「九万六千発」は原文ママ。「八万六千発」の誤りか。本渓湖の戦いに参加したヅルージニンも、思うように弾薬が補充されない現状に不満を述べている(ヅルージニン「本渓湖戦記事」)。
(73) 『露軍ノ後方勤務』一〇四頁。
(74) 『戦役統計　第五巻二』二一七—二三一頁の「戦闘地別消費弾薬数」と、『戦役統計　第五巻四』四八四—五〇一頁の「各軍使用兵器(弾薬ヲ除ク)ノ種類員数」から算出。
(75) 『戦役統計　第五巻二』二〇七頁の「各軍消費弾薬数」から算出。戦後の回想にはしばしばロシア軍の戦利砲は優秀で弾薬も豊富であり、頼りになったという話が出てくるが、総発射数からすれば問題にならない。
(76) 同右、二一七頁。
(77) 例えば「日露両軍の野砲の性能格差は、一九〇四年七月の大石橋の戦闘ではっきりと示され、日本軍砲兵は、姿が見えないロシア軍砲兵に一方的に撃ちまくられた」といった記述(山田朗『戦争の日本史20　世界史の中の日露戦争』(吉川弘文館、二〇〇九年)二六一頁)。
(78) 「陸軍野戦砲兵学校こぼれ話」(『偕行』第四一七号、一九八五年九月)一五—二〇頁。原文は、室兼次「思い出のままに」(『砲兵』第一七号、一九三〇年一月及び同第一八号、一九〇三年三月)。
(79) 例えば日本兵器工業会編『陸戦兵器総覧』(図書出版社、一九七七年)二〇三—二〇四頁。
(80) 『戦役統計　第五巻三』二〇五—二〇八頁。「会戦前後の小戦闘での消費」も加算している。
(81) もっとも、英国観戦武官報告によると沙河会戦後、新型弾丸(銑製榴弾)が支給されたが「(第一軍の)第二及び十二野砲連隊の将校は旧型榴弾が一番と述べていた」と言う（*The Russo-Japanese war : reports from officers attached to the Japanese forces in the field*, Vol. III, p.444）。

(82) そのためか、第三軍は奉天会戦後、「銑製榴弾より正規の榴霰弾が欲しい」と要望している（『陸軍政史　第三巻一』三三四頁）。

(83) 「銑製榴弾完成作業中止の件」JACAR: Ref.C03026536000、「明治38年満大日記　7月上」（防衛省防衛研究所）及び「銑製榴弾半製品鋳潰の件」JACAR: Ref.C03026576000、「明治38年満大日記　10月下」（同）。

(84) 『陸軍政史　第十巻』三五九―三六二頁。

(85) 「自十月十一日至二十五日旅順方面ニ於ケル攻城砲兵隊戦闘詳報　第七号・第八号」（防衛省防衛研究所図書館所蔵資料）二一―二二頁（以下、「攻城砲兵隊戦闘詳報　第七号・第八号」）。これより前、十月十三日の「徒歩砲兵第一連隊戦闘詳報」にも、「落達セシ射弾ハ日々不発弾ノ増加セル観アリ」との感想がある。

(86) 「自十月二十一日至同二十五日旅順方面ニ於ケル徒歩砲兵第三連隊戦闘詳報　第十九号」三―四頁（「攻城砲兵隊戦闘詳報　第七号・第八号」に所収）。

(87) 「自八月二十五日至九月二十日旅順方面ニ於ケル攻城砲兵隊戦闘詳報　第二号・第三号・第四号」（防衛省防衛研究所図書館所蔵資料）一八―二〇頁（以下、「攻城砲兵隊戦闘詳報　第二号・第三号・第四号」）。

(88) 「37．8　砲弾・製作工程を増加すへき提議」JACAR: Ref.C06040457400、「明治37年8月　謀臨綴　大本営陸軍参謀部　保管」（防衛省防衛研究所）。谷寿夫『機密日露戦史　新装版』（原書房、二〇〇四年）四二七―四二八頁にも収録されている。

(89) 「第3篇　戦役間弾薬の準備及両砲兵工廠の拡張」JACAR: Ref.C06040177700、「明治37、8年戦役　陸軍省軍務局砲兵課業務詳報　砲兵課」（防衛省防衛研究所）。

(90) 野戦弾薬の区分は携行弾薬、縦列弾薬、野戦兵器廠の弾薬及び野戦兵器本廠の弾薬の四種であるが、携行弾薬及び縦列弾薬の主管は師団長に隷属する。野戦兵器廠弾薬の主管は兵站監に隷属し業務に関しては軍砲兵部長の指揮を受ける。一方、野戦兵器本廠弾薬の主管は陸軍大臣に隷属し弾薬の補給に関しては軍砲兵部長もしくは兵站監の請求に応じるものとする（「参謀本部　諸勤務令改正の件」JACAR: Ref.C03022794600（第306・307画像目）、「陸軍省―密大日記―明治36年」（同右））。したがって、携行弾薬、縦列弾薬、野戦兵器廠の弾薬が野戦軍の裁量で使用できる弾薬である。

(91) 第一次世界大戦後のアメリカ砲兵操典によると、火砲一門一日当たりの基準弾数は野砲三〇〇発、一五榴一五〇発、一五加一〇〇発、二四榴六〇発。基準弾数とは「一日間ノ戦闘ニ於ケル砲兵大部隊ノ平均消費量ヨリモ稀ニ小ナルコトアルモノ」

〔野戦砲兵学校研究部「欧州大戦ニ於テ激戦ニ当面セル火砲一門一日ノ消費弾薬数」（『砲兵』第一号、一九二七年六月）七一頁〕。

(92) 志岐守治「苦心を重ねた坑道戦」（『参戦二十将星回顧三十年日露大戦を語る　陸軍篇』東京日日新聞社、一九三五年）二二二頁。志岐は日露戦争中は少佐で、歩兵第十二大隊長。

(93) 同右、二三〇頁。

(94) 「野戦砲兵第十六連隊歴史」（防衛省防衛研究所図書館所蔵資料）四一二頁。

(95) 「第一回総攻撃戦闘詳報」（「野戦砲兵第二旅団戦闘詳報第一号　其一」（同右）に所収）。

(96) 石井『日露戦役余談』二一八—二一九頁。

(97) 多門『日露戦争日記』四七頁。

(98) 「兵器沿革史　第二輯」一二四頁。

(99) 第二軍隷下で野砲第一旅団長を務めた内山小二郎少将によると、遼陽会戦では隷下の連隊をすべて師団に分属されてしまい、旅団は「旅団長一人ノミ」だったという（内山小二郎「砲兵ノ用法」「日露戦役回想談」防衛省防衛研究所図書館所蔵資料）。

(100) 例えば八月二十一日午前七時四十八分、第一師団歩兵第二旅団長からの通報「水師営南方高地ニ前進セシ我歩兵ハ敵ノ砲兵ニ接近シアリ砲撃ニ就キ注意ヲ乞フ希クハ之レヲ砲撃シテ破壊ノ功ヲ奏シ我兵ノ前進ヲ援助セラレタシ」（「第一回総攻撃戦闘詳報」）六九頁。

(101) 同右、六四—七九頁。

(102) 「攻城砲兵隊戦闘詳報　第二号・第三号・第四号」一八—二〇頁。

(103) 「自十月一日至三十一日野戦砲兵第二旅団戦闘詳報　第十五号」一八—二二頁（「野戦砲兵第二旅団戦闘詳報第一号　其二」に所収）。

(104) 「第二回総攻撃戦闘詳報」三三頁（「野戦砲兵第二旅団戦闘詳報第一号　其二」に所収）。

(105) 同右、四一頁。

(106) 「第三回総攻撃戦闘詳報」八〇—八四頁（「野戦砲兵第二旅団戦闘詳報第一号　其二」に所収）。

(107) 敵塹壕線を砲兵弾幕で覆い、歩兵の前進に合わせて弾幕を移動させてゆく戦術（Bailey, *Field Artillery and Firepower*, pp.132-134）。

(108)「第三回総攻撃戦闘詳報」八七頁。
(109)「二龍山砲台攻撃戦闘詳報」一二〇頁(「野戦砲兵第二旅団戦闘詳報第一号　其二」に所収)。三十一日の松樹山攻撃でも、第一師団長からの謝辞が記録されている。
(110)「攻城砲兵隊戦闘詳報　第二号・第三号・第四号」一二頁。
(111)野砲第二旅団の戦闘詳報では、「突撃時刻を定めておく理由」が省略されている。理由は定かではないが、自明のことだからか、あるいは「歩兵の決めることに対して野砲は支援するだけ」という観念の表れとも思える。
(112)「自九月十一日至同二十日旅順方面ニ於ケル攻城砲兵司令部戦闘詳報　第四号」一八―一九頁(「攻城砲兵隊戦闘詳報　第二号・第三号・第四号」に所収)。
(113)*The Russo-Japanese war : reports from officers attached to the Japanese forces in the field*, Vol. II, p.152. 例えば、「自十月一日至十月十日旅順方面ニ於ケル徒歩砲兵第一連隊戦闘詳報」五頁に目標指示の例がある(同右)。
(114)「自十月十一日至十月二十日旅順方面ニ於ケル野戦重砲兵連隊戦闘詳報　自第三十号至第三十七号」一八―一九頁(「攻城砲兵隊戦闘詳報　第七号・第八号」に所収)。
(115)「自十月十一日至同二十日旅順方面ニ於ケル徒歩砲兵第一連隊戦闘詳報」一八頁(同右)。
(116)「自十月二十一日至十月二十五日旅順方面ニ於ケル攻城砲兵司令部戦闘詳報　第八号」一七―二一頁(同右)。
(117)「自十月二十六日至十月三十一日旅順方面ニ於ケル攻城砲兵司令部戦闘詳報　第九号」二頁(「自十月二十六日至十月三十一日旅順方面ニ於ケル攻城砲兵隊戦闘詳報　第九号」(「攻城砲兵隊戦闘詳報　第九号」)(防衛省防衛研究所図書館所蔵資料))(以下、「攻城砲兵隊戦闘詳報　第九号」に所収)。
(118)同右、二八頁。
(119)「自十月二十六日至同三十一日旅順方面ニ於ケル徒歩砲兵第二連隊戦闘詳報　第十五号」二九頁(「攻城砲兵隊戦闘詳報　第九号」に所収)。なお現実には、三十日午後一時五分、「第十一師団及第九師団ハ突撃ヲ開始シ攻撃目標ニ接近スルヲ見ル依テ直ニ各中隊ニ第二期ノ目標ニ対シ迅速射撃ヲ命ス、各中隊ハ即時目標ヲ変換シ迅速射ヲ行ヘリ」と連隊命令で整然と目標変換が行われた。
(120)「自十月二十六日至同三十一日旅順方面ニ於ケル徒歩砲兵独立大隊戦闘詳報　自第一号至第六号」一頁(同右)。
(121)「自十月二十六日至同三十一日旅順方面ニ於ケル野戦重砲兵連隊戦闘詳報　自第四十二号至第四十三号　自第四十五号至第四十七号」二三―二五頁(同右)。

(122)「攻城砲兵司令部戦闘詳報　第九号」三八頁。
(123)吉原矩『日本陸軍工兵史』（九段社、一九五八年）五二―五三頁。「工兵第十一大隊攻城日誌」に記録された第二回総攻撃の所見。工兵の立場からは、まだ突撃壕が遠過ぎるとも指摘している。
(124)「自十一月二十一日至十一月三十日旅順方面ニ於ケル攻城砲兵司令部戦闘詳報」一三頁（自十一月二十一日至十一月三十日「攻城砲兵隊戦闘詳報　第十二号」（防衛省防衛研究所図書館所蔵資料）（以下、「攻城砲兵隊戦闘詳報　第十二号」）に所収）。
(125)同右、三三―三四頁。
(126)「自十一月二十一日至同三十日旅順方面ニ於ケル徒歩砲兵第一連隊戦闘詳報」（防衛省防衛研究所図書館所蔵資料）二八頁。また「自十一月二十一日至同三十日旅順方面ニ於ケル碾盤溝榴弾砲隊戦闘詳報」（同）三七頁など（ともに「攻城砲兵隊戦闘詳報　第十二号」に所収）。
(127)『日露戦史　第五巻』附図第十一、及び第六巻附図第三十六。軽砲が増加しているのは、海正面や艦載砲から転用したため。
(128)「自十月三十一日午後六時至十一月十日午後六時旅順方面ニ於ケル徒歩砲兵第三連隊戦闘詳報　第二十一号」五頁（自十一月一日至十一月十日「攻城砲兵隊戦闘詳報　第十号」（防衛省防衛研究所図書館所蔵資料）に所収）。
(129)「自十月二十六日至同三十一日旅順方面ニ於ケル碾盤溝榴弾砲隊戦闘詳報　自第一号至第六号」二〇頁（「攻城砲兵隊戦闘詳報　第九号」に所収）。
(130)「明治三十八年一月五日水師営ニ於ケル旅順開城乃木ステッセル両大将会見始末」（防衛省防衛研究所図書館所蔵資料）。ステッセルは攻城戦末期の砲兵運用を賞賛し、砲兵司令官の名を尋ねた。乃木が豊島陽蔵少将の名を伝えると、副官に命じて記録させた。また二十八榴はあらゆる防御を無効にした、と述べている。
(131)吉原『日本陸軍工兵史』四四―四六頁。
(132)「工兵第十一連隊歴史」（防衛省防衛研究所図書館所蔵資料）。連隊編制になってから編纂されたものだが、内容は大隊時代を網羅している。
(133)同右。
(134)ウェーヤーコウレフ『旅順口要塞戦ノ実験ニ於ケル要塞坑道防御論』工兵監部訳（東京偕行社、一九一〇年）八―九頁。著者はニコライ工兵大学校兵学教官工兵中佐。
(135)同右、三三頁。
(136)吉原『日本陸軍工兵史』四八―五〇頁。

(137)『日露戦史　第五巻』三三〇頁。

(138)「工兵第十一連隊歴史」。前出の石井常造は、沙河対陣中の一九〇五年一月二十三日に開城した旅順を見学し、第三軍将兵から聞いた話を書き留めている。それによると、鉄条網の破壊法で最も確実なのは、兵卒がその下に伏して鉄線鋏で切断すること。そうすれば敵に発見され射撃を受ける危険がない。縄で引き倒す方法（一度に五〇メートル位を除去可能）、爆破する方法もあるが、「前者ニ劣ルコト遠シト云フ」（石井『日露戦役余談』三七九頁）。

(139)「攻城工兵廠陣中日誌　其二」（防衛省防衛研究所図書館所蔵資料）。

(140)同右。

(141)『井上幾太郎伝』（井上幾太郎伝刊行会、一九六六年）六二―六四頁。今澤中佐の孫の今澤重克は井上を、「祖父が立案した突撃教令をあたかも自分で立案したかのように提出している男」と評している〔今澤重克「迫撃砲の発明」（防衛省防衛研究所図書館所蔵資料）二頁。「攻城工兵廠陣中日誌」の記述などを独自に調査してまとめた資料〕が、さすがに言い過ぎに思う。井上が突撃教令案を軍参謀に配布したのが九月七日だというから、工兵廠が提出した案を基礎にさらに改善したのであろう。ただし、『井上幾太郎伝』に今澤の名が全く出てこないのは事実。

(142)「攻城工兵廠陣中日誌　其三」。

(143)同右。

(144)『河北新報』一九四一年十二月七日。

(145)「攻城工兵廠陣中日誌　其四」。

(146)同右。

(147)同右。

(148)同右。

(149)同右。なお工兵第十一大隊は、十月十五日に迫撃砲一〇門を受領した（「工兵第十一連隊歴史」）。

(150)同右。

(151)同右。

(152)同右。

(153)第十一大隊でも、十月二十五日に迫撃砲が腔内破裂を起こし負傷者を出している（「工兵第十一連隊歴史」）。

(154)『戦役統計　第五巻三』五六二頁。

(155)「攻城工兵廠陣中日誌　其四」。
(156)「攻城工兵廠陣中日誌　其六」。
(157)『戦役統計　第二巻四』一一三頁。
(158)「攻城工兵廠陣中日誌　其六」。
(159)同右。
(160)「攻城工兵廠陣中日誌　其七」。
(161)『戦役統計　第五巻三』五五一―五五二頁。第四、第五、第八師団にそれぞれ五、八、一〇門。
(162)『陸軍政史　第三巻一』一二九頁。
(163)同右、一三三頁。
(164)『明治三十七八年戦役工兵第十大隊略歴』（国立国会図書館所蔵資料）六七頁。
(165)「千八百九十九年二月四日発仏国攻守城教令　全」（防衛省防衛研究所図書館所蔵資料）。原本は、一八九九年二月四日付けでフランス陸軍省が発布した攻守城教令。これを工兵大尉平瀬太平が翻訳、砲兵中佐江藤輔及び佐藤忠義が校正して、一九〇一（明治三十四）年七月二十日付けで偕行社から出版したもの。表紙に「今澤」の印があり、今澤中佐の蔵書と思われる。
(166)岩越恒一中将「上原元帥を偲ぶ」（荒木貞夫編『元帥上原勇作傳　下』元帥上原勇作傳刊行会、一九三七年）「余録」七〇頁。
(167)のち第三築城団長などを務めた松井庫之助と思われる。
(168)「要塞攻撃ニ於ケル工兵ノ勤務」（『偕行社記事』第三一五号、一九〇三年六月）三一―三六頁。また一九〇一年刊の『野戦築城教範草案』も、要塞攻撃には対壕を掘って接近するとしている（陸軍省『野戦築城教範草案』（陸軍省、一九〇一年）八三―八七頁）。本書は一九〇三年までに六版を重ねている。
(169)「攻城工兵廠兵器材料梱包員数表」（防衛省防衛研究所図書館所蔵資料）。細部項目には「要塞坑道器具箱」というものが見られ、平素から準備されていたのであろう。
(170)「攻城工兵廠陣中日誌　其二」。
(171)「攻城工兵廠陣中日誌　其六」。
(172)「功績関係書類綴」（防衛省防衛研究所図書館所蔵資料）。
(173)ウェーヤーコウレフ『旅順　要塞ノ実験ニ於ケル要塞坑道防御論』四五頁。

第二章　日露戦争の戦訓抽出

本章の概要

一九〇五（明治三十八）年十月二十四日、満州軍総司令官大山巌大将は、日露講和に伴い訓示を発した。その中で大山は、「本戦役ニ因リ吾人ノ経験シタル所尠少ニアラサルヘシ各官宜ク其経験シタル事ニ就テ探究研磨シ帝国軍進歩ノ資料ヲ提供スルハ本職ノ特ニ希望スル所ナリ(1)」と述べた。

本章では、陸軍の戦訓抽出過程とその結果を述べる。まず、各師団、軍司令部、満州軍総司令部及び陸軍省各課などの公式な報告及び改善意見を概観し、最終的に軍制の改善を任務とする軍制調査委員の調査結果はどのようなものだったかを検討する。これは、現場から陸軍の中央までの各段階でどのような意見があったか、それら意見はどう変化し、どうまとまるに至ったかを調べるためである。

さらに、陸軍内部の独自研究及び演習を概観する。ここでは工兵科の主要幹部が非公式に議論した改善意見を、当時の工兵の問題意識がよく表れたものとして紹介する。また、一九〇七（明治四十）年に実施された大規模な陣地攻防演習の成果について検討する。これは陣地攻略戦の研究を目的に行われた演習であり、日露戦争後の戦訓認識に基づいた研究演習として注目される。

併せて、欧米諸国の観戦武官や専門家は日露戦争をどのように見ていたか、その見解はどのように日本に伝わっていたかを紹介する。一九〇六（明治三十九）年、日本に先行してドイツが歩兵操典を改正した。これは日露戦争の戦訓を取り入れたもので、ドイツ陸軍を手本として発展してきた日本陸軍も注目していた。そこで、ベルリンの駐在武官が報告したドイツ歩兵操典の内容を紹介し、日本陸軍がドイツ歩兵操典をどのように理解したかを検討する。また逆に、日本の改正歩兵操典をドイツ側はどのように見たかについて述べ、日独の日露戦争理解の相違について考える。最後に、日本で出版された、欧州諸国の日露戦争に関する批評や分析について概観し、欧州の日露戦争理解が日本ではどのように受容されたかを考察する。

第一節　満州軍の報告など

一　第一師団の火力増強に関する意見

第一師団は開戦当初は第二軍に、のち第三軍に配属されて旅順攻略に従事した。第一師団の改善意見は、「将来ニ関スル意見書」と題して一九〇五年に提出された。その内容は編制・諸勤務令・野戦病院・工兵廠・兵器弾薬・糧秣など一三項目に及ぶ。その中から、火力発揮に関連する編制と兵器弾薬に関する改良案を概観する。

まず編制に関して、「砲兵ハ九中隊ヨリ成ル連隊ニシテ大隊ハ三中隊」にせよ、としている。[2] その理由として、現行の砲数は歩兵の戦闘力に比べて最小限のものであり、砲数の多寡は歩兵数の多寡より「戦闘ノ結果ニ及ホス関係」が大きい。したがって歩兵の戦闘力増加（歩兵中隊の定数を二五〇名に増加を要望）に応じて砲兵を増強するのは必然である、と述べている。現行は六中隊二大隊で一連隊を編成していたので、一大隊分の増加を要望していることになる。

次に兵器に関しては、野・山砲ともに改良を要するとしている。[3] その理由として、「現用砲ハ殊ニ今回ノ戦役ニ於テ極メテ不良ナルコトヲ実験」したからであり、広大で起伏に富んだ地形の大陸では、「射程ハ尚ホ一層遠大ナルヲ要ス」。さらに、威力の大きいこと、無声無煙の弾丸、運動が軽快で取扱い容易、故障の乏しいことなど、「尚ホ数多ノ改良ヲ要ス」。また、「連発銃ヲ採用スル今日ニ在テ現用山砲ヲ以テ甘スヘキ時期ニアラスト信ス」と、現用の小銃には山砲で対抗するのが困難との認識を示している。また弾丸についても、現用榴弾の破壊力は榴霰弾とたいして変わらず、防御陣地に対しては効果が乏しい。特に、清国の石造家屋を拠点としている敵を駆逐するのは困難であるため、爆発力の大きな爆裂榴弾を採用し、また弾種をむやみに増やさず統一すべきであると述べている。

第二軍臨時攻城廠に関する意見については、徒歩砲兵に関する部分が関連が深く、馬匹や部隊の指揮統制など、六項目が挙がっている。[4] そして、これらの問題は攻城廠が臨時特設であることが根本的な原因であり、常設化して平時から訓練を行っておけば解消できるとしている。攻城廠が扱う砲は、攻城砲としては軽量な、野戦重砲に近いものである。より堅固な築城に対するには、より威力の大きな火砲を必要とする。これら重砲は輸送が困難なので、平時から輸送法を研究しておく必要がある。以上の検討から、攻城廠は軽砲と重砲二種に分け、軽は常設、重は特設として目標の防御工事の程度に応じて選択すべし、と結論している。

二　第一軍の戦闘詳報に見る重砲の破壊力

第一軍は、鴨緑江の戦闘で最初にロシア軍と交戦した軍である。このとき、克式十二珊榴弾砲が大活躍し、ロシア軍に多大な衝撃を与えた。現存する第一軍の戦闘詳報は、その最初の戦闘における貴重な戦訓を伝えている。戦闘詳報は時系列に沿って五項目からなるが、砲兵戦闘の戦訓が述べられている「第五　彼我両軍ニ関スル観察」の部分を概観する。

ロシア軍は、日本軍進路の状況から、日本軍砲兵の装備は山砲のみと信じていたようである。そのため、一九〇四（明治三十七）年四月三十日、重砲弾を浴びると狼狽して逃走した。「我砲撃ノ効果偉大ニシテ」敵はまったく戦闘力を失った。四月二十六日以来の交戦で、日本野砲に比べて射程が長いことに依存してきたロシア野砲も、三十日の重砲射撃で志気を喪失したようである。しかし、ロシア野砲の発射速度の速さと信管の正確な動作は脅威である。彼我同数の砲で撃ち合えば、勝敗は分からない。ただ、ロシア軍が榴弾を保有していないのは日本軍にとって幸運である。陣地戦において榴弾の効力は偉大であり、ロシア軍は時間の許す限り「堅固ノ工事ヲ施シ殊ニ重層配備ヲ」行う傾向にあるので、榴弾の携行弾数を増加する必要がある。この種の陣地攻撃に際し、「野戦重砲兵ノ参与ハ特ニ有効ナルヲ認ム」[5]、と記している。

以上のように、第一軍は野戦重砲の破壊力を高く評価し、また榴弾の携行弾数増加を提言している。

三　第二軍の改善意見

第二軍の報告は各戦闘の報告の他、約五ヶ月間の戦闘の経験から作成された「戦闘動作及通信勤務ニ関スル注意」、さらに黒溝台会戦の経験から作成された「実験ヨリ得タル歩砲兵戦術一班」が現存する。まず南山の戦闘の戦闘詳報を概観し、その戦訓を確認する。南山の戦闘は、ロシア軍の野戦築城と機関銃に苦戦し、膨大な弾薬消費と死傷者数で知られている。次いで「戦闘動作及通信勤務ニ関スル注意」及び「実験ヨリ得タル歩砲兵戦術一班」について検討する。

（一）　南山の苦戦から得た戦訓

日本軍が初めて堅固な野戦陣地に遭遇したことで知られる南山戦の戦訓として、七項目挙げている。①歩・砲兵が密接に協同するには、砲兵が臨機に陣地変換する必要があるが、それには相互の通信に加えて砲兵隊長の独断専行が重要である。②敵の砲兵火の下では停止するより適切な隊形で前進した方がよい。③野戦築城に対して野戦砲では威力に乏しく、野戦榴弾砲と榴弾が必要。④通信法の改善。野戦電信隊は技量不足。⑤攻者も掩体を構築する必要があり、土工器具の携帯が必須。⑥将校教育特に精神教育の重要性。⑦築城の効果は高いが、士気旺盛な軍隊は万難に耐えて障害を排除する。

火力と掩蔽の重要性を強調しながら、重要なのは「我将校下士卒ヲシテ将来益々卓越ナル攻撃精神ヲ涵養セシムルコト是ナリ」と、結局は攻撃精神の問題に帰着させている。なお、海軍の支援艦砲射撃の有効性を述べ、「深ク感謝

ノ意ヲ表」している。(6)

（二）「戦闘動作及通信勤務ニ関スル注意」に見る歩砲協同要領

「戦闘動作及通信勤務ニ関スル注意」(7)は、歩兵ノ戦闘、騎兵ノ動作、砲兵ノ用法、通信勤務の四部からなる。

歩兵ノ戦闘では、突撃実施要領を新たに定めている。すなわち、砲兵の効力射撃により砲煙で敵線を覆った瞬間を最良の時期とし、歩兵は砲火の下に突撃する。歩兵は味方の砲撃間にできるだけ前進を継続し、敵砲弾の危険界を脱して小銃の有効射程に到達することが重要とされた。

得利寺の戦闘以来の死傷者の百分率は、銃創九一・三五パーセント、砲創七・九九パーセントであり、ロシア砲の効力は我が歩兵の攻撃を防止することはできない（なお、刀創は〇・六六パーセント）。一方で、歩兵の攻撃前進は「我砲兵ニ其最大効力ヲ現ハス為」の前進陣地を提供するためのものでもある、としている。すなわち、攻撃成功のためにはあくまで歩・砲兵の密接な連携が重要と認識しているのであり、砲兵の射撃効果に関係なく攻撃前進せよと言っているのではない。特に高等司令部は歩・砲兵の協同動作に最も重きを置き、通信交通は「勉メテ敏捷ヲ図」る必要があるとしている。

砲兵の用法では九項目を挙げており、順に①観測所と砲兵斥候の活用による敵砲兵の発見、②擬砲などの偽装工作、③敵観測所の発見・破壊、④地形及び夜暗を利用した接近、⑤歩兵との連絡通信、⑥歩兵に伴い最低二、〇〇〇メートルまで接敵すること、⑦防御陣地構築の注意事項、⑧側面攻撃の活用、⑨指揮の統一及びそのための連絡通信、である。

特に敵砲兵陣地及びその観測所の発見と破壊に紙幅を割いており、これらが重要課題だったことが分かる。また歩兵との連絡に関しては、第一線付近に連絡斥候を派遣して歩兵との連絡及び陣地から発見できない機関銃座の偵察などに任ずるよう求めている。

通信勤務では、敵線の状況偵察や情報伝達及び通信連絡が拙劣で、その結果、攻撃目標が適切に設定されないことが問題視されている。

(三)「実験ヨリ得タル歩砲兵戦術一班」に見る歩砲協同要領

「実験ヨリ得タル歩砲兵戦術一班」は、第五師団の黒溝台会戦研究と、第二軍砲兵各連隊長の砲兵戦術上の所見を併せ参考としたものであり、一九〇五年二月、第二軍参謀長大迫尚道の名で発簡されている。(8) また同年三月には大本営陸軍幕僚名で各軍にも印刷配分されており、当時広く参照された資料と考えてよい。

黒溝台会戦において第五師団の主力は、約三、〇〇〇メートルの平坦開豁地を、敵砲火に暴露しつつ攻撃前進した。本資料は、このときの隊形、躍進、損害の程度、歩砲の協同動作を研究しており、第五師団の攻撃動作を解説した前半と、砲兵戦術上の所見を述べた後半に分かれる。

まず前半の結論を述べると、平坦開豁地においては疎散隊形で前進することで比較的少ない損害で接敵できる。これは歩兵操典に示されている通りで、一九〇三(明治三十六)年以降新戦術として各国で研究されている。小銃射撃を受けず砲撃のみを受ける状況では、停止せずに躍進できる。これは友軍砲兵が常に歩兵線に接近して敵砲火を制圧し、歩兵の前進を容易にした成果である。すなわち砲兵は状況の許す限り敵に接近し、歩兵もまた砲兵の射撃間躊躇なく前進を継続し、なるべく速く敵砲弾の危険界を脱出して歩兵火の有効射程に侵入するのが肝要である。死傷者表を見れば「平坦開豁ノ地」で「攻撃前進スル部隊ハ躊躇スルコトナク勇敢ニ前進セハ比較的僅少ノ損害」で敵に近接でき、

「敵砲火ノ損害ハ歩兵火ニ比シ敢テ恐ルルニ足」りないと結論している。

文中の死傷者表では、砲創一一八に対し銃創（機関銃を含む）四六〇となっており、その限りにおいては正しい。しかしこれにはいくつか前提がある。まず黒溝台会戦は、ロシア側が攻勢に出た戦いであり、ロシア軍は遼陽会戦のような堅固な陣地に拠って応戦態勢を整えていたわけではないという点。第二に、これは本文中でも指摘しているが、悪天候が幸いして二、〇〇〇メートルまで敵に気付かれずに接近できたという点。二、〇〇〇メートルと言えば、かろうじて三十年式小銃の射程内であり、小銃射撃により敵砲兵の制圧が不可能ではない。第三に、これも悪天候が理由で「敵ノ砲兵射撃ニ稍間断」があった点。最後に、遮蔽陣地にあるロシア野砲は、近距離射撃ができない(9)。「迅速に砲撃の危険界を脱するべし」というのは、これを見越しての教訓である。

何よりも本文は、「砲兵ノ前進ハ歩兵ニ至大ナル後援ヲ与」え、また歩兵は「砲兵ノ射撃間躊躇ナク前進ヲ継続シ」（傍点は引用者による）と述べており、のちの改正歩兵操典綱領に見られるような砲兵射撃に関係なく前進すべしという思想ではない。あくまで合理的な報告だったのだが、後に「敵砲火は小銃火ほどに脅威でない」という短絡的な理解をされてしまったことは否めない。

後半は「敵砲兵ノ戦術並ニ之ニ対スル我砲兵戦術上ノ意見」として、一四項目を挙げている。例えば、ロシア軍砲兵は、試射・修正の過程を踏まず、最初から弾幕射撃を行い、射撃界を徐々に移動する戦法を取る。よって、位置や損害を秘匿するため、弾幕が移動するまで反撃を控える。観測所に対する射撃は有効。ロシア軍砲兵は射撃指揮が統一されず、各砲が独自に目標を選定して射撃するので常に損害は少ない。集団運用で対抗すべし。ロシア軍は予備砲兵を戦闘に投入せず、退却掩護にばかり使用するので、最初から優勢な砲兵を投入すべし。ロシア野砲は射程が大きいため当初は「隔靴掻痒ノ感」があったが、三十一年式野砲の砲架改修による射程延伸以後は十分対抗できるなどとしている。

特に注目したいのは、将来においても防御陣地に遭遇するのは必至であり、この敵に対し「砲撃ノミヲ以テ最終ノ勝利ヲ収ムルコトハ不可能」なので、歩・砲兵の連携を確実にして歩兵の前進を援助する、としていることである。これは、砲兵はあくまで補助兵種であり、最終的な勝利には歩兵による陣地占領が不可欠であること、及び七五ミリ級の野砲では堅固な陣地を破壊するのは不可能という砲兵自身の認識を示している。

最後に、ロシア軍砲兵の遮蔽陣地は、砲戦には有利でも近接戦闘には不利。近接戦闘に最も有効なのは機関銃である。よって、歩兵攻撃が進捗すれば最前線まで砲を進出させ、機関銃を制圧することが最も重要であるとしている。これらは、戦場の実相をよく表したものと言える。

四　その他

近衛工兵大隊は鴨緑江渡河以来、架橋・道路構築・陣地構築・鉄道敷設といった様々な任務をこなしてきた。その大隊史には、戦地での研究内容や将来に向けた改善意見が記されている[10]。沙河対陣中には、特別爆破術、迫撃砲・擲射砲[11]の研究、凍結した胸墻への射撃要領、回光通信の訓練などを行った。また遼陽などで苦戦した鉄条網の通過法として、樹木の束により超過する方法、鉄線鋏で切断する方法、爆破が有効であることを見出した。鹿柴の除去法としては、梶棒で横材を殴打して除去する方法、爆破、枝束で超過する方法などを述べている。

将来への意見として、補充兵教育の問題を挙げている。それによると、損耗を補うために補充されてくる後備兵は、現役兵に比べ軍紀・精神・作業・持久力・野外演習などの基本ができていない。工兵は「高価ヲ要スヘキ教育ハ却テ戦地ニ於テ容易ナリ故ニ多少此等ノ教育ニ顧慮ヲ要スヘシ」と、特種な訓練は戦地でできるので、基本を十分に教育してほしいと要望している。

第二節　児玉源太郎の軍制改革案における火力増強意見

日露戦争後、山縣有朋参謀総長は戦時五〇個師団の整備を提唱した。この山縣案は、ロシアとの再戦に備え日本は最低五〇個師団を必要とするが、財政の制約から平時は二五個師団にとどめ、戦時に倍増して五〇個師団とするものだった。

山縣案は参謀次長を通じて満州軍総司令官及び総参謀長に提示されたが、児玉総参謀長は一九〇五年十一月、山縣案は国力に比し過大として反対した。そして、「我陸軍ノ戦後経営ニ関シ参考トスヘキ一般ノ要件」なる意見書を提示した。児玉は、基本的な考え方をまず国力の充実に置き、兵力は単に兵数によるものではなく真に活動できる実力にあるとして、戦後経営の基本はぜひ拡張しなければならないものを除いて、まず整理充実であるとした。軍備構想の前提となる想定敵国は山縣と同様にロシアとし、その兵力は開戦一年後には五〇個師団と見積もっている。これに対し、日本が五〇個師団を整備することは不可能であり、日英同盟の効果とロシア軍の準備未完に乗ずる迅速、かつ巧妙な作戦によって対応するとした。

児玉案は、二期に分けて軍備増強を図るもので、第一期は必要最小限の拡張と現有兵力の充実を行い、第二期に必要な拡張を行う計画であった。さらに、大陸における鉄道の整備、参謀本部の情報収集能力の強化にも着意していた。

第一期の具体的な構想は、常備軍を二個師団だけ増加して一九個師団とし、近衛師団を除く一八個師団を六個軍団に編成し、各軍団に騎兵・野戦砲兵各一個旅団、野戦重砲兵一個連隊、交通兵一個大隊を付ける。そして師団は戦時歩兵大隊の銃数を約八〇〇から約一、〇〇〇に、歩兵に乗馬歩兵、機関銃隊などを増強し、騎兵連隊を削除し、工兵大隊を四個中隊に増加する。また、鉄道隊を四個大隊に拡張する。この第一期の拡張・充実に見られる考えの要点は、指揮の効率を高め、火力を増強し、戦略的機動力を向上させる「質」の強化を重視していることであった。

第二期の拡張は、平時に常備の歩兵連隊・砲兵連隊ごとに独立大隊を、騎兵連隊・工兵大隊・交通兵大隊・輜重兵大隊ごとに独立中隊を編成しておき、戦時にこれらを基幹として一九個の予備師団に拡大できるように整備することであった。そして常備一九個師団と併せて、戦時には三八個師団とする構想であった。児玉案は、現有常備師団一七個を二五個に増加する山縣案に比し、わずか二個師団を増加してのちは現有師団の質の強化を重視している点、単に兵の頭数の増加を求める山縣案よりも現実的で、将帥としての英知が反映されていた(12)。

本書の関心から見て最も重要なのは、児玉案は「今後の戦闘は陣地戦に限られ、遭遇戦はほとんど生起しない。堅固な陣地に拠る敵に勝利するには、現行の師団砲兵だけでは不十分」という認識を示している点である(13)。そのため、戦争中に比べ野砲旅団は二個から六個へ、重砲兵連隊は四個（うち三個は旧式臼砲装備）から六個への増強となる。これら軍団直属の火力を要点に集中することで、陣地攻略を図っている。

また指揮統率の敏活は「全ク電信電話ノ効力ニ支配」され、軍が大規模化するほど通信網の適否が勝敗を分けることになる。電信電話は特種技術であるので、今後は交通兵なる特種隊を新設し、「単ニ電信、電話ノミナラス諸通信機関ノ研究ト発達」を図り、戦場においてこれら機能を十分に利用する必要がある。

さらに、旅順攻略戦を筆頭に戦場における「彼我工事ノ応用ハ殆ト其極ニ達シ」、しかも工事のかなりの部分は歩兵が担任することになるので、往時の鍬兵制度を復活し、かつ「将来ノ作戦ニハ設堡陣若クハ要塞ノ攻囲ヲ必要トスル以上ハ現在ノ師団工兵ハ稍兵力ノ寡少ナルヲ認ム。」

このように、児玉案は既述してきた火力と工兵作業力の増強という項目を網羅しており、戦闘の実相を知る者の意見、と言うべきであろう。

第三節　陸軍省軍務局各課の改善意見

陸軍省編『明治三十七八年戦役陸軍政史』（以下、『陸軍政史』）は、軍務局各課から提出された改善意見を収録している。ここでは、砲兵課、工兵課の意見を見ていく。なお歩兵課の意見は収録されていない。

一　砲兵課の兵器改良に関する意見

砲兵課は、大きく一四項目の改善点を挙げている。中から火力発揮に関連の深い項目を述べる。

第三は「兵器弾薬ノ消耗力ヲ予定スルコト」である。兵器の交換時期と、弾薬の月ごとの平均消費を予想し、これを完全に補充し得る供給力を備える必要がある。これらの準備があれば、戦時において「兵器弾薬ノ補充ニ困難ヲ生スルカ如キ失態ヲ招クコト無カルヘシ[14]」としている。

第四は「兵器ノ改良進歩ニ関スル審査実験ヲ怠ラザルコト」である。日本の兵器が常に世界列強の兵器を凌駕することはもとより望むべくもない。しかし科学技術（原文では「工芸」）の発展が急激な現在、年々兵器の制式を改正しなければその理想を達することはできない。わが国の経済力は到底それには耐えられないので、現用兵器をもって対抗するしかないが、財政の許す限り「最近工芸ノ進歩発明ヲ利用スルノ道ヲ講シ」なくてはならない。平時においては審査部、砲兵工廠などは欧米各国の兵器、弾薬、科学技術に注意を払い、わが現用兵器に優るものがあれば直ちにこれを研究実験し、必要なら製造準備をも整えておく。そして財政が許せば直ちに生産に入れるよう、設備を備えておくことが緊要である。

現在ヲ以テ将来ヲ推スニ今後ノ戦争ニハ各種新兵器ノ出現スルヤ明カナリ万一此点ニ対スル注意ニシテ欠クル所アランカ勝ヲ制スルコト殆ト不可能ニ属スベシ是レ吾人ノ最モ戒ムヘキ所ナリ[15]

これに対処するには、欧米各国に大・公使館付武官、あるいは駐在員または視察員として技術の素養のある者を派遣して、公表されているものはもちろん、秘密のものも「所謂機微ノ間ニ」察知する方針を取るほかはない[16]、としている。

第六は「野戦重砲兵聯隊材料及同予備火砲ノ準備」である。日露戦争中、野戦重砲兵連隊の編成をわずか四個に留めた理由は、ひとえに器材の不足である。器材が十分であれば、少なくとも各軍二個の野戦重砲兵連隊を配属していた。戦前の計画は日清戦争の実績を基にしていたため、少な過ぎた。特に注意すべきなのは、戦役間ロシア軍の野戦重砲は質量とも我に劣ったという点である。ロシア軍は将来、この反省から多数の重砲兵を準備すると考えられるので、わが軍もこれに対抗するため、一軍に少なくとも砲数二四門前後の野戦重砲兵連隊三個を配属できるだけの器材を整備しておく必要がある。[17]

第七は「機関砲ノ配属及同予備砲ノ貯蔵」である。将来、両軍とも機関銃の使用が増大し、歩兵及び騎兵連隊の編成中必要不可欠のものとなる。しかしその威力を発揚するには運搬に便利なものとする必要がある。経験上、歩兵は駄馬式、騎兵は手馬式として、最低各歩兵連隊に六門、騎兵連隊に四門前後を必要とする。拠点防衛用として要塞及び歩騎兵隊などにも配属するので、少なくとも四〇〇門内外の予備を有することが緊要である。また、機関銃が威力を発揮するには機関銃及び射手を掩護する必要があり、携帯防楯などを研究しなくてはならない。さらに、銃手のうちに機関銃各部の機能に通暁し、小修理が可能な者を含めておく必要がある。[18]

第十は「防楯ノ制定」である。戦争中、三十一年式野砲に防楯を追加装備したが、機関銃その他の発達に伴い、歩・砲兵、機関銃隊、工兵あるいは対壕作業に従事する者のため、「夫々適当ノ防楯ヲ制定シ置クコト必要ナルベシ」[19]としている。

第十三は「砲兵工廠ノ拡張及準備」である。弾薬不足を防止するには、軍の動員拡張計画と砲兵工廠の拡張とを並行させることが重要である。従来の動員計画は、軍隊の数とその初度携行の兵器弾薬に関しては緻密に規定するものの、開戦後の兵器弾薬の補充数量については、例えば一銃につき毎月何発を補充するかの基準がない。担当者によって算定基準が異なるようでは、戦時の混乱を招く。よって将来は、兵器ごとに毎月の減耗を算定（参謀本部と陸軍省の協力を得て工廠で決定する）し、それに応じられるよう工廠の能力を整備する必要がある。

第十四は「兵器局ノ新設」である。砲兵課は、兵器の制式・製作・供給補充などに関して審査部・砲兵工廠・兵器廠などと直接交渉することが頻繁であった。これは組織編成上問題であり、兵器監部の再興を主張する意見もある。そこで、陸軍省内に局を新設して兵器一切の整備に任ずることとし、砲兵課はこの新設局と協力して業務を行うべきである。[20]

二　工兵課の気球改良に関する意見

工兵課の意見は、鉄道・船舶・電信・満韓における要塞及び防御工事・内地要塞・臨時気球隊・要塞電燈・伝書鳩についての八項目に分かれている。旅順で活用された坑道戦法や、迫撃砲などの新兵器に関しては言及がない。議事録がないので理由は不明であるが、軍制レベルで検討すべき課題ではないと考えられたのだろうか。ここでは砲兵の弾着観測の観点から、気球隊に関する部分のみ紹介する。

第三軍に編入された臨時軽気球隊は急造であり、人員は訓練も経験も不足していた。また器材もガスボンベがないなど不十分であった。ガス発生車は機能が完全でなく、戦況に応じて直ちに任務を遂行できなかった。一九〇五年二月、二気球隊一補充班を編成したが、ついに実戦には参加しなかった。器材に関してはなお研究を要し、部隊は平時から基幹隊を常設し、動員に際しては完全な出征部隊と補充隊を作る必要がある。現状の補充班は編制が過小で、要求された任務を遂行できないことは明白である。[21]

第四節　軍制調査委員による戦訓調査

一　軍制調査委員の編制

陸軍軍制調査委員は、一九〇六年六月七日に設置された。その目的は、各部隊が経験に基づき提出した意見書を「普ク銓衡審議シ以テ之カ採否ヲ決シ将来陸軍ノ採ルヘキ軍制改良ノ資材ヲ提供」することにあった。(22)六月十四日、教育総監西寛二郎大将がその委員長に任命され、続いて六月二十日に、表5のように各委員が任命された。

この他に、二十数名の臨時委員が任命された。調査委員は、軍務局長・参謀本部部長・教育総監部参謀長・各兵監・戸山学校長などを長とした一三個の班編成を取り、一般の制度、召集・徴兵・補充、各兵科の典範令などについて各班でそれぞれ分担審議した。(23)

二　軍制調査委員の報告

調査結果が報告されたのは、一九〇七年五月二十日であった。現存する軍制調査委員の報告は三分冊となっており、

表5　陸軍軍制調査委員（明治39年6月20日）

	氏名	階級	補職
委員長	西　寛二郎	大将	教育総監（6.14付）
	川村　景明	大将	東京衛戍総督 （西大将英国差遣間40.1～7）
委員	中村　覚	中将	教育総監部参謀長
	上原　勇作	少将	工兵監
	宇佐川　一正	少将	軍務局長
	大迫　尚道	少将	野戦砲兵監
	渋谷　在明	少将	輜重兵監
	豊島　陽蔵	少将	要塞砲兵監
	大谷　喜久蔵	少将	戸山学校長
	秋山　好古	少将	騎兵監
	大沢　界雄	少将	参謀本部第三部長
	松川　敏胤	少将	同　第一部長
	山口　勝	砲兵大佐	軍務局砲兵課長
	加藤　政義	工兵大佐	同工兵課長（後に交代）
	林　太郎	歩兵大佐	同歩兵課長
	浅川　敏靖	騎兵大佐	同騎兵課長
	俣賀　致正	1等主計正	経理局衣糧課長
	三浦　得一郎	1等軍医正	医務局衛生課長
	中館　長三郎	1等軍医正	同医事課長
	柴　勝三郎	歩兵中佐	教育総監部参謀
	和崎　恭弼	輜重兵中佐	輜重兵監部
	田中　義一	歩兵中佐	参謀本部作戦班長
	山田　隆一	歩兵中佐	軍務局
	草生　政恒	歩兵中佐	人事局補任課長
	木田　伊之助	砲兵中佐	野戦砲兵監部
	古海　厳潮	歩兵中佐	戸山学校次長
	尾野　実信	歩兵中佐	参謀本部
	大島　又彦	騎兵少佐	騎兵監部
	今井　武雄	3等主計正	会計監督部
	竹内　赳夫	工兵少佐	参謀本部
	本城　幹太郎	歩兵少佐	同上
	中島　栄吉	砲兵少佐	要塞砲兵監部
	村岡　長太郎	歩兵少佐	参謀本部
	口羽　武三郎	工兵少佐	工兵監部
（追加）	今泉　六郎	1等獣医正	獣医学校長（6.29）
（交代）	井上　仁郎	工兵大佐	工兵課長（7.25）

原剛「歩兵中心の白兵主義の形成」（軍事史学会編『日露戦争（二）』錦正社、2005年6月）277頁。

一冊目が教育・典範令など、二冊目が兵器器材に関するもの、三冊目が法令関係となっている。ここでは、一、二冊目の内容を概観する。

（一）教育・典範令に関する報告

教育・典範令などに関する報告は、最初に「召集・徴兵・服役・補充ニ関スル意見」、次に教育関係の総論として「教育一般ニ関スル意見」、ついで歩兵・騎兵・野戦砲兵・輜重兵の兵科ごとの意見、また輜重・経理・衛生・獣医部についてそれぞれの意見を述べる形式である。[24] ここでは、教育一般に関する意見及び各兵科ごとの意見を取り上げる。

総論の教育一般に関する意見は、各隊から挙がってきた意見に対し、委員が実現のための方針や具体的な実施要領を述べる形を取っている。[25]

各隊意見は今後教育の充実を図るべき事項を列挙している。その事項とは、野戦築城その他の工作作業、歩・騎・砲・兵隊における通信、各兵科将校に他兵科業務を教育すること、などである。これらに対する委員意見は、各隊（主に歩兵）から若干名を工兵隊に派遣して一～二ヶ月の教育を受けさせ、原隊に帰ったら彼らを教官として普及教育を行わせる、といった具体的な案が示されている。

次に、歩兵に関する事項から本書と関連する部分を述べる。「歩兵ニ関スル事項」は、歩兵操典、機関銃使用法及び歩兵射撃教範のそれぞれについて改善意見をまとめている。[26] まず歩兵操典については、旧歩兵操典の各条項に関する改正意見と、その他（号外という）に分かれている。例えば旧操典第三〇一条について、「『此際射撃開始ニ先チ為シ得ル限リノ工事ヲ施シ置クヲ緊要トスルコト屢々アリ』ヲ附加スルコト」及び「第四項ノ首文『歩兵ハ攻撃運動ヲ開カシムヘシ』ノ次ニ『然レトモ歩兵ハ我砲兵ノ成果ヲ待タス彼我ノ砲戦中ニ前進ヲ開始スルヲ普通トス』ヲ加フルコト」との記述が見られる。前者は野戦築城の重要性を指摘するものであり、後者は「砲兵火力に頼らない攻撃前進」である。号外から、同様に関連の深い事項を挙げると、まず野戦築城を施した陣地の攻撃原則を定める必要があるというもの。これは、日露戦争で初めて遭遇した近代的な野戦築城に対し、攻略に難渋したためである。次に、白兵戦の重要性を謳っている。開豁地における火力戦闘は五〇〇～六〇〇メートルの距離で大勢が定まるが、敵が陣地に拠って頑強に抵抗する場合、「最後ノ決戦ハ銃剣ニ在ルコト本戦役各地ノ戦闘」が証明したとしている。最後に「歩兵ハ砲兵ニ待ツコトナク（攻撃進路ノ開通）之ト同時若ハ多少前後シテ攻撃ヲ開始シ砲火ノ成果如何ニ論ナク攻撃ヲ進捗セシムルヲ要ス」と、前記三〇一条と同じく「砲兵火力に頼らない攻撃前進」を強調する。これらが、二年後の歩兵操典改正の基調となっている。前章で述べたように、日露両軍とも野戦砲兵が遮蔽陣地を採用した結果、互いに敵砲兵を制圧できなくなった。そこで、歩兵は漫然と砲兵戦闘の終了を待っているよりも、その間に前進すべし、という思想が生まれた。友軍砲兵が健在であれば、敵砲兵の火力は歩兵に指向されないし、また歩兵が前進すれば、隠れていた敵は応戦のために姿を現し、その結果、砲兵火力の効果も挙がるからである。

また機関銃に関しては、「機関砲ハ有形上殲滅的効力及無形上震駭的威力」を有し、多数を集中して、最大速度の連続射撃によりその本領を発揮する。攻撃に際しては、機関銃は歩兵の突撃前攻撃点を猛射して守兵の射撃を圧倒する。機関銃は歩兵と行動を共にする運動性を備えていなくてはならない。防御に際しては、機関銃陣地は十分に隠蔽しかつ堅固でありながら、広い射界を確保しなくてはならない。拠点防御及び側防に使用し、陣地中を移動できるようにすべきである等々、南山や旅順での苦戦の経験が反映している。

次に野戦砲兵に関する事項は、各部隊から提出された現行典範令及び教育に関する規則に対する改正意見の調査と、当該規則の改正要領の二部に分かれる(27)。改正意見の調査においては、各部隊の意見を列挙しているが、注目に値するものをいくつか挙げてみると例えば、補充兵は「概シテ義務心薄ク気概ニ乏シ」と素質不良を指摘する。

将校教育に関しては、歩・砲兵の協同動作に「遺憾ノ点多シ」と反省を示し、将来各実施学校の戦術教育を向上するとともに、各兵科の将校を他兵科の付勤務を経験させたり実施学校に入校させたりといった対策を提案している。歩・砲兵の協同は、「連合演習ノ実施ヲ奨励」すべしとの意見にも見られる。

砲兵操典に対しては、操典の示す部隊の運動は定められた制式が煩雑で実戦に応用することは稀であると述べ、砲兵は運動をもって戦闘するのではなく「停止ノ射撃ヲ以テ戦闘スルモノ」であって、運動に関する制式は減少すべきであるという意見が目を引く。「現行典範令ニ示セル原則ノ大本」は何ら変更の必要はないが、従来の研究手段は不適切だったことを自覚して、とりわけ「戦闘ニ直接必要ナラサル諸制式」を省略し、科学の発達に伴う軍事技術の利用、火器の進歩に合わせた夜間行動及び築城を奨励すべしとしている。これらを受けて、教育監督機関及び実施機関の整備などを提案している。陸軍大学校においては、砲・工兵及び輜重兵に関する教科を一層向上させる必要がある。また大尉クラスの尉官を毎年砲兵工廠及び火薬工廠に派遣し、兵器に関する新知識を修得させる制度を新設する。

典範令改正については、「典令は達成すべき目的のみを示し、思慮ある独断専行を奨励し、科学の発達、兵器の制定などにより進歩する部分は応用の余地を残し、戦闘に直接必要ない諸制式は省略する」との総論を述べている。砲兵操典改正案に関しては、砲兵司令官及び指揮官の任務、砲兵団の指揮及び相互の連携を明記すること、砲兵指揮に際しての通信の重要性とその応用の原則を規定すること、などを重視している。また各兵種の操典に、諸兵連合の必要性を明白にし協同戦闘の原則を掲げる必要があるとしている。

最後に関連事項として、他兵科の大尉クラスを砲兵工廠及び火薬工廠で研修させ、兵器に関する新知識を付与すること、各兵科の大佐に各実施学校で他兵種の用法を研究させ、諸兵連合の指揮訓練を行うことなどを提案している。

以上のように、歩兵の意見は野戦において陣地戦が多発することを重視し、陣地攻撃法の確立を求めている。また、頑強に抵抗する敵の撃破には銃剣突撃が必要との認識を示している。砲兵戦の終了を待たずに歩兵が前進する、という新戦術も提言されており、これは前述第二軍の改善意見と共通する。従来、この新戦術は「歩兵は砲兵に頼らずに戦う」という火力軽視の文脈でとらえられてきたが、現場の意見を尊重したものだったことが分かる。一方で、「実験ヨリ得タル歩砲兵戦術一班」の項で述べたように、この戦術は特定の条件下で成立するものであることは省みられなかったようである。

一方、野戦砲兵の意見は、歩砲協同の不備を指摘し、教育の充実により高級指揮官へ新知識を付与して改善しようとしている。同時に目に付くのは、他兵科の将校に対する砲兵戦術教育を提案していることである。細部は後述するが、砲兵の職務は他兵科から理解されにくいものであった。各兵種の操典に、諸兵協同戦闘の原則を掲げる提案をしていることと併せて、各兵科に砲兵知識を付与することで、協同の実を挙げようとする意図が見られる。

(二)　兵器器材に関する報告

兵器器材に関する報告は、歩兵・騎兵・野戦砲兵・工兵の各兵科が兵器に関する改善意見を述べ、さらに輜重・被服・炊具・衛生・糧食・獣医の各部門が改善意見を挙げている。ここでは火力に関係する意見として、歩兵・野戦砲兵・工兵の各兵科の意見を紹介する。[28]

歩兵用の兵器・弾薬・器具材料に関しては、真っ先に「小銃の口径増大」が挙がっている。[29] 日露戦争で日本陸軍歩兵の主武装だった三十年式小銃は口径六・五ミリ、初速七〇〇メートル／秒、弾丸重量一〇・五グラム、最大射程二、〇〇〇メートル。[30] よく弾道が低伸して命中率が高く、二、〇〇〇メートルの距離で人馬を殺傷できる優れた小銃だったが、一方で弾丸が小さいために殺傷力が低いという問題があった[31]。本報告によると、三十年式小銃が口径六・五ミリを採用したのは、一、〇〇〇メートル以内での戦闘なら当時フランスで使用していた八ミリ口径の小銃よりも命中精度に優れているからだった。しかしこの時期、ドイツの七・九ミリ小銃で、弾丸形状の改良によって三十年式小銃を上回る優れた命中精度を実現するに至った。三十年式と同じ六・五ミリの三八式歩兵銃がすでに採用されてはいるものの、ドイツの七・九ミリ小銃弾に近付ける努力が必要である。粗悪な武器は犠牲を大きくするものであり、実戦で経験したように小口径銃は大距離射撃の命中精度が劣る。「万障ヲ排除シテ口径ヲ其程度ニ迄増大スル」のが現下の急務である。

次に、携帯器具類の増加を要求している。鎌・山刀・鉄線鋏及び木工具などの「障害物破壊掩蔽部構築等ニ欠ク可カラサルハ殆ト全軍ノ認ムル処ナリ」。三番目に、歩兵連・大隊に戦時用電話器各一組を装備すること。四番目に、手榴弾を戦時歩兵大隊小行李に携行させ、平時は各大隊に配備して投擲手を教育することである。日露戦争は「陣地戦ニシテ接戦多ク手投榴弾ノ効力著シ」いため、これを歩兵に携行させようとする意見は各部隊一致していた。

次に「野戦砲兵用兵器弾薬器具材料ニ関スル意見[32]」は、まず総論として次のように述べている。日露戦争の結果、小銃と野砲については根本的改良が必要と認められ、すでに新式銃砲が制定されている。また「白兵戦ト相待テ必要ナル手擲弾、迫撃砲ノ如キ」も試験の上制定の予定である。そこでこの報告では、各部隊の改善意見から、まだ審議されておらず、かつ改修または制定の必要のあるものを列挙する。

すなわち、野戦砲兵としては、三八式野砲及び榴弾砲などの制定により、射程や破壊力の不足という問題点は解決済みという認識だったことが分かる。

一方、改修または制定の必要ありとして列挙された項目は、二六項目に上る。一～三は刀やその帯革などに関するもの。四は縦列及び大行李輸卒に自衛用銃器を携帯させるべきというもの。五、六は三十一年式野砲及び山砲の部品や取扱上の問題点の改善。七～一一が新兵器の開発。一二～一六は支援器材の改善。一七、一八は弾薬の品質向上。一九は土工具に関する要望。二〇～二五は野砲を輓曳する馬具に関するもの。二六は職工の工具見直しである。

火力の発揮という観点から、七～一六及び一九に関して詳述する。

まず七は、山砲の威力向上である。この時期、三十一年式野砲の後継として三八式野砲が制定されたが、三十一年式山砲の後継はまだ制定されておらず、初速と射程の向上、砲身後座式の採用、発射速度を現在の倍以上とすることなどを要望している。八は、野戦砲兵に榴弾砲隊を設置すべし、というものである。日露戦争に参加した克式十二珊、十五珊の各榴弾砲は重砲隊の運用する火砲であり、野戦における機動性に乏しい。野戦砲兵は、野砲同様に機動性のある榴弾砲の装備を要望している。九は野砲と同一口径の騎砲の開発であるが、騎兵の兵器については省略する。一〇は、大初速を有する四七～五七ミリ口径の機関砲の制定である。現実の歴史を見れば、機関砲として運用できるのは口径三七～四〇ミリが限度であり、この要望はいささか現実離れしている。しかし大初速・大口径の機関砲が欲しいという要望は、野戦砲兵がいかに切実に火力向上を願っていたかを物語るものであろう。一一は迫撃砲の制定を要望している。迫撃砲の制定は歩兵からも要望されており、新兵器として期待されていたことが分かる。一二～一六の改善を要する支援器材として挙げられているのは、野戦測遠器・携行観測梯子・携帯電話機などの観測通信器材である。一九で、十字鍬に代えてツルハシを採用すること、草刈り鎌の常備・土嚢の携行・土工具の員数増加などを要望している。

以上のように、山砲の威力向上、野戦砲兵の榴弾砲装備、大口径機関砲の開発及び迫撃砲の制定などの火力向上施策が望まれているとともに、観測通信器材及び土工具に関する要望が多い。遮蔽陣地が主流になったため、敵砲兵の発見及び陣地の蔭蔽が重要課題になった戦訓を反映したものであろう。

工兵の改善意見は、野戦工兵大隊及び架橋縦列と、軍用電信電話器材の二つに分けて記述されている[33]。野戦工兵大隊の兵器器具に関しては、円匙・十字鍬・斧など保有器材の一覧表を掲載し、それぞれの器材に対して部隊の改善意見をもとに定数の増減や改廃を検討している。特に目を引くのは、「特殊器材トシテ準備ノ必要アルモノ」として手榴弾・擲爆薬・迫撃砲・携帯防楯・土嚢・光弾・警報用火箭・焼夷弾を挙げている点である。ここでも手榴弾と迫撃砲が登場しており、旅順攻略戦を筆頭に、これらがいかに陣地戦に有用であったかが窺われる。火箭については ロシア軍が信号などの用途で使用するのを目撃した第四軍から「便利である」と請求があったため、「往年使用セシ火箭ヲ適宜製作発送」したという[34]。また、焼夷弾は敵の幕営を焼き討ちするため、光弾（いわゆる照明弾）は夜間の監視に必要であるとして砲兵課に請求があった。砲兵課は、前者は榴弾で代用するように指導し、後者は研究に着手したものの満足なものを開発できず中止した。砲兵課の報告は「火箭、焼夷弾、光弾ノ類ハ将来ノ戦争ニ於テモ亦必要ヲ見ルニ至ルヘキモノナリト認ム」と結んでおり[35]、軍制調査委員報告と符合している。

以上のように、「兵器の改善意見」は、火力の増強、観測・偵察・通信能力の強化、土木作業器材の充実が重視されており、各兵科とも特に火力の増強を要望していることが分かる。歩兵は小銃の口径増大による威力向上を求めているが、周知のように、七・七ミリの小銃が採用されるのは実に三四年後の九九式小銃であった。俗に六・五ミリ弾薬が大量に余ったからとの説もあるが、火力増強を求めていたのは歩兵も同様という点は記憶しておくべきであろう。

また、陣地戦における迫撃砲と手榴弾の有効性が歩・砲兵からも高く評価されている。

第五節　陸軍内部の各種研究

一　工兵の制度改革意見

一九〇六年二月、工兵科の将来的な改善事項について、第四軍参謀長上原勇作、砲工学校教官中村愛三、工兵第八大隊長太田正徳、陸軍省工兵課長加藤政義、電信教導大隊長北川武、攻城工兵廠長今澤義雄、第三築城団長松井庫之助、野戦高等電信長竹内赳夫ら工兵科の主要幹部が会合して議論を行った。その結果をまとめたと覚しき文書が、工兵監陸軍少将榊原昇造の名で提出された「工兵諸制度改良ニ関スル意見」である[36]。

意見は一六項目からなるが主なものを摘記すると、まず「要塞工兵ヲ設置スル事」である。要塞攻守における工兵作業は、野戦作業とは大きく異なる。野戦工兵を教育して要塞工兵と同種作業ができればよいが、昨今、野戦工兵業務も多岐にわたるので困難である。要塞工兵の有無は国によってまちまちであるが、ロシア軍は保有している。幸い旅順要塞にはロシア軍要塞工兵の配備が少なかったため、激しい坑道戦が生じずわが軍が勝利したが、それをもって現状の野戦工兵のみで良しとしてはならず、要塞工兵を設置すべきである。

次に、「軽気球隊ヲ常設スル事」である。軽気球研究を電信教導大隊の附加任務とするという現制を改め、軽気球隊として常置する。

また「技術審査部ヲ分割シ工兵技術会議ヲ設クル事」を提案している。審査部は砲兵会議と工兵会議を合併した組織である。行政整理の観点からは妥当な措置かも知れないが、砲・工兵はもともと異なる性質を持つものであり、「両者相掣肘セスシテ各兵科ノ進歩ヲ促進スル」にはそれぞれ特別の研究審査を行う必要があり、工兵技術会議の設置を要望する。

さらに「工兵実施学校ニ関スル事」。日露戦争中、工兵技術はロシア軍に遅れを取ることが多く、この原因は専門の研究機関がないことである。特に築城と交通の重要性は明らかであり、工兵の実施学校を設置し、そこに教導隊を置いて研究に当たらせるべきである、としている。

この意見はほとんど実現していないが、審査部の分割を主張している点が注目される。砲・工兵は同じ技術兵科と言っても、当事者の意識の上ではかなり相違があったことを示していると考えられ、工兵科の本音が窺える。火力発揮の観点から重要なのは、要塞工兵の設置と気球隊の常設であろう。要塞工兵は旅順での苦戦の結果から、また気球は、航空偵察及び砲兵の弾着観測用途に期待されたものである。

二　陣地攻防演習による歩砲協同要領の研究

一九〇七年五月、富士裾野演習場で陣地攻防演習が実施された。本演習は、日露戦争で明らかになった様々な課題の解決法を見出すための大規模な実験だった。教育総監川村景明は、この演習の趣旨を次のように説明している。(37)

日露戦争の体験上、陣地攻防の研究が必要となり、戦後各部隊で研究を行ってきた。現在仮に頒布している各兵科の操典草案でも、陣地攻防の価値が増大している。そこで、教育総監部は戦術上の諸研究及び実弾射撃の効力試験を行い、教育訓練の進歩発達の資とし、併せて野戦築城及び野戦重砲の研究を行う。

演習の目的は、「工事ヲ施ス防御陣地ノ構成及其ノ攻防ニ関スル諸動作、諸作業ノ研究。」

研究要目は以下の通り。

①防御陣地の構成
②攻者の第一攻撃陣地占領に関する動作、作業及びこの間の攻防両軍射撃効力の試験
③第一攻撃陣地より逐次の前進運動、作業及びこの間の攻防両軍射撃効力の試験
④突撃準備の作業及びこの間の射撃効力の試験

一九〇七年三月二十日には、教育総監部の原案に対し陸軍省が意見を述べ、重砲兵を増加し、十五榴、十二榴、十加三種の効力を試験すること、演習前に迫撃砲の審査が終了していれば演習に使用すること、電話隊の運用法、特に砲弾に対する電線の保護法を研究すること、参謀本部及び審査部からも計画委員を出すことなどを提案した。

四月四日、演習計画委員が任命された(38)。委員長は、教育総監部参謀長の大谷喜久蔵少将。委員は教育総監部を中心に、陸軍省軍務局歩兵課・砲兵課・工兵課及び審査部から計一八名が任命された(39)。計画要領は、以下の通り定められた。

本演習の目的は二つ。一番目は戦術的研究であり、空包を使用して典範の研究を行う。二番目は実験射撃で、部隊及び工作物などに対する射撃の威力を試験する。

演習参加部隊は、

防御軍　歩兵一大隊（戸山学校から。機関銃四門装備）

　　野砲一中隊（近衛師団から。六門編制）

　　工兵一中隊（近衛師団から。戦時編制）(40)

攻撃軍　歩兵連隊本部及び一大隊

　　戸山学校教導大隊（防御軍と同様、機関銃四門装備）

　　野戦砲兵射撃学校教導大隊（六門編制の二中隊）

　　要塞砲兵射撃学校教導大隊の一中隊（十五榴四門）(41)

　　工兵一中隊（第一師団から。戦時編制）

この他、必要に応じ特別工兵演習の部隊を連合させる。これは特別工兵演習の統監と協議して決定する。さらに、統監部に直属する部隊として電話隊・気球隊及び電燈班が参加する。防御陣地は、歩兵一大隊の守備正面幅を五〇〇〜六〇〇メートルとし、その正面に一集団堡を設ける。その掩蔽部の一部は、十五榴の弾丸に抵抗できるようにする。陣地の各部はなるべく各種の方法及び材料を用いて構築し、その利害得失を研究できるようにする。陣地工事は特別工兵演習で構築したものを活用し、一部補備工事を行う。攻撃戦闘は、第一回と第二回とに分ける。第一回は二昼夜にわたる攻撃で、攻撃部隊の歩兵・野戦砲兵・重砲兵及び工兵は、各独立して統監の指導の下に協同動作を行う。第二回は昼間における攻撃で、攻撃部隊はすべて攻撃隊長の指揮下で攻撃を行う。

これらにより、歩・砲兵の協同要領、重砲による陣地及び障害物の破壊状況、夜間の野砲の移動、探照灯を利用した夜間射撃、気球からの観測による射撃等々、日露戦争の戦訓を反映して作成された操典草案に則り、陣地攻撃に伴う諸問題を研究する計画だった。

この演習は五月十四日から二十五日までの間実施され、その成果は「明治四十年五月富士裾野附近陣地攻防演習記事」[42]として残されている（以下、「演習記事」）。以下はその成果報告の主要な部分である。

第一回演習は、夜間に前進して攻撃陣地を構築し、払暁とともに攻撃を行った。

第二回演習は、当初の計画では昼間敵火の下で運動することを想定していたが、当日降雨と濃霧のため、天候の変化に応ずる戦闘動作の演練を主眼とすることになった。

第二回演習が終了した後、陣地に対する野砲、重砲の実弾射撃試験が実施された。

野砲の試験射撃は、防楯を有する砲兵においても遮蔽が重要なこと、砲兵戦においては榴弾が重要であり、その携行弾数の増加が必要なことが示された、としている[43]。一方で、防楯の背後にいる砲手に対しても、榴霰弾の炸裂位置によっては被害を及ぼし得ることも判明した。

「演習記事」は、「研究ノ結果及将来ニ関スル意見」を一般・歩兵・野砲兵・重砲兵・工事・電話隊・気球隊・電燈班のそれぞれに対して述べている。その中から主なものを紹介すると、まず「一般ニ関スル意見」は五項目ある。完全に設備された野戦陣地の攻撃に当たっては、①偵察が重要であること、②守備側も、特に夜間は敵状の探知に留意すべきこと、③各部隊とも一層協同動作に努めるべきこと、④通信を迅速確実にすること、⑤夜間の近接運動は詳細に計画準備すること、である。

特に注目されるのは、歩砲協同について述べた③である。統監部は、大部隊内の各部隊の協同動作を研究するため、第一回演習においてはあえて攻撃各部隊を一指揮官の直接指揮下に置かず、それぞれの命令系統により演習を実施した。しかし各部隊は、隣接部隊と情報の共有を図ることなく、個別の行動に終始した。例えば、砲兵隊が敵堡塁の位置を探知しながら歩兵隊に通報しなかったり、歩兵の前進時期が砲兵隊に通知されなかったりといった具合である。「演習記事」は、「今後、各兵種連合演習を実施し協同要領を訓練する必要がある」と述べている。

「野砲兵ニ関スル意見」は八項目ある。①攻撃砲兵の第一陣地は半遮蔽を適当とし、陣地への進入は敵眼から完全に遮蔽されること、②砲兵斥候の任務、③第二陣地は遮蔽陣地で、付近に直接照準可能な場所を準備すること、④夜間前進には周到な準備を要すること、⑤陣地変換は可能な限り繋駕を利用すること、⑥歩兵攻撃の進捗に伴い第二陣地からさらに前進して敵陣地を直接射撃すれば効果大であること、⑦防御砲兵は、近傍に直接照準可能な地点を有する遮蔽陣地を占め、戦闘初期は敵の前進妨害を主眼とすること、⑧弾薬の人力運搬は極力避けること、である。

野砲が第一陣地にあるときは、敵砲兵の主目標は野砲になる。その間は撃破されないよう、敵から遮蔽されていなくてはならない。また、本演習中には移動中に発見される事例があったため、①で注意されている。⑥は、野砲の任務はあくまで歩兵の前進支援であることを反映している。

「重砲兵ニ関スル意見」は九項目からなる。①重砲兵の目標偵察及び射撃観測には気球の利用が必要であり、気球隊との連携を確保すること、②陣地変換は周到な偵察の上、夜間行うこと、③重砲兵の堡塁に対する射撃は、第一線の防御力を破壊することを主眼とするべし、④重砲兵の障害物破壊効果は消費弾薬に比べ乏しい、⑤探照灯を利用した射撃の注意事項、⑥探照灯に対する射撃の注意事項、⑦防御砲兵はまず遮蔽陣地を占め、攻撃前進に移った敵歩兵を掃射できる陣地を近傍に準備すること、⑧陣地後方に十分な弾薬を集積すること、⑨電話線には被覆線を使用すること。

ここで重要なのは③である。実験射撃の結果、三八式十五珊榴弾砲の破甲榴弾は、堡塁の榴弾砲掩蔽部（榴弾砲弾を防ぐため特に構築された部分）を破壊することができなかった。それに対し、散兵壕やそれに付随する設備に対する破壊力は甚大である。したがって、野戦重砲は「兵器ヲ使用スル活目標ノ掩体」を破壊し、兵員を殺傷し設備を破壊することで堡塁の価値を喪失させることに注力すべきである、とされた。また、④で言う障害物とは、鉄条網のことである。二、〇〇〇メートル前後の距離から鉄条網を射撃すると、一〇〇発を費やしてようやく歩兵八列分の通路を啓開するのみであった(44)。

その他工事、電話隊、電燈班に関しては、電話線の切断を防ぐには埋設などにより敵砲弾から防護する必要があることが確認された。気球隊は、悪天候により十分に活動できなかった。しかし、気球に搭乗する砲兵観測将校は「眩暈ノ為メニ任務ヲ続行スルコト難ク」降下せざるを得ない場合があったことを反省点に挙げ、さらに熟練を要すと述べている。

本演習は、日露戦争の教訓を容れた真摯な研究として評価されるべきではあるが、悪天候のため、昼間敵陣地に接近できるかを実験できなかった点で所期の成果を挙げられなかった。さらに、演習計画の段階で、防御側にも野戦重砲があるとの想定がなされなかったのは、将来戦の様相を考える上でやや想像力に欠けると評するべきであろう。彼我ともに大口径重砲で撃ち合うのが、その後の戦争だったからである。それでも、歩砲協同や砲兵運用のあり方についての知見が得られた。すなわち、野砲は歩兵の直接支援、重砲は敵陣地の破壊という任務分担が確認された。また、重砲をもってしても鉄条網の除去が困難であることも明らかになった。

第六節　欧州諸国の論調

以上述べてきたように、公式な報告や軍制調査委員の調査は、いずれも火力の増強を求めている。頑強に抵抗する敵の撃破には銃剣突撃が必要との認識、及び砲兵戦の終了を待たずに歩兵が前進するという新戦術も提言されているが、これとて砲兵の火力支援の存在が前提である。では、日本陸軍が手本としてきた欧州諸国の日露戦争理解はどのようなものだったであろうか。

一　ドイツ歩兵操典と改正歩兵操典

（一）　日本側がドイツ歩兵操典に見出した白兵主義

一九〇六年、ドイツは日露戦争の戦訓を取り入れて歩兵操典を改正した。普仏戦争以来ドイツを手本としてきた日本側は、それをどう受け止めただろうか。ベルリン駐在武官の森邦武が、新歩兵操典（以下、独操典）とその改正理由書を紹介している[45]。

森によると、独操典は四つの原則を掲げている。

一　演習ノ実戦的ナルヘキコト
二　制式ヲ更ニ単一ニセシコト
三　精神的訓練
四　戦闘教練

「二　制式ノ単一」は、旧歩兵操典は横隊戦術時代のものであり、日露戦争の結果、旧思想を一掃したものと考えられる。日本でも歩兵の二年在営制採用により、[46]練度の低い兵士の急速練成が必要になるので、制式の単一化が必要とされ、巧飾の動作を排除すべきである。

「三　精神的訓練」は、火器の強大化に伴い隊形の疎散化を図る必要がある。そのため、個々の兵卒の判断力と攻撃精神向上を強調している。

次に緒言は一二項目からなり、教練に関する諸規定並びに歩兵戦闘に関する要点を掲げる。その第一項では歩兵が軍の主兵で、他兵種はそれに協力するよう求めている。森は「主兵」に傍点を付し、これを「正鵠ヲ得タルモノ」で、日露戦争は「実ニ我カ歩兵ヲシテ軍ノ主兵タルノ事実ト名誉トヲ遺憾ナク発揮」したではないか、と書く。そして、いかなる砲熕の進歩も馬匹の改良も、近い将来歩兵の地位を揺るがすものではないとしている。[47]

第二項は、指揮官には思慮と独断の能力、兵士には指揮官がなくとも任務を遂行できる強固な意志を求めている。森はその文中に「忠君愛国」の語を発見し、独操典が「精神的方面ニ其意ヲ傾注」した証明であり、日露戦争で「戦勝ノ要訣ハ形而上ニ存スルノ真理」をわが戦友が発揮した結果である、と述べる。[48]

独操典の第一部は教練、第二部が戦闘について記述している。第二部について、森は独操典が日露戦争の経験をほとんど遺すところなく取り入れていることに驚嘆している。そして特に注意すべきは、他兵種との関係を詳説して協同動作を奨励し、相互の関係を明らかにしたこと、及び従来の大原則たる歩兵の攻撃精神を激励し、その発揚に留意していることとしている。(49)

独操典は、日露戦役の戦訓から擬陣地・偽工事・障害物、特に機関銃で掩護された鉄条網の有効性を強調し、野戦築城は歩兵の独立して実行すべき任務としている。(50) 攻撃動作に関して、森はドイツの旧歩兵操典の火力主義も、ロシア流の銃剣万能論も極論であるとする。独操典は「攻撃ハ最近距離ニ近接シテ火力ヲ敵ニ加フルニ始マリ突撃ニ由リテ敵ヲ圧倒ス」と記しており、森はこれは「攻撃ハ前進ト銃ト剣トニ由リテ決セラル」との意味だ、と述べる。そして、独操典の改正理由書は「至近距離に至るまで敵に火力を与えられるかどうかは日露戦争で実証されるまで疑わしかったが、今や明白になった」としており、「白兵戦ハ不可能ナリト信シタル時代」もあったが、「靱強ナル敵ハ射撃ノミニ由リテハ其陣地ヲ撤去セサルナリ故ニ銃剣ヲ以テ之ヲ駆逐(51)」する必要がある、と述べている。

歩砲協同に関しては、歩兵射撃と砲兵との関係を簡単に説明している。旧歩兵操典では、攻撃歩兵は砲戦の結果を待ち前進すべしとしていたのを一大変革し、歩兵の攻撃前進は砲戦間に行われるとした。歩兵が前進すれば、敵は掩体を出て応戦せざるを得ないので砲兵の好目標とできるからである。改正理由書は、〝歩兵の前進は砲兵に好目標を与えることを目的に行うのではない〟が、一般の状況から「歩兵ハ彼我砲戦間ニ於テ攻撃前進ニ移ラサルヘカラサルコト多シ(52)」と述べている。

「敵ノ有効火力ノ下ニ密集部隊ノ前進ハ不可能ナリ」とし、敵陣地に対してはあらゆる手段で接近を図り、なるべく遅く、近接して射撃を開始する。いわゆる「ブーレン（ボーア？）前進法」にも言及し、各部隊長の独断を重視している。

突撃に関する指示は詳細を極める。改正理由書は、「敵の損害の多少は射撃の衰退、陣地撤去の開始等により察知し、これを確知」すれば「突入ヲ以テ唯一ノ方法トス。」

突入距離は一五〇メートル。改正理由書によれば「平坦開豁地ト雖モ勝算アル攻撃ハ此距離マテ敵ニ近接スルヲ得ヘシ」。接近できなければ、それ以前に敗北しているという。(53)

「防御ノ為メ展開シタル敵ニ対スル攻撃」の章を新設した。改正理由書によれば、旧歩兵操典では十分展開して防御の姿勢に移った敵の攻撃と純然たる防御陣地の攻撃とを同一方法としていたが、野戦築城の発達によりその攻撃法も特殊となったためである。砲兵戦はその準備ができたら直ちに開始する。その目的は旧歩兵操典のように敵を沈黙させた後に歩兵を前進させることではなく、敵情を明らかにすることと**歩兵**の**前進**に**有力**な**援助**を与えることである。森は再度、「旧ドイツ歩兵操典において世論の焦点だった『砲戦の結果を待ち歩兵は前進を開始すべし』との主義は廃れ、攻撃歩兵は友軍砲兵の協力により絶えず前進すべしとの主義に一致した」と述べる。森によれば、これは疑いなく日露戦争の結果によるもので、従来過信していた砲兵効力が予想外に微弱なためである。砲撃間、敵の歩・砲兵は対戦を避ける。我が劣勢ならなおさらである。要するに歩兵火力のみで決戦できないのと同様、砲兵火力のみでも駄目なのである。砲戦は、敵歩・砲兵がわが歩兵の前進に対抗しようとする動作を妨げるために行うもので、これが歩砲の協同動作である。(54)

次に「野戦築城陣地ニ対スル攻撃」は、敵陣地に対する近接法・突撃準備・突撃実行の三つに大別される。独操典は近接法は夜暗の利用を本則とし、砲火の援助十分なときのみ昼間も可能とし、突撃準備は歩兵の突撃陣地占領、砲兵の統一的指揮、障害物除去、払暁の猛烈な火戦による突撃路の準備からなる。突撃実行は奇襲、陽動、突進の統一と整斉、格闘に関わる決戦、奪略した陣地の工事、追撃からなる。森はこのうち「格闘ハ実ニ此実行ノ要素ナリ戦役間我歩兵ノ格闘ニ勇敢ナリシハ古来武士的教育ノ遺風尚ホ存セルニ因ル」とし、よって「銃剣ノ価値ヲ高メラレタリ」と述べている。(55)

各兵種との関係動作について、旧歩兵操典では歩兵の各兵種に対する戦闘動作を示していたが、独操典では各兵種との協同動作を記述している。歩兵は多く各兵種と連合して戦闘するが、これで軍の主兵たる名誉は「毫モ毀損セラルルモノニアラス。」

砲兵の友軍超過射撃は頗る重要な新戦法であり、歩兵突入の最後まで射撃を要する。日露戦争で実施され、一時欧州の兵学界を「襲動」した。

「歩兵ハ友軍砲兵ノ為メ若干ノ損害ヲ得クルモ砲兵ノ援助ヲ欠クニ勝レリ。(56)」

以上のように、森は「ドイツは日露戦争の教訓を取り入れ、火力よりも将兵の精神力を重視し、白兵突撃に重きを置くようになった」という論調で紹介している。しかし、肝心の独操典をそもそも誤訳しているのではないかと覚しき個所も少なくない。例えば山田耕三訳『独逸歩兵操典』では、第四四三条は「独リ歩兵ノミニテ戦闘ヲ遂行スルハ唯稀有ナル状況ニ於テノミ起ルモノニシテ多クハ他兵種ト協同シテ戦闘ス」とのみ書かれており、(57)森の言うように「軍の主兵たる名誉云々」は書かれていない。また友軍超過射撃は歩兵はこれに慣れなくてはならないと言いつつ、「観測の不便な状況で歩兵が敵前約三〇〇メートルまで接近したら敵歩兵への砲撃は中止」すると謳っている（第四四六条）。(58)これも森の言う、「砲兵援助を欠くより友軍誤射の方がまし」とは書かれていない。森の理解は、歩兵中心の視点でやや牽強付会のように思われる。

森は帰国後、歩兵操典改正案審査委員の一人に加わった。したがって森による独操典理解は、日本の改正歩兵操典編纂にも影響を及ぼしたと考えられる。

なお、一九〇八年には独操典と日本の歩兵操典改正草案を比較した研究書も出版されている[59]。独操典は陸軍において広く注目を集めていたと考えて良いであろう。

（二）ドイツ側の見る日本の改正歩兵操典

逆にドイツ側は、日本の改正歩兵操典をどのように見ていただろうか。一九一一年の『偕行社記事』には、ドイツの改正歩兵操典評がいくつか出ている。

『ターゲス・ツァイツング』紙は、各兵種の協同動作に関する原則はドイツと一致するとしているが、その一方、砲兵には歩兵の攻撃準備の重要任務を付与し、歩兵は砲戦の結果を待たず前進する点が相違するとしている。また、突撃部隊は爆薬及び手榴弾を携行する点を指摘している[60]。

『ツァイツング・アム・ミッターハ』紙は、改正歩兵操典は独操典と類似し、原則においては全般的に「殆ト差異ヲ有セス」と評する。しかし、一貫して攻勢を主張しており、「此ノ思想ヲ斯クノ如ク強烈、執拗ニ説述セルハ未タ嘗テ見サル所ナリ」。これが、寡兵をもってロシアに勝利した原因であるとする[61]。

『独逸将校新誌』も独操典とよく一致するとし、特にある部分は「字句ニ至ル迄同一ナルモノアリ」。戦闘の原則で「攻撃ハ勝利ヲ得ヘキ唯一ノ手段ナリ」と謳っているのは、「現時ノ操典トシテノ至当ノコト」である。歩・砲兵の射撃動作は、独操典ほど緊密な協力を要求していないが、各兵種の協同動作は特に戦勝の源泉と詳言していると評価している[62]。

これらに比べ『ライプチヒ新報』所載の記事はやや批判的である。ドイツは卓越した武器と最良なる射撃により十分に火戦を発揮して決戦を要求するが、日本軍は銃剣によって戦闘に最終の決を与える。突撃部隊に工兵を付し、手榴弾を使用する。独操典はまず射撃の優勢を優先し、突撃の機は後方で判断するが、改正歩兵操典は「突撃は徹頭徹尾狂奔を促す」如く記述しており、突撃の判断は前線指揮官が行う。ドイツはこれを見習うべきではない[63]。

『独逸兵事週報』は、さらに詳細に分析している。いわく、改正歩兵操典は長く密集隊形を保持するよう求め、散開隊形を排している。旧歩兵操典では、これほど散開隊形を排斥していなかった[64]。突撃の実施は原則的に大隊長の判断だが、中隊長の判断を奨励している。各兵種の協同動作を重視しているが、独操典ほど密接な歩砲協同を記載していない。独操典は砲兵に対し、歩兵に最も危害を与える目標を射撃するよう求めているが、改正歩兵操典は、砲兵は敵砲兵を射撃するとしている。独操典では、歩・砲兵の動作は分離できないとし高級指揮官が砲兵使用の時期、場所及び範囲を定める。一方、日本では高級指揮官は自身の意図と砲兵陣地の場所のみを示し、細部は砲兵指揮官が処理する。

改正歩兵操典は「全然独逸操典ニ近似スルコトナク却テ従来ノモノニ比スレハ固有ノ主義ヲ採レルコトヲ知ルニ足ル」。戦術の主要原則は国際的に同一だが、細部は民族の特性、国民的遺伝、予期すべき戦場の特質に依存する。約言すれば改正歩兵操典は「能ク時世ト実戦トニ投合スルモノト判断シテ可ナリ[65]。」

『独逸季報』の分析もこれに近い。改正歩兵操典は、一九〇七年の歩兵操典草案よりも射撃の重要性を強調しているが、同時に攻撃精神及び軍紀をより重視している。

「火戦ヲ軽視シ唯唯攻撃精神ノ養成ノミ首位ヲ占メ総テノ軍隊教育ノ基礎ト為レリ[66]。」

上官は兵卒に対し、攻撃精神をもって遂行される攻撃には抵抗できないとの観念を持たせるよう努力している。

「敵の射撃は著しく前進を遅緩させ、射撃の優勢を占めた後でなければ前進は容易ではない」という日露戦争の経験は、「各将校ノ熟知スル所ナルニ拘ハラス（日本）軍隊ニ於テハ之ヲ談スル者一人モナシ。[67]」

最大の相違は、独操典は敵火の下に前進するには必ず火力の優勢を占めるよう明言しているが、改正歩兵操典は「火力ノ優勢ナル意義ヲ一般ニ承認セス単ニ前進ノ気勢ヲ以テ終始軍隊ヲ促進」しようとしている。ドイツでは、優勢な火力で敵を圧迫し近接し、最後に「白兵ヲ揮テ敵ニ突進スルコトニ依リ其ノ局ヲ結フ可キコト」を述べているが、日本では「白兵戦ヲ以テ火戦ト同等ノ価値ト看做ス。[68]」

以上のように、森中佐など日本の論者は「独操典でも白兵突撃を重視している」と考えたが、ドイツ側の論者は、改正歩兵操典における攻撃精神の強調を賞賛しながらも、その火力の軽視、白兵偏重に奇異の念を抱いている。すなわち、改正歩兵操典は独操典をそのまま模倣したものとは言い難く、その白兵主義において独特のものである。

二　欧州諸国の論調の逆輸入

欧米諸国は日露戦争に際し、日露両国に多数の観戦武官を派遣した。日本が迎えた外国武官は一三ヶ国から陸海軍計七〇名に上ると見られる。[69]イギリスの主席武官イアン・ハミルトン（Sir Ian Standish Monteith Hamilton）陸軍中将を筆頭に、彼らは帰国後詳細な報告を残した。その一部は邦訳刊行された。[70]また陸軍は精力的に原著を収集翻訳し、教訓の摂取に努めた。

一九一一（明治四十四）年、『列強兵学家ノ日露戦ニ基ク戦術上ノ意見』という本が出版された。ロシア軍将兵や各国の観戦武官、専門家の論説をまとめたものである。国籍はロシア一三、ドイツ八、フランス二、オーストリア五。ロシアのもののうち七つは、クロパトキン大将が戦争中に発した訓示である。オーストリアは「富強の程度ではフランスの下位にある」が、意外に兵学が進歩しており、「兵学家ノ意見亦燦然タルモノ」があるとの理由で選ばれている。(71)欧州諸国の見解を、日本ではどのように理解していたか知るには格好の資料と思われるので、主な内容を紹介する。

まず露国歩兵大尉ソロヒエブ「日露戦ノ歩兵戦術ニ関スル教訓」の一部を抜粋する。

日本砲兵の射撃は精密で、それに比べれば歩兵の射撃は劣る。歩兵は時に照準せず集団射撃する。日本の榴弾及び銃弾の消費量は莫大で、榴霰弾は最も効果があり回避が困難である。下瀬火薬（爆裂榴弾）は被害は少ないが、精神的影響が大きい。(72)

現戦争ハ銃剣ノ効力述至大ナルヲ証明シタリ

激しい戦闘では必ず銃剣を用いる。遼陽で、銃剣で抵抗したわが陣地は日本兵に奪取されることはなかった。沙河会戦では、三日間砲戦を継続しても決着しなかったのに四日目にわずか数分の銃剣突撃で塹壕を奪取した。「数日間無益ニ砲撃シタルモノナリ」。剣術は突進の思想を導くものである。かつては、銃剣突撃は戦闘の末期に必ず行うものとされていたが、現在ではその効力を疑うものが少なくない。しかし、「銃剣ノ効用ハ毫モ減スルコトナシ。」(73)

この原稿は、露国大尉エル・シエット・ソロウィーフ「戦争上ノ実験」の名で、「日露戦史編纂史料」にも収録されている。アメリカ陸軍大学校の資料として英訳されたものをさらに日本語訳したもので、原文は、ロシアの軍事科学学会が出版した冊子に掲載されたという。[74]

これらを見比べてみると、訳文に多少の差はあるが、内容はもちろん同じである。しかし、傍点を打ってあるのは『列強兵学家ノ日露戦ニ基ク戦術上ノ意見』収録のものだけである。すなわち、傍点を打ったのは日本側の編者であり、「編者が重要と見なした部分」を示していると考えられる。したがって、本書は日本側の戦訓認識を知るのに適した資料である。

本書はソロヒエブの「日露戦ニ於ケル銃剣ノ価値」という文章も収録しており、「遼陽で散々日本軍の榴霰弾に撃たれ、死傷者多数を出したが遂に陣地の奪取を許さなかった」と主張を繰り返している。[75] ソロヒエブは機関銃の威力をも高く評価しているが、[76] 全体としては銃剣による白兵突撃を最重要視している。

次に露国歴戦歩兵将校　某「日露戦ノ経験ニ基ク歩兵中隊ノ戦闘」から。

戦闘は火力によって準備し、銃剣によって勝利を決する。近年の砲兵の技術的進歩は偉大だが、敵を圧倒する諸手段のうち「第一位ヲ占ムルハ依然歩兵火ナリトス。」[77]

砲火を被る地帯は、砲の種類、地形、両軍陣地の位置によって決定されるが、銃火地帯は射程と地形に制約されるのみで、柔軟に変化する。砲火地帯では損害の減少に留意するだけでよいが、銃火地帯では成功のため必須の要件は「我カ火力ニ依リテ衝突ヲ準備スル」ことである。損害を減らそうとの「配慮ノ如キハ第二ノ要件ニ属ス。」

銃剣突撃を実行できる場合は稀である。「故ニ火力ニ依リテ予定ノ如ク且巧ニ突撃ヲ準備スルハ成功ヲ得ル第一要件ナリ」[78]と、突撃可能な位置まで接近するのに火力が必須とし、ソロヒエブ同様、砲兵火力よりは歩兵火力を重視し、火力は銃剣突撃するための準備、と位置付けている。

著者不明の露国『ルスキーインワリード』所載「平坦開豁地ニ於ケル攻撃法範式」は、もう少し冷静で白兵主義に懐疑的な見方を示している。

ロシア軍の戦術は、銃剣突撃に依存し火器の性能向上にまったく無頓着だった。新兵器の活用を唱える者には「唯火力崇拝者ナル軽侮的名称ヲ附与スルニ止マリ毫モ之ヲ顧ルコトナカリキ」。その結果、火力主義を奉ずる「独逸人ノ堪能ナル学習者タル日本人ハ惨憺タル教訓ヲ以テ」、現代の火砲及び小銃にほとんど適応していないロシア軍の戦術の欠陥を露呈させた。今後、平坦開豁地で戦うには、砲兵の有効射撃界に入る前に散開隊形を取るべきである[79]、と述べている。

クロパトキン大将は、繰り返し自軍に対して詳細極まる訓示を発しており、『列強兵学家ノ日露戦ニ基ク戦術上ノ意見』にも収録されている。

日本軍の正面攻撃は、猛烈な砲火の援助があっても多くは撃退可能である。しかし日本軍は、その損害が「如何ニ大ナルモ弾薬ノ費消如何ニ多キモ此種ノ攻撃ヲ反復挙行シテ已マス」。また日本軍が進んで銃剣突撃を行うのは例外的である。ロシア軍が銃剣突撃すると退却し、活発な小銃射撃で対抗する。日本兵は「銃剣戦闘ヲ好マス寧ロ之ヲ恐怖」する。ロシア人は体格、腕力で日本兵に勝るので、接近戦ではこれを利用する。「要ハ日本兵ヲシテ我カ銃剣戦法ノ痛苦ヲ屢々感セシムルニ在リ[80]」と、白兵戦ではロシア軍の方が優位にあったとする見方を裏付けている。一方、クロパトキンは日本軍砲兵と機関銃の威力を高く評価している。いわく、日本軍砲兵は夜間に巧みに掩護物を構築し、まずわが砲兵、次いで予備兵を射撃し、最後に弾薬補給の中断を狙う。精密な地図を有するらしく、一発で命中弾を得る[81]。砲撃の最大の目的は敵砲を沈黙させることであるが、遮蔽陣地において敵火の中断は破壊を意味しない。「敵ノ砲及砲卒ハ其堡塁内ニ在リテ我カ榴霰弾ニ対シ安全ナレハナリ」。防御工事を施した村落の攻撃には榴霰弾は無効であり、野戦臼砲や重砲が必要である。日本軍は多数の機関銃を有しており、可能な限り砲火をもって沈黙させなくてはならない。機関銃は防御に有効であり、通路や隘路の掃射、敵の攻撃開始前の集合地点の射撃に使用する[82]。

次にドイツからは、まず独国将校クリゲールスタイン「日本軍戦術上ノ所見」が、日本軍の機関銃や砲は巧みに隠蔽され、その配置や数を知るのは困難で射撃は正確無比である、と述べる。日本軍は近代火器の効力をよく承知しており、よって側面運動及び包囲攻撃の他に策がないことを知っている[83]、と火力に重点を置いた主張をしている。

独国砲兵大尉エーベルハルト「野戦砲兵ニ関スル日露戦ノ教訓」は、野砲の戦術について詳細に分析している。満州は、東部は欧州では見られないほどの運動困難な山地で、西部は平坦な耕地だが高さ二メートルに達する高粱で通視できないという特徴がある[84]。戦争は陣地戦で、運動戦はほとんど起きなかった。ロシア軍野砲の射撃は拙劣で、歩兵との協同はなく、露軍砲兵により生じた日本軍の損害は全損害の七～八パーセントである。しかしこの成果から、野戦砲兵一般の効力に関し結論を下すのは誤りである。日本軍野砲は軽量だが、馬匹が不良で運動性は劣る。「日本軍野戦曲射砲ノ効力ハ甚タ良好ナリ」。射撃指揮はやや大規模で、奉天会戦の第一軍は一三〇門の火砲を五群に分け統一命令で運用した。蔭蔽を重視し、また歩兵への支援に努めたため、砲火によるロシア軍の死傷は日本軍のそれより多い。

野戦砲兵は、歩兵と密接な連携を維持して行動するときのみ戦闘目的を達成できる（原文は傍点付）。砲兵は、歩兵が「激烈ナル接戦」により敵の最後の抵抗を撃破する任務を容易にするとともに、歩兵と協同してこれを達成するために全力を尽くす。この終局の目的は、「砲兵ノ動作ニ関シ明瞭ナル準縄ヲ与フルモノナリ」。[85] 砲兵は、歩兵に最も危害を与える敵を射撃する。遠距離にあっては敵の砲兵、近距離にあっては敵の歩兵である。日露戦争は、この原則を証明した。歩兵動作と連繋しない砲撃は、いかに長時間でも「決シテ効果ヲ生シタルコトナシ。」

砲兵戦は敵に優る砲数を展開しなければならないが、楯を有し隠蔽された砲兵を十分に撲滅するのは、数的に優勢でも容易ではない。日露戦争では、遮蔽陣地と間接射撃法は実戦的であることが証明された。[86] 歩兵の突撃前まで攻撃を支援することが緊要であり、これは友軍を超過して射撃することで初めて達成できる。日露両軍の歩兵は支援砲火を中止するより「寧ロ砲兵ノ超過射撃ニ依ル損害ヲ以テ優レリトセリ」。二、三の砲兵中隊は最前線まで歩兵に随伴を要する。

緊要な教訓として、野戦砲兵はあくまで軽快な野戦兵でなくてはならず、重量過大な兵器で補足すべきではない。[87] 気球による偵察は、日露戦争では研究されなかったが、将来大いに発達して騎兵斥候は不要となり、砲兵陣地の発見と遮蔽に影響を及ぼすだろう。[88]

野戦築城を破壊するには、大口径の榴弾砲を要する。鴨緑江の戦闘においては「榴弾砲火ハ壕前約五十米ニ至ルマテ歩兵攻撃ニ随伴シ得タリ是平射砲ヲ以テハ友軍ニ危害ヲ及ホスコトナク実行シ得ヘカラサル所ナラン」。各師団に、従来の加農中隊の他に榴弾砲大隊の設置を要する。道路不良の満州では、人力搬送の可能な山砲は有効である。[89] 速射砲と防楯、遮蔽陣地の採用により弾薬消費は激増する。所要量の算定は困難だが、最低限携行弾薬を増加する必要がある。弾丸は、榴弾と榴霰弾の双方が必要であり、よって統一弾は研究する価値がある。[90]

最後に、旧式火砲を装備した日本軍が勝利した原因は、「日本軍及其砲兵ハ上将官ヨリ下最下級ノ兵卒ニ至ルマテ精神上高度ノ位置ニ立チシコト」である。わが軍も、部下将兵に「勤務ニ対スル決心及愛情、全軍ノ目的ニ対スル理解及感激」[91]を付与するよう努めなければならない。

以上のように、エーベルハルトは日露戦争の砲兵火力に関し、間接射撃の採用、野戦築城と榴弾砲の効果、弾薬消費の激増など、要点を網羅している。同時に、満州の地勢の特殊性に触れるとともに、野戦砲兵の任務はあくまで歩兵に随伴して直接支援することとの理解を示しており、歩兵を中心とした歩砲協同を強調している。そして最終的には、日本軍の勝利の原因を精神的要素としている。

独国少将リヒテル「機関銃ニ関スル問題」は、機関銃の威力を高く評価しており、機関銃なしでは今後「攻防共ニ其目的ヲ達セサルモノ」と断言できる、と述べる。とは言え、その消費弾薬の膨大さを考慮すれば、機関銃の数の増加には自ずと限度があり、火砲と機関銃との均衡が必要であるとしている[92]。

独国少将ベルトルドは「日露両軍戦術上ノ評論」で、日本軍はドイツの操典を参考にしつつ自身の体験を取り入れて、攻撃の際にも土工器具を利用するよう、改正歩兵操典に記している[93]、と述べる。そして、野戦築城を攻撃するには、砲兵はまず敵砲を撲滅し、その後友軍歩兵の道を開くため、少なくとも一部の砲で敵歩兵陣地を射撃しなければならない。このとき歩兵は合わせて前進し、敵歩兵が掩体から出ざるを得ないようにしなくてはならない。でなければ、砲兵は砲弾を「散布スルヲ得ルニ過キス」、歩兵支援の効果は挙がらない。野戦築城であれ永久築城であれ、歩砲の協同こそが「日本人ノ成功ヲ得タル一大原因ナリ」[94]としている。

仏国砲兵少佐ムーニエー「日露戦ニ関スル論評」は、砲兵戦術に着目して以下のように述べている。

日本軍が鴨緑江の戦闘に圧勝したのは、強大な砲兵の援助の下に包囲攻撃を行ったからであり、「歩、砲両兵ノ連携完全ナリシト砲兵ノ援助有効ナリシトニ因ル」。日本軍はこのとき、歩兵の敵陣突入まで砲撃を続行した。仏操典は、歩兵が敵前五〇〇メートルに達したら射撃を中止するか目標を変換するよう求めているが、小銃の性能が向上した現在、歩兵は砲兵の援助なしにこの五〇〇メートルを突破できない。多少の誤射は覚悟の上で、最後まで射撃すべきである。[95] 遼陽会戦では、日露双方とも遮蔽陣地に入り遠距離から間接射撃のみを行うため、膨大な弾薬消費の割に効果が挙がらなかった。ロシア軍に至っては、攻撃歩兵が直前に接近しているのに、極度の遮蔽のため砲を指向できないほどだった。こうした用法は誤りである。

この戦闘で、砲弾による死傷者が少ないことから砲火の威力を疑う者がいるが、砲兵の任務は、友軍歩兵が敵火を被らずに前進できるよう、敵の射撃を封止することである。正面攻撃は、いかに戦意があっても砲兵が接近し「猛烈ナル火力ヲ以テ之ヲ援助スルニアラサレハ成功ノ公算極メテ少キモノ」[96]である。砲兵は敵砲兵を制圧すると、稜線上に進出して歩兵の攻撃を援助する。攻撃の奏功は、「最後ノ時機マテ砲兵ノ援助ヲ受ケタル者ニ帰セリ」。弾薬の消費が激増するので、第一線においては一門当たり六〇〇発、平時においては一門当たり二、五〇〇～三、〇〇〇発の備蓄が必要である。

日本軍の死者は八万人に達し、普仏戦争におけるドイツ軍の死者の倍になる。これはロシア軍に比べても多く、勝者の方が多い。すなわち、「攻撃ハ勝利ノ秘訣ニシテ之カ為ニハ多大ノ犠牲ヲ供スルコトヲ覚悟」しなくてはならない。こうした多大な損害は、挙国一致で戦う者のみが耐えられる。農民出身の兵士も、戦闘が「正義ニ合スルコトヲ理解」すれば「残酷ナル苦痛ヲ忍フニ至ルヘシ。[97]」

ムーニエーも、先のエーベルハルトと同様に砲兵の主任務は歩兵の突撃支援であること、及び攻撃精神の重要性を述べており、これらが欧州列強の砲兵将校にとって共通の理解だったことが分かる。

同じくフランスのメシミーは「仏国ニ於ケル野戦砲兵拡張問題」を論じる上で、参考として日露戦争を観察している。

それによると、兵一、〇〇〇人に対する砲数は、日本軍四門に対しロシア軍は三門とされる。軍事批評家はこれを戦役当初の日本の勝因としている[98]。得利寺の戦闘の勝因は、「全ク日本砲兵ノ優勢ナリシト其戦術的用法適当ナリシ」とによる。防者が攻撃砲兵のため十分な打撃を受けていなければ、正面攻撃は「如何ニ勇敢ニ施行セラルルモ到底失敗スルヲ免レサルモノ」[99]である。一方、南山、大石橋、遼陽、沙河、奉天など砲数が優勢でも迅速に敵砲兵を圧倒できなかった場合は、攻撃は失敗するか多大な損害を出している。従軍観察員の報告では、火砲は日本が勝利した「第一ノ原因トシテ」[100]数えられる。

墺国エーネルターゲブラットは「日露戦ノ教訓」で日本軍の戦術全般を論じている。

日本歩兵は決して「鳴物入」の攻撃を行わず、突撃前に優勢な砲火を集中し、突撃中にも支援砲火を送って、無意味な突撃は行わない。旅順要塞も、突撃前に砲撃によって防御力を殺がれ、坑道作業で大部分を破壊されていた。突撃に際してはあらゆる地隙や死角を利用し、その結果、攻撃の大胆さの割に被害が少ない。日本兵はボーア人同様に掘壕に巧みで、攻撃に際しても地形が不利なら掩蔽を有する陣地を作る。しかし、「攻撃精神カ彼等ヲシテ必要ト認メシムル場合」には、いかに良好な掩蔽物でも躊躇なく放棄して前進する。野戦砲兵の間接射撃は大きな意義を持つ。
また重砲が野戦で使用し得ることはボーア戦争で前例があるが、日露戦争で明白に証明された[101]。

墺国歩兵少佐フォンダニーは「日本第一軍歩兵ノ戦闘動作」で歩兵戦術に注目した。

ロシア軍は防勢を取って強固な工事を施した陣地に拠り、また日本軍がそのための時間を与えたため、戦いは陣地戦となった[102]。

鴨緑江の戦闘では、日本軍砲兵がロシア軍砲兵を圧倒し、それから歩兵が前進できた。しかしその後、ロシア軍砲兵は遮蔽陣地に隠れ、日本軍の砲撃中は応戦しないという戦術を採用し、日本軍歩兵は「終日砲兵準備戦ノ結果ヲ待チシモ砲兵ハ露軍砲兵ヲ圧倒スルコト能ハス時ハ空シク過キサリシ」。それ以降、日本軍は砲兵戦の結果を待たずに歩兵を前進させるようになった。ロシア軍砲兵がこれを砲撃することで、日本軍砲兵はロシア軍砲兵を発見できた。逆にロシア歩兵は前進しないので、日本軍砲兵を発見するのは困難だった。砲兵の任務はまず歩兵支援、次いで敵砲兵の制圧である。日本軍砲兵にとって、後者の任務は優勢なロシア軍砲兵に対し困難であるため、友軍歩兵に対するロシア軍砲兵射撃の妨害に注力した。敵砲兵を完全に制圧できることは稀だった。

日本軍将校によれば、損害が最も大きいのは砲兵射撃を浴びる遠距離ではなく小銃及び機関銃射撃を受ける近距離である。この射距離は防御する敵に有利であり損害も増大する。これが衰えてようやく前進できる[103]。敵兵が良好な掩護物の陰にいる場合は前進できない。砲兵は敵砲兵と交戦中であるため、歩兵の支援は非常に困難である。目標を敵歩兵に変換すると、敵砲兵は暴露した友軍歩兵を射撃することになる。歩兵が敵に近接すれば、敵砲兵の砲撃から逃れることができ、砲兵は敵歩兵陣地射撃に集中する。突撃部隊が敵陣地前「五歩ニ近接スルモ」、支援射撃は継続された。歩兵は誤射の危険があっても「尚最後ノ瞬間マテ其援助ヲ得ンコトヲ望メリ」。敵陣から二〇〇～三〇〇メートルに接近したら、躍進して突入する。

・・・・・・・・・・・・・・・・・・・・・・・・・・・・・・・・・・・・・・歩兵ノ銃剣突撃ハ実ニ勝利ヲ得ンカ為生命ヲ賭スル真戦闘ニシテ単純ナル威嚇ニアラサルヲ感銘セサルヘカラサルナリ・・・[104]

これら欧州各国の論調を総じて言えば、「日本軍は密接な砲兵火力の支援の下に突撃を行うことで勝利した。攻勢は困難だが、攻撃精神の充実した将兵をもってすれば可能である」というものである。共通しているのは、砲兵火力の重要性を認識しつつも、それは歩兵の突撃支援に用いられて初めて意味を持つとする主張であり、あくまで歩兵が主役で砲兵は補助である。ロシアは白兵戦闘、ドイツは火力戦闘を重視している傾向が見られるが、損害を恐れぬ攻撃精神を強調する点では各国とも共通している。特にフランスは、砲兵将校でも「勝利のためには膨大な犠牲を払う覚悟を要する」と述べており、ハワード(Micheael Howard)が指摘したような思想傾向[105]を示している。

『列強兵学家ノ日露戦ニ基ク戦術上ノ意見』が刊行された一九一一年は、改正歩兵操典の発布から二年後に当たる。改正歩兵操典で導入された白兵主義と歩兵中心の思想は、本書で示されたような欧州諸国の見解が逆輸入されることによって、陸軍内部で補強されていったと考えられる[106]。そしてその欧州諸国の見解自体が、日本側編者によって白兵主義寄りにバイアスのかかったものだった。

本章のまとめ

日露戦争後の陸軍は、各部隊から満州軍総司令部、陸軍省各課など、様々な形で戦訓を導き出した。実際に交戦した部隊の意見は、鴨緑江で野戦重砲を運用した第一軍は重砲の破壊力を重視し、南山で苦戦した第二軍は火力と掩蔽の重要性を理解しつつ、最終的には将兵の攻撃精神を重視している。第二軍の各種の報告は、ロシア軍砲兵火による損害が少ないことを挙げ、平坦な地形でも歩兵の前進は可能としていた。ただしこれは、友軍砲兵の十分な支援射撃が前提であり、また気象や戦況など条件が恵まれた場合だったことは閑却された。満州軍総司令部の提出したいわゆる児玉案は、将来の戦争は野戦と言えども陣地戦が主体になるとの認識を示していた。編制上、各軍に野砲旅団及び重砲兵連隊を増強しており、軍司令部直轄の砲兵火力を要点に投入する構想だったと考えられる。

以上のように現場に近い意見は、攻撃精神を重視しつつも、火力の重要性をよく理解していた。これらを踏まえ、陸軍は軍制調査委員を設けて改善すべき点を検討した。その結果、陸軍は今後の戦争では陣地戦が主となることを正確に理解しており、陣地攻略のためには火力の増強、歩砲の密接な協同及び砲兵指揮能力の向上が必要であることをよく認識していた。日露戦争以前は、砲兵が戦うべきは敵砲兵であり、砲兵戦闘の終了後に歩兵が小銃の射程内へ前進する戦術が主流だった。しかし日露戦争では、砲兵が敵砲兵に対抗している間に歩兵が前進するようになった。そして歩兵が突撃に移ると、砲兵は全火力を突撃目標に集中し、歩兵を支援する。これが、当時の「歩砲協同」であった。そこでは歩兵が主兵であり、砲兵の任務はあくまで支援であることが明確化された。

一九〇七年には、大規模な陣地攻防演習を実施して陣地攻略戦の研究を行った。この演習は歩砲間の連携の問題点や砲兵火力の限界、及び鉄条網除去の困難さなど多くの教訓を与えた。

一九〇六年、日本に先行してドイツが歩兵操典を改正した。これは日露戦争の戦訓を取り入れたものとされ、日本は駐在武官を通じて情報収集に努めた。ベルリン駐在の森中佐による解説記事が現存しているが、その解釈には白兵主義への偏重が見られる。森中佐は帰国後、歩兵操典改正委員に加わっており、その内容にも影響を与えたと思われる。日本の改正歩兵操典に対してドイツ側の論者は、攻撃精神の強調を賞賛しながらも、その火力の軽視、白兵偏重に奇異の念を抱いている。

日本に紹介された欧州諸国の論調を見ると、ロシアは白兵主義的、ドイツは火力主義的な傾向があるが、総じて「火器の発達した現代でも、よく訓練された兵士を用いて大きな損害を覚悟すれば攻勢は可能」としている。特にフランスは、「勝利のためには膨大な犠牲を要する」としている。改正歩兵操典によって生じた白兵主義は、こうした欧州の論調の逆輸入によって補強されていった。

次章からは、これを受けて砲・工兵はどのような改革を行ったかを検討する。

註

（1）「11．2満州軍総司令官より平和克服に付ての訓示送付」JACAR（アジア歴史資料センター）Ref.C06040750500、「明治38年11月分　副臨号書類綴　大本営陸軍副官管　第9号自第３１７３号至３４５０号」(防衛省防衛研究所)。

（2）「編制」JACAR: Ref.C06041558000、「明治38年　将来に関する意見書　満州軍第1師団」(同右)。

（3）「兵器弾薬に関する改良案」JACAR: Ref.C06041558500、「明治38年　将来に関する意見書　満州軍第1師団」（同右）。第七師団からも同様の意見が上がっている。「明治三十八年十一月今回戦役ノ実験ニ基キ将来ニ関スル意見　第七師団」（同右）。参謀本部はこうした意見をまとめて意見集を作成したらしい。残念ながら意見集の現物は発見できていないが、各部隊から意見集の配布を求める要望が多数現存している。例えば「7月30日　３７８年戦役の実験に基く意見集増加配付相成度　第5師団参謀長」JACAR: Ref.C06041543800、「明治39年　記日号」（同右）。

(4) 「第2軍臨時攻城廠に関する意見」JACAR: Ref.C06041559200、「明治38年　将来に関する意見書　満州軍第1師団」（同右）。臨時攻城廠とは、軍司令官に直属し、要塞や堅固な陣地の攻撃に参与する組織。「大本営より臨時攻城廠勤務令制定の件」JACAR: Ref.C05121539700、「明治27年10月　戦役日記」（同右）。第二軍に徒歩砲兵隊が配属された際に編成されたと考えられるが、詳細は不明。

(5) 「秘　第一軍鴨緑江渡河並九連城附近戦闘ニ関スル詳報」（同右。「明治37．4．28　第一軍戦闘詳報」に所収）。

(6) 「第二軍戦闘詳報　明治37年5月20日」（防衛省防衛研究所図書館所蔵資料）。

(7) 「戦闘動作及通信勤務に関する注意の件」JACAR: Ref.C07082343700、「明治37年自9月至12月　参謀本部大日記　臨号2」（防衛省防衛研究所）。

(8) 「秘　実験より得たる歩砲兵戦術1班」JACAR: Ref.C06040363900、「明治38年1月―12月謀臨書類綴　大本営陸軍参謀」（同右）。

(9) 「敵ハ多ク遮蔽陣地ヲ占ムルヲ以テ砲戦ニ適スルモ近戦ニ利アラス近戦ニ於テ最モ我ヲ苦ムルモノハ機関砲ナリ」（晩翠「準備セシ陣地ノ攻撃ヲ論ス　戦役ノ経験ヲ基礎トシテ立論ス」（『偕行社記事』第三五八号別冊附録、一九〇七年三月）二八頁）。

(10) 「近衛工兵大隊歴史　巻1　明治8～41」（防衛省防衛研究所図書館所蔵資料）。

(11) 榴弾砲など、曲射弾道の砲。

(12) 黒野耐「近代における日本陸軍の軍備構想――質と量の葛藤――」（『防衛研究』第二〇号、一九九八年四月）三―五頁。

(13) 児玉源太郎「我陸軍戦後経営ニ関シ参考トスヘキ一般ノ要件」（防衛省防衛研究所図書館所蔵資料）。

(14) 「第3　兵器弾薬の消耗力を予定すること」JACAR: Ref.C06040181900、「明治37、8年戦役　陸軍省軍務局砲兵課業務詳報砲兵課」（防衛省防衛研究所）。

(15) 同右。

(16) 同右。「所謂機微ノ間」とはスパイ活動であろう。

(17) 「第2篇　戦役間に於ける兵器に関する事項」JACAR: Ref.C06040173700、「明治37、8年戦役　陸軍省軍務局砲兵課業務詳

報　砲兵課」(防衛省防衛研究所)及び陸軍省編『明治三十七八年戦役陸軍政史　第十巻』(防衛大学校図書館所蔵資料)四六八—四六九頁(以下、『陸軍政史　第十巻』)。

(18) 同右及び同右、四六九頁。

(19) 「歩兵の防楯」JACAR: Ref.C06040174900、「明治37、8年戦役　陸軍省軍務局砲兵課業務詳報　砲兵課」(防衛省防衛研究所)。

(20) 『陸軍政史　第十巻』。後に兵器局として実現。

(21) 同右、四七七頁。

(22) 「軍務局　陸軍々制調査委員の組織及訓令に関する件」JACAR: Ref.C03022830100(第10画像目)、「密大日記　明治39年」(防衛省防衛研究所)。

(23) 原剛「歩兵中心の白兵主義の形成」(軍事史学会編『日露戦争(二)』錦正社、二〇〇五年六月)二七五—二七六頁。

(24) 「号外軍制調査報告書(其の一)　目次」JACAR: Ref.C10071817700、「明治40年　号外軍制調査報告書　秘」(防衛省防衛研究所)。

(25) 「教育一般に関する意見」JACAR: Ref.C10071818100、同右。

(26) 「歩兵に関する事項(機関砲を含む)」JACAR: Ref.C10071818200、同右。なお先行研究は、本資料は歩兵が密集隊形よりも散開隊形を重視していること、陣地奪取自体を戦闘の目標としていたことを示すと指摘している〔遠藤芳信「一九〇九年歩兵操典改正の思想」(『軍事史学』第二〇巻第一号、一九八四年六月)六—七頁〕。

(27) 「野戦砲兵に関する事項」JACAR: Ref.C10071818400、「明治40年　号外軍制調査報告書　秘」(防衛省防衛研究所)。

(28) 「秘第6号号外軍制調査報告書(其の2)　兵器、弾薬、器具、材料、被服及糧食」JACAR: Ref.C10071819100、同右。

(29) 「歩兵用兵器弾薬器具材料に関する意見」JACAR: Ref.C10071819300、同右。

(30) 参謀本部第九課「日露戦役ニ於ケル日露両軍ノ主要兵器一覧表」(『日露戦役出征常備部隊ノ素質一覧表』靖国偕行文庫所蔵資料)。

(31) 安井洋編『軍陣外科叢書第三輯　戦傷ノ統計的観察』(南江堂、一九一四年)一八八—一八九頁では、ロシア軍の死亡率が日本軍より低い原因の一つに小銃口径の差が挙げられている。

(32) 「野戦砲兵用兵器弾薬器具材料に関する意見」JACAR: Ref.C10071819500、「明治40年　号外軍制調査報告書　秘」(防衛省防衛研究所)。

(33)「工兵用兵器弾薬器具材料に関する意見」JACAR: Ref.C10071819600、同右。

(34)「17　大籠（ママ）　焼弾光弾を請求」JACAR: Ref.C06040175800、「明治37、8年戦役　陸軍省軍務局砲兵科業務詳報　砲兵科」（防衛省防衛研究所）。標題の「大籠」は「火箭」の誤字と思われる。

(35)「18　戦利砲弾薬の補充請求」JACAR: Ref.C06040175900、同右。

(36)工兵監陸軍少将榊原昇造「工兵諸制度改良に関する意見」（『明治三三―四十年陸軍技術審査部関係史料綴』防衛省防衛研究所図書館所蔵資料）。表紙に、㊙の朱印が押してある。

(37)「陣地攻防演習実費（ママ）実費に関する件」JACAR: Ref.C06084414900、「明治40年坤貳大日記4月」（防衛省防衛研究所）。「実費」は「実施」の誤り。

(38)「陣地攻防戦演習計画委員任命の件」JACAR: Ref.C06084419600、同右。

(39)「教育総監部　陣地攻防演習計画要領の件」JACAR: Ref.C03022867100、「密大日記　明治40年」（防衛省防衛研究所）。

(40)近衛工兵大隊は、陣地構築のため四月二十八日から先行的に作業していた（「近衛工兵大隊歴史　巻1　明治8～41」防衛省防衛研究所図書館所蔵資料）。

(41)一九〇七（明治四十）年「五月十三日　川村大将統監ノ下ニ陣地攻防ニ於ケル歩、砲、工兵ノ協同動作及野戦築城諸制式ニ対スル重砲弾ノ効力ヲ実験スルノ目的ヲ以テ教育総監部諸学校教導大隊及第一、第三師団ノ歩砲兵ノ一部ヲ以テ陣地攻防演習ヲ大野原ニ行フ為本校ヨリ十五珊榴弾砲一中隊ヲ参加セシム　本演習ハ二十五日ヲ以テ終了ス」（「陸軍教育史　明治別記第十五巻　重砲兵射撃学校」（防衛省防衛研究所図書館所蔵資料））。「陸軍教育史　明治別記第十四巻　野戦砲兵射撃学校」（同上）にも記述あり。

(42)教育総監部「明治四十年五月富士裾野附近陣地攻防演習記事」（同右）。一九〇七（明治四十）年十一月発行。

(43)同右、二二〇頁。

(44)障害物の破壊法についてはその後も研究が続けられた。審査部は習志野で、一九一四（大正三）年十月に鉄柵・鉄条網爆破試験を、一九一五（大正四）年六月には試製障害物破壊筒威力・使用試験、及び障害物破壊試験を実施している（荒木貞夫編『元帥上原勇作傳　下』元帥上原勇作傳刊行会、一九三七年）六―八頁の上原の日記からの抜粋。

(45)歩兵中佐森邦武「独逸新歩兵操典ヲ読ム」（『偕行社記事』第三六一号別冊附録、一九〇七年六月）一―五頁。明治三十九年十二月二十五日ベルリンで執筆。

(46)現役歩兵の在営期間を三年から二年に短縮し、動員兵力の増大を図った制度。反面、練度の低下が懸念された。一九〇七

(明治四十)年採用（防衛庁防衛研修所戦史部『戦史叢書99　陸軍軍戦備』（朝雲新聞社、一九七九年）五八頁）。
(47) 歩兵中佐森「独逸新歩兵操典ヲ読ム」七頁。
(48) 同右、七―八頁。
(49) 同右、二九頁。
(50) 同右、三六―三七頁。
(51) 同右、三八―三九頁。傍点は訳本の原文ママ。
(52) 同右、三九頁。
(53) 同右、四〇頁。
(54) 同右、四四頁。
(55) 同右、四五―四六頁。
(56) 同右、五二―五四頁。
(57) 『独逸歩兵操典』山田耕三訳（軍事雑誌社、一九〇六年）一四四頁。傍点原文ママ。
(58) 同右、四六頁。
(59) 河村正彦『改正独日歩兵操典比較研究』（兵事雑誌社、一九〇八年）。残念ながら、比較されているのは教練の部のみで、戦闘の原則には触れていない。
(60) 「日本新歩兵操典ニ就テ」（『偕行社記事』第四〇九号、一九一〇年四月）一八頁。
(61) 同右、一九―二〇頁。
(62) 同右、二〇―二二頁。
(63) 「日本新歩兵操典」（『偕行社記事』第四一〇号、一九一〇年四月）一―三頁。
(64) 「千九百九年十一月八日発布日本新歩兵操典ニ於ケル教練及戦闘原則」（同右）五―六頁。
(65) 同右、一一頁。
(66) 「千九百九年十一月八日発布日本歩兵操典ニ就テ」（『偕行社記事』第四三九号、一九一一年三月）四三頁。
(67) 同右、四四頁。
(68) 同右、四六―四七頁。傍点原文ママ。
(69) 安岡昭男「日露戦争と外国観戦武官」（『政治経済史学』第四三八・四三九号、二〇〇三年二月）七二頁。

(70) イアン・ハミルトン『日露戦役観戦雑記』（大阪新報社、一九〇八年）はその代表である。

(71) 「序言」（武章生編『列強兵学家ノ日露戦ニ基ク戦術上ノ意見』厚生堂、一九一一年）三頁。

(72) 露国歩兵大尉ソロヒエブ「日露戦ノ歩兵戦術ニ関スル教訓」（同右）三―四頁。著者は東部シベリア第二四狙撃歩兵連隊で中隊長を務めた。

(73) 同右、四頁。傍点原文ママ。

(74) 英語の原文が米国観戦武官報告 *Reports of Military Observers attached to the Armies in Manchuria during the Russo-Japanese War* **(Parts III) (1906)** の巻末に掲載されている。

(75) 露国歩兵大尉ソロヒエブ「日露戦ニ於ケル銃剣ノ価値」（武章生編『列強兵学家ノ日露戦ニ基ク戦術上ノ意見』）二一頁。

(76) ソロヒエブ「日露戦ノ歩兵戦術ニ関スル教訓」四頁。原文はすべて傍点あり。

(77) 露国歴戦歩兵将校　某「日露戦ノ経験ニ基ク歩兵中隊ノ戦闘」（武章生編『列強兵学家ノ日露戦ニ基ク戦術上ノ意見』）一〇―一二頁。傍点原文ママ。

(78) 同右、一七頁。傍点原文ママ。

(79) 露国『ルスキーインワリード』所載「平坦開豁地ニ於ケル攻撃法範式」（武章生編『列強兵学家ノ日露戦ニ基ク戦術上ノ意見』）二三―二五頁。

(80) 「『クロパトキン』大将ノ遼陽会戦前部下団隊長ニ下シタル訓示」（同右）六四―六五頁。

(81) 同右、九一頁。

(82) 同右、九四―九六頁。傍点原文ママ。

(83) 独国将校クリゲールスタイン「日本軍戦術上ノ所見」（武章生編『列強兵学家ノ日露戦ニ基ク戦術上ノ意見』）一一〇―一一一頁。

(84) 独国将校エーベルハルト「野戦砲兵ニ関スル日露戦ノ教訓」（同右）一一八頁。

(85) 同右、一二一―一二二頁。傍点原文ママ。

(86) 同右、一二八頁。原文は傍点付。

(87) 同右、一三〇―一三二頁。原文は傍点付。

(88) 同右、一三四―一三七頁。

(89) 同右、一三九―一四一頁。傍点原文ママ。

(90) 同右、一四一―一四三頁。傍点原文ママ。統一弾とは、榴弾と榴霰弾双方の機能を有する弾丸。
(91) 同右、一四四頁。傍点原文ママ。
(92) 独国少将リヒテル「機関銃ニ関スル問題」(武章生編『列強兵学家ノ日露戦ニ基ク戦術上ノ意見』)一八〇―一八六頁。リヒテルは当時、戦術理論家として知られており、「歩兵射撃力ノ増進」(『偕行社記事』第三六八号、一九〇七年九月)また『日露戦役ノ経験ニ基キ砲兵ノ使用法ニ関スル研究』清野孝蔵訳(東京偕行社、一九一〇年)などが翻訳されている。
(93) 独国少将ベルトルド「日露両軍戦術上ノ評論」(武章生編『列強兵学家ノ日露戦ニ基ク戦術上ノ意見』)一八六―一八七頁。
(94) 同右、一九〇頁。傍点原文ママ。
(95) ムーニエー「日露戦ニ関スル論評」(武章生編『列強兵学家ノ日露戦ニ基ク戦術上ノ意見』)一九一―一九二頁。傍点原文ママ。
(96) 同右、一九四―一九五頁。傍点原文ママ。
(97) 同右、二〇一―二〇二頁。
(98) メシミー「仏国ニ於ケル野戦砲兵拡張問題」(武章生編『列強兵学家ノ日露戦ニ基ク戦術上ノ意見』)二〇三―二〇四頁。「兵一、〇〇〇人に対する砲数は、仏三・三、英五・〇、独五・二となっており、フランスとしてはドイツに拮抗すべきか検討が必要である」と懸念を示している。
(99) 同右、二〇五―二〇六頁。傍点原文ママ。
(100) 同右、二〇七―二〇八頁。傍点原文ママ。
(101) 墺国エーネルターゲブラット「日露戦ノ教訓」(武章生編『列強兵学家ノ日露戦ニ基ク戦術上ノ意見』)二四〇―二四一頁。傍点原文ママ。
(102) 墺国歩兵少佐フォンダニー「日本第一軍歩兵ノ戦闘動作」(同右)二四六―二四七頁。
(103) 同右、二五七―二六〇頁。
(104) 同右、二六一―二六四頁。傍点原文ママ。
(105) マイケル・ハワード「火力に逆らう男たち　1914年の攻勢ドクトリン」(ピーター・パレット編『現代戦略思想の系譜――マキャヴェリから核時代まで――』防衛大学校「戦争戦略の変遷」研究会訳(ダイヤモンド社、一九八九年))。
(106) 本書の出版部数は不明だが、国立国会図書館、奈良県立図書情報館、大東文化大学図書館、熊本県立図書館、防衛大学校図書館に現存が確認できるので、相当数が流通していたものと推測される。

第三章　砲兵の改革

本章の概要

日露戦争前までは、攻者はまず砲撃によって敵を制圧し、ついで歩兵の小銃射撃で敵を圧倒してから銃剣突撃することで、敵を撃破できるものとされていた。したがって各兵科の戦力発揮と言っても、師団長が各兵に適当な任務を与え、各兵はこれを実行することで自然に協同が行われ、その威力を総合的に発揮できると考えられていた。ところが野戦築城と機関銃及び歩兵の携行火器の発達に伴って防者の抵抗力が増大してくると、旧来の方法では敵陣を攻略できなくなった。

砲撃の間、防者は地物や築城に隠れて、一見制圧されたかに見えても、砲撃が止むと再び配置について攻撃歩兵の前進を妨害する。歩兵の射撃で敵を圧倒できたと思っても、突撃に移った歩兵は、敵の火器、特に機関銃によって大損害を受け、突撃は頓挫する。また一度は突撃が成功し敵陣を占領しても、その後の逆襲あるいは陣地内の戦闘で攻者の突撃は破砕される。これが日露戦争時の状況である。

したがって攻撃成功のためには、攻撃の終始を通じ、前進間も突撃の際も、突撃後の陣内戦闘においても、常に各兵が密接に協力して戦力を発揮することが必要となった。そのためには、各兵は師団長の命令に従ってそれぞれの任務を機械的に遂行するだけでは十分でなく、各兵が第一線の各局面で直接かつ密接に協力する必要が生じてきた。[1]

第二章で見たように、砲兵の戦訓認識は指揮能力の向上、間接射撃と遮蔽陣地の採用、野戦陣地及び要塞の攻略要領の策定、歩砲協同要領の策定などが必要というものであった。そこで本章では、操典、組織制度、装備の観点から、砲兵は戦訓からどのような改革を行ったかを見ていく。特に操典に関しては改正の経緯を追って、先行して改正された歩兵操典がどのように影響したかを調べ、砲兵の用兵思想がどのように変化したかを検討する。

第一節　砲兵操典に見る用兵思想の転換

一　野戦砲兵操典に見る野砲の任務と歩砲協同

野戦砲兵操典の改正は、一九〇六（明治三十九）年七月にまず改正案起稿の内訓が発せられて開始された。[2]同年十一月に脱稿、直ちに草案として各隊に頒布され、約一年間試用の上で各隊の意見を聴取し、さらに同時期に配備された三八式野砲の用法に適合するよう改正要領書が作成された。一九〇八（明治四十一）年十二月には野戦砲兵操典改正案が脱稿されたが、この時点で、並行して行われていた歩兵操典改正作業に大きな変更が加わったため、一時作業を中

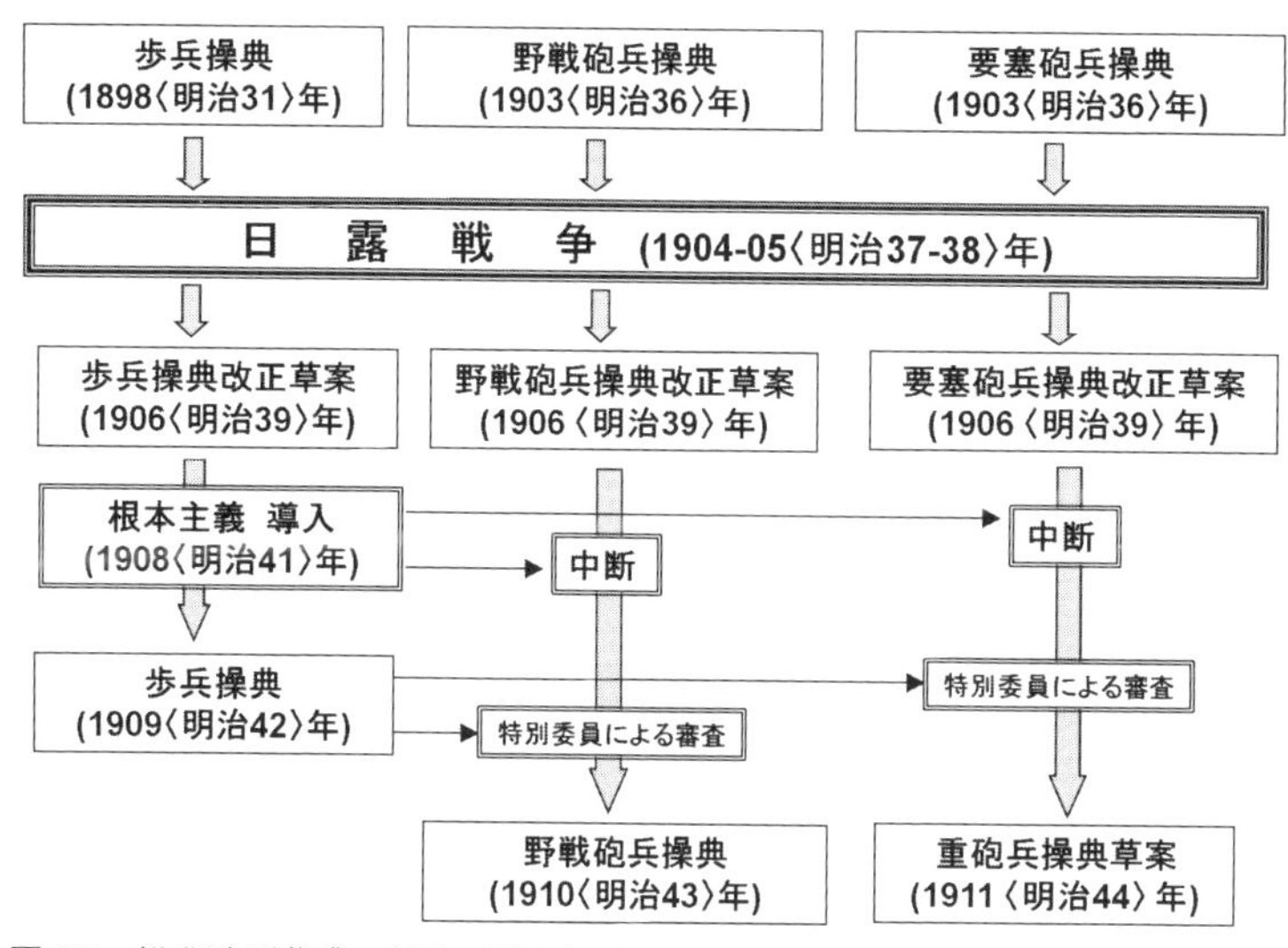

図15　操典改正作業の流れ（筆者作成）

断した。根本主義という概念が提案されたのがこの時期なので、「大きな変更」とはこれを指すと思われる。

翌一九〇九（明治四十二）年八月の改正歩兵操典脱稿に合わせ、根本主義の採用、他兵種操典との連繋及び騎砲兵中隊の新設を顧慮し、九月に起案要領書を作成して改正要領書を補足した。一九一〇（明治四十三）年三月、改正案が脱稿された。これを委員長大島久直大将、野戦砲兵監大迫尚道中将以下一七名の委員で構成する審査委員会で審査した結果、若干の修正を施すこととなった(3)。同年五月、さらに第一次特別委員を設けて審議を行い、まず修正要領書を定めてこれを審査委員会で審議し、承認の上で修正に入ることとなった。第一次特別委員は決議された修正要領書に基づいて逐次審議を行い、約二〇回の審査の後、同年九月第一次修正案が脱稿された。これに対して審査委員長は、各審査委員及び元帥軍事参議官の意見をも聴取し、さらに修正のため第二次特別委員を設け審査に従事させた。同年十月、審査委員会は満場一致で第二次修正案採用を決議した。続いて陸軍大臣、参謀総長の協賛を経て十一月二十五日、教育総監が該改正案を奉呈し、併せて軍事参議院に諮詢。十二月十三日に明治天皇の裁可を受け、十九日に軍令陸第六号として施行された。改正に当たっては、改正歩兵操典に倣って根本主義が定められた。これは五項目からなり、以下の通りである。(4)

其一　操典ニ採用スル所ノ諸般ノ制式、訓練及戦法ハ悉ク国体、民情及地形ニ適ヒ且国軍ノ組織ト其境遇トニ応セシムルコト

其二　無形教育ノ骨子トナルヘキ事項ヲ加ヘテ有形教育ニ精神気力ヲ付与スルコト

其三　諸制式ハ戦闘ニ必要ナルモノノミニ制限シテ教育ヲ成ルヘク単一ナラシメ以テ之カ精練ヲ期シ又別ニ部隊ニ要スル儀式及礼式ニ関スル諸件ヲ加フルコト

其四　野戦砲兵ハ戦場ニ於テ其固有ノ戦闘能力ヲ発揮シテ他兵種トノ協同動作ヲ適切ナラシムヘキノ主義ヲ一層明確ニシ之ニ基キ他兵種トノ協同動作ヲ規定スルコト

其五　攻撃精神ヲ基礎トシ軽捷ナル運動ト威力強大ナル射撃トニ依リ戦勝ノ途ヲ開キ以テ戦闘ノ目的ヲ完全ニ達成スヘキモノナリトノ意義ヲ明確ニスルコト

其一から其三については、一九一〇年一月二十七日、陸軍戸山学校に招集された歩兵・工兵各団隊長に対して、教育総監が改正歩兵操典に関して訓示した説明が繰り返されている。其一は、操典は日本の国情に合わせた独自のものであるべきとの主張であるが、興味深いのは、欧州諸国が日露戦争の教訓を取り入れて作成した操典類について述べている点である。文化や国家制度の似通った欧州諸国においても、同じ日露戦争を研究して作成した操典類は決して共通のものでなく、「各々若干ノ特色ヲ認メ得ルナリ(5)」。したがって、日本は独自に操典を作成すべきであるという論

理であり、ここからは陸軍が日露戦争後の欧州諸国の動静を慎重かつ熱心に観察していた状況が窺える。

其二は、いわゆる精神力の強調であって、日露戦争において「無形ノ武器ハ鉄壁ヲモ破砕」し、「軍人精神ノ磅礴スル所ハ能ク寡ヲ以テ衆ヲ破リ得」ると述べる。その根拠として、欧州諸国でも戦争の勝敗は「形而下教育ヨリモ寧ロ形而上教育ノ支配ヲ受クルコト至大」であることを認め、「操典改正ノ度毎ニ徳育ニ関スル条項ヲ増加」している、と欧州の傾向を挙げている。

其三も歩兵操典に関する訓示とほぼ同内容であるが、以上の三項目について、野戦砲兵監は若干の補足をしている。いわく、野戦砲兵は、敵陣へ突撃する歩兵と違って、一地に静止して射撃を行うことで戦う兵種であり、かつ敵弾が飛んで来るわけでもない平時には、戦時の心構えが持ちにくい。それゆえに、精神力の涵養という無形的教育を重視しなければならない。また、野戦砲兵の教育は他兵種に比べて繁雑であるため、制式は極力簡単でなくてはならない。

其四は、戦闘の原則と言うべきものであり、野戦砲兵は、「戦闘間強大ナル射撃ノ威力ニ依リ他兵種ニ行動ノ自由ヲ与ヘ以テ戦勝ノ効果ヲ完フセント企図スル」兵種と規定する。友軍の前進の途を開き、あるいは退却には最後まで陣地にとどまって支援し、「戦闘ノ効果ニ偉大ノ関係ヲ及ホスヘシト確信シタル場合ニ在リテハ全軍ノ犠牲トナリ甘ンシテ之ヲ敢行」する覚悟が必要である。他兵種との協同動作を適切にするため、砲兵は絶えず歩兵操典をも参照して、その連携を研究しなければならない。

その改正歩兵操典の根本主義の其四、其五は、以下の通り(6)。

其四　歩兵ハ戦闘ノ主兵ナリトノ主義ヲ一層明確ニシ之ニ基キ他兵種トノ協同動作ヲ想定スルコト

其五　攻撃精神ヲ基礎トシ白兵主義ヲ採用シ歩兵ハ常ニ優秀ナル射撃ヲ以テ敵ニ近接シ白兵ヲ以テ最後ノ決ヲ与フ

ヘキモノナリトノ意味ヲ明確ニスルコト

其四において歩兵が戦闘の主兵であることを謳い、他兵種はそれに協力することとされた。野戦砲兵操典の根本主義其四はこれに則っている。

続く其五が、しばしば批判される「白兵主義の採用」である。旧歩兵操典では「火力を以て決戦す」とされていたのが、改正歩兵操典では「火力は敵に近接する手段」であり「銃剣突撃ヲ以テ敵ヲ殲滅スルニアラサレハ」戦闘の目的は達成できないとした。日露戦争前に「夢想シタリシカ如キ射撃ノミヲ以テ敵ヲ撃退シ得ル」とは、遭遇戦であれ陣地戦であれ期待できないと考えたからである。ここで火力を「敵を撃破する手段」ではなく「敵に接近する手段」としたことが、後年の陸軍が火力への認識を誤った根本原因とされる。(7) しかし、ここでの教育総監の訓示は同時に、射撃は敵に近接する一手段とは言え、「戦闘経過ノ大部分ヲ占メ」、しかも「敵ニ優越スルノ威力ヲ発揚スルニアラサレハ白兵使用ノ距離ニ達シ得」ない。したがって教育上、白兵使用の熟達と同時にこれまで以上に射撃に力を入れなければならないと述べている。そこで、火力を提供する有力な兵種である野戦砲兵は、どのような任務を期待されていたかが重要になる。

『明治四十三年野戦砲兵操典』(以下、新野戦砲兵操典)は、最初に綱領を、第一部で教練の要領を、第二部で戦闘の原則を述べている。(8) 第三部は儀式、礼式などに関するものなのでここでは割愛し、綱領及び第二部について細かく見ていこう。

新野戦砲兵操典は最初に六項目の綱領を掲げ、前述した野戦砲兵の根本主義の内容を再確認している。第一条は、野戦砲兵の任務と目的を謳ったものである。すなわち、野戦砲兵は他兵種殊に歩兵と協同して戦闘の目的を達成するものである。この目的を達成するため、野戦砲兵は戦闘の全局において「戦闘ノ骨幹ヲ成形」して「他兵種ニ行動ノ自由」を与え、「戦局ノ進捗ヲ容易ニ」することをもって主眼とする。第二条は、野戦砲兵の本領は「軽捷ナル運動」と「威力強大ナル射撃」をもって戦闘を実行するにある。陣地目標を適切に選択して精巧な射撃を行えば、敵を「圧倒震駭」し、友軍の志気を鼓舞して全軍勝利の途を開くに至る、としている。第三条は、火砲・弾薬・馬の愛護節用を述べたもの。第四条は、軍紀の厳正、士気の旺盛、射撃技術の熟練といった精神要素を強調したもの。第五条は、協同一致と独断専行の必要性を述べたもの。第六条は、本操典の構成を述べ、諸事制式を簡単にして実用性を重視することを謳っている。

なお、一九〇三（明治三十六）年の『明治三十六年野戦砲兵操典』（以下、旧野戦砲兵操典）には綱領が存在せず、いきなり第一部から始まる。[9] また、改正歩兵操典とのすり合わせ前に編纂された『明治三十九年野戦砲兵操典改正草案』（以下、野戦砲兵操典改正草案）は、あくまで旧野戦砲兵操典の微修正にとどまる。[10]

第二部・戦闘の原則は、第一章から第五章に分かれ、それぞれ一般の要領、攻撃、防御、追撃及び退却、騎兵に属する騎砲兵の戦闘を述べている。野戦砲兵が日露戦争から得た戦訓は、指揮能力・間接射撃と遮蔽陣地・陣地攻略・歩砲協同の重要性、とまとめられる。これらは新野戦砲兵操典にどのように盛り込まれただろうか。

まず指揮能力の向上に関しては、第一章の一般の要領で三九ヶ条を費やして、高級指揮官及び砲兵指揮官のために、砲兵用法に関する的確な標準を与え、かつ砲兵の各級指揮官に関連する一般の戦闘原則を明示した。また歩・砲兵の協同動作に特に重きを置き連携を明確適切にすること、かつ野戦重砲兵と協同する場合の必要事項を明記した。すなわち、射撃威力の発揚は砲兵の統一指揮に負うところが大、砲兵は常に機先を制し敵に優る砲数を使用すべきである、命令系統の異なる砲兵団が同一地点に配置、または同一目標を射撃する際は相互協同動作の精神に基づき指揮要領を定める、といった原則である。

また野戦重砲兵との連携も視野に入れている。第三十五条では、野戦砲と野戦重砲の特性に応じて、主な射撃目標の基準を与えている。すなわち暴露目標・掩護不十分な目標及び地域射撃は野戦砲兵の任務とし、掩蔽物の直後またはその下方にある目標の射撃、及び堅固な術工物の破壊射撃は主に野戦重砲兵の任務とする。[11] そして、歩兵が有効射撃界まで接近すれば小銃という任務分担が明確化されたのである。なお旧野戦砲兵操典及び野戦砲兵操典改正草案には、野戦重砲に関する記述は一切ない。つまりこれは、歩兵操典改正後の再審査によって盛り込まれた事項である。

野戦砲兵操典改正草案の段階では、砲兵は戦闘開始当初は敵砲兵を目標とすべしとされていたが、新野戦砲兵操典では目標選定は戦術上の価値によると変更した。[12] 旧野戦砲兵操典では、高等司令部及び軽気球を射撃すると「往々利アルコトアリ」としていたが、[13] 野戦砲兵操典改正草案ではこれに観測所・機関砲及び探照灯が加わり、また有楯砲兵及び掩護物に拠る敵に対する射撃要領が追加された。[14] これは新野戦砲兵操典に受け継がれており、日露戦争中、観測所からの観測に基づく間接射撃、機関銃の射撃、探照灯の照射及び野戦築城内の敵の掃討などに苦戦した経験を反映したものであろう。

間接射撃と遮蔽陣地に関しては、砲兵陣地は照準の種類及び敵眼に触れるかどうかにより、暴露・遮蔽・半遮蔽を使い分ける。新野戦砲兵操典は、各陣地の特性と利点・不利点を詳細に述べた上で、暴露及び半遮蔽陣地は「多クノ場合運用スヘキモノ」としつつ、状況により遮蔽陣地が有利な場合がある、としている（第六条）。一方旧野戦砲兵操典では、射撃は通常直接照準で行い、戦況または地形のためやむを得ずまったく遮蔽した陣地から射撃するときは間接照準を行うと簡単に述べている（第四一八条）。すなわち新野戦砲兵操典では、遮蔽陣地は敵に発見されにくいという利点を強調している。しかし、攻撃精神を賞揚する建前上、その全面採用にはいまだ踏み切れていない。

また、間接射撃の実施には観測が重要になるが、新野戦砲兵操典は観測所には観測将校を配し、必要に応じて中隊長自身が観測所に進出するよう求めている。(15)

野戦は遭遇戦と陣地戦に大別されるが、新野戦砲兵操典は遭遇戦五ヶ条に対し、「防御陣地ヲ占領セル敵ニ対スル攻撃」に九ヶ条を充てている。旧野戦砲兵操典では、攻撃は遭遇戦と展開を終えた敵に対する攻撃に区分され、展開を終えた敵に対する攻撃の中で野戦築城対策に触れているのみ。(16)また野戦砲兵操典改正草案では、遭遇戦・展開を終えた敵に対する攻撃・野戦築城に対する攻撃の三種となったが、(17)内容的には旧野戦砲兵操典からあまり変化がない。新野戦砲兵操典はこれらに比べ、日露戦争の陸戦の大部分が陣地攻撃だった経験が反映されて大きく変化している。

陣地攻撃は、敵情及び地形を偵察して攻撃の時機及び方向を決定するので、時間の余裕・綿密な計画・十分な準備を要する。砲兵指揮官は敵陣の状況・築城の種類・程度・配置などの偵察を要する。計画に基づき攻撃位置についたら、高級指揮官の命令によって射撃を開始する。主目標は敵の砲兵であり、射撃は歩兵の前進を容易にするとともに敵情偵察を兼ねる。

最も堅固な陣地を攻撃する際は、逐次攻撃陣地を前進することがある。この場合砲兵指揮の良否は、攻撃の進捗に大きな影響を及ぼす。野戦重砲兵が協同する場合特にそうであり、指揮の統一に着意しなければならない。砲兵はまず防御する敵砲兵を制圧し、その後「最モ緊要ナル部分ニ対シ猛烈ナル火力ヲ集中」する。第六十二条では、野戦重砲兵と協同する場合、守備兵を望見できる野戦築城に対しては野砲の榴霰弾射撃、掩護物により遮蔽された野戦築城に対しては野戦重砲射撃及び野砲の榴弾射撃を行い、重要な防御工事に対しては通常「野戦重砲兵ノ効果ニ期待スルモノトス」(18)と、目標の割当から弾種の指定までなされている。なお、野戦砲兵操典改正草案には、協同要領どころか野戦重砲兵の文言自体が出てこない。前述の改正経緯を考慮すると、野戦重砲の破壊力に期待し、これらの条項を盛り込んだのは改正歩兵操典に合わせてのことではないか、と推測できる。

日露戦争では突撃時の「歩砲兵ノ共同動作ハ遺憾ノ点多カリシヲ以テ」、歩砲協同に関しては砲兵各指揮官の責任が重大であることを示している。まず協同動作を適切にするために上下指揮官及び他部隊との連携を密接にし、電話その他の通信連絡手段を確保することとしている。砲兵はなるべく敵の小銃有効射程外で「動作スルヲ可トス」るが、その主任務は歩兵の援助であり、特に決勝の時機には「最モ猛烈ナル敵ノ歩兵火モ之ヲ避忌スルコトナク」敵に接近して射撃し、「我カ歩兵ニ有形無形ノ至大ナル援助」を与えなくてはならない。防楯の採用により近接戦闘能力が向上したため、敵前四〇〇メートルまで歩兵火に対抗して接近が可能である。旧野戦砲兵操典の同趣旨の条項（第四一六～四一七条）では、敵の小銃有効射程外で「動作スルヲ要ス」るが、このために歩兵の援助を忘れてはならないとの表現であり、「砲兵の主任務を歩兵の援助とする」の表現はない。また、決勝時に敵歩兵火を避けてはならないの文言は共通するが、旧野戦砲兵操典では、砲兵の勇敢な動作は、「歩兵に」ではなく「友軍ニ有形無形ノ至大ナル援助ヲ」与えると述べている(19)。これは野戦砲兵操典改正草案でも同じである。すなわち新野戦砲兵操典では、「砲兵の主任務を歩兵の援助とする」思想をより強く打ち出している。

うにする。

砲兵は全力で敵砲兵を制圧するが、もし火力の優勢を占められない場合でも、最低限歩兵の前進を妨害させないよ

此際歩兵ノ前進ハ敵ヲシテ其軍隊ヲ露出セシムルヲ以テ砲兵ノ機宜ニ適セル猛烈ナル射撃ハ歩兵ノ勇猛ナル前進ト相俟チテ遂ニ敵ヲシテ萎靡セシムルニ至ルモノトス[20]

すなわち歩兵が前進すれば、隠れていた敵も露出して応戦せざるを得ないから砲兵の射撃効果も挙がる、という論法である。

歩兵の突撃に際しては、砲兵は極力これに協同し、敵陣突入の直前まで「突撃点ニ向ヒ火力ヲ最高度ニ」発揮し、歩兵に害を及ぼす敵砲兵または機関銃などを制圧せよとしている。旧野戦砲兵操典及び野戦砲兵操典改正草案では、敵砲兵火力が萎縮したら歩兵が突撃に移るとし、砲兵は攻撃点に火力を集中する。さらに野戦砲兵操典改正草案では、「爆煙ヲ以テ攻撃点ヲ掩ヒ」歩兵に突撃の好機を与える、[21]としていたが、新野戦砲兵操典ではこうした表現はなくなった。敵砲を完全に制圧できなかった経験を反映したものであろう。

新野戦砲兵操典では、敵砲兵から突撃点へと目標を転換するのは、敵砲兵の火力の萎縮にではなく、友軍歩兵の前進に合わせるとした。[22]これは、砲兵の成果を待たずに前進すべしとの改正歩兵操典の記述と整合を取ったものである。また、旧野戦砲兵操典には、砲兵の一部中隊を歩兵に随伴させる旨の記述があるが、[23]野戦砲兵操典改正草案には同趣旨の条項に、機関銃の破壊もしくは掩護物に拠る敵を駆逐するために、若干門の砲を散兵線付近まで前進させる必要を生じることがある、と追加された。[24]旧野戦砲兵操典及び野戦砲兵操典改正草案では、砲兵の推進は歩兵の突撃開始

後必要に応じて、という扱いであるが、新野戦砲兵操典では、同様の記述が歩兵の突撃準備の項目に入っている。[25]それだけ歩砲協同が重視されているのと同時に、機関銃の制圧が重大問題だったことが分かる。

以上のように新野戦砲兵操典には、指揮能力の向上、間接射撃と遮蔽陣地、陣地攻略、歩砲協同の重要性など野戦砲兵が日露戦争から得た戦訓が反映されている。また野戦重砲との任務分担などは、歩兵操典改正後の再審査によって挿入されたものであった。

二　重砲兵操典に見る重砲兵の任務分担

一九〇六年十二月、『明治三十九年要塞砲兵操典改正草案』（以下、要塞砲兵操典改正草案）が発布された。その後の一九〇七（明治四十）年十月、平時編制が改正され、要塞砲兵は重砲兵と改称された。

さらに一九〇九年十一月、改正歩兵操典の発布に伴って重砲兵操典を新たに起案する必要が生じた。[26]以降審議を重ね、一九一〇年五月重砲兵操典第一案が脱稿され、同年六月、大島久直大将を委員長とし、重砲兵監豊島陽蔵少将以下一七名を委員とした委員会が審査することとなった。七月、審査委員総会の結果、第一案はその編纂要領について大いに改正を要すると判断された。そこで、山口勝少将[27]以下九名の委員を第一次特別審査委員に任命し、新たに起案することとなった。

特別審査委員はまず起案要領書を定め、同年八月に全審査委員の同意を得た上で、特別審査委員の中から筑紫熊七大佐以下四名を選び、要領書に沿って起案を命じた。九月に脱稿すると、特別審査委員は逐条審議に入り、十二月までに二十数回の審査により三回の改稿を行った。

これに対して審査委員長大島大将は、各審査委員の意見を徴し、第二次特別審査委員を設けて必要な修正を加えることとした。翌一九一一年一月、審査委員会は満場一致で第二次特別審査を終えた案を採用に決し、ここに操典案が成立した。しかし、重砲兵にはいまだ一定の戦時編制がなく、また操典中に掲載された兵器類に制式未定のものがあること、重砲兵の野戦及び要塞戦における戦法にはなお研究の余地があることなどから、草案として頒布するにとどめることとなった。草案は陸軍大臣、参謀総長の協賛を経て同年三月十日教育総監から上聞に達し、三月二十日各隊に頒布された。これが『明治四十四年重砲兵操典草案』(以下、重砲兵操典草案)である。

重砲兵操典草案の編纂に当たっても、野戦砲兵操典と同様に五項目の根本主義が示された。第一から第三までは野戦砲兵操典と同一である。そのうち第三項の補足説明では、重砲兵は、野戦・攻守城戦及び海岸戦にと、戦闘の態様を問わず従事するものであるため、他兵種に比べて教育が特に繁雑になるとして、教練を単純化して教育効果を挙げること、及び教育目的の明示が強調されている。

第四、第五は以下のようになる。

第四　重砲兵ハ野戦及要塞戦ニ於テ共ニ其特性ヲ発揮シテ歩兵及野戦砲兵トノ協同動作ヲ適切ニシ又海岸戦ニ在リテハ独力戦闘ヲ遂行スヘキ主義ヲ一層明確ニスルコト

第五　重砲兵ハ攻撃精神ヲ基礎トシ遠大ノ射程、偉大ナル砲弾ノ効力及其精確ナル射撃ニ依リ敵陣ヲ破砕シ敵艦ヲ撃沈シ敵ヲ圧倒震駭シ以テ戦勝ノ途ヲ開クモノナリトノ意義ヲ明確ニスルコト歩砲兵協同動作の適否は戦闘の結果を大きく左右するものであり、しかも日露戦争の経験からその実現は「容易ナラサルコト」である。将来の戦場においては、他兵種特に歩兵との協同要領を十分研究しなければならない。また海岸戦においては、重砲兵単独で戦闘を準備し遂行するものとしている。本来要塞にあって海岸防備を担当していたものが、野戦及び要塞戦が主となったのが大きな変化と言える。

第五は、攻撃精神を鼓舞するものである。日露戦争の勝利はその攻撃精神を基礎としたものであるとの認識の上に、将来の戦争でも攻撃精神が重要であると述べる。重砲兵は、その性質上敵に肉薄して剣戟格闘を行うようなことはない。しかし、一地に停止して敵の射撃に耐え、特に要塞の攻守戦には攻撃精神に期待するところ多く、「絶大ナル射撃ノ威力ハ堅固ナル攻撃精神ノ発動ニ俟チ始メテ其効果ヲ発揮」すると述べている。

前章までで述べたように、日露戦争では重砲の破壊力は大いに期待され、重砲兵は十分とは言えないまでもよくそれに応えた。そこで得られた戦訓は、指揮能力の向上、陣地及び要塞攻撃要領の策定、歩兵及び野戦砲兵との協同要領の策定が必要ということだった。これらは重砲兵操典草案にどのように盛り込まれただろうか。

重砲兵操典草案は三部に分かれ、第一部で教練、第二部で戦闘の原則、第三部で儀式・礼式などについて述べている。ここでは第二部について見ていく。第二部は、総則、第一篇「野戦」、第二篇「要塞戦」からなる。

指揮能力の向上に関しては、第二部の改正要領で、高級指揮官及び砲兵指揮官に対して、重砲兵の用法について標準を示すことを謳っている[28]。それを受けて、総則で野戦と要塞戦に共通する重砲兵運用の原則を網羅している。主な改正事項は八項目である[29]。①砲兵指揮官は、砲兵の有利な使用に関し意見具申すること、②高級指揮官と砲兵指揮官の関係を明確化、③砲兵の射撃開始は高級指揮官の命令によることを明確化、④命令系統の異なる砲兵部隊が展開する場合の指揮及び協同要領、⑤歩砲協同の効果を挙げるためには砲兵各級指揮官の努力と、状況により独断専行を要すること、⑥砲兵各級指揮官の相互連絡と所在の明確化、⑦通信の重要性、⑧天然掩体を利用した防御を推奨、としている。

次に歩兵及び野戦砲兵との協同については、根本主義第四に沿って、協同動作を適切に行うための条件を明示している。第一篇「野戦」の一般の原則で野戦重砲兵の特色を明示して野戦砲兵との協同戦闘の基準を与え、射撃目標の選定要領、重砲兵と野戦砲兵との使用区分、歩砲協同のための連絡及び指導要領などが盛り込まれた(30)。

野戦重砲兵は、擲射砲をもって主として野戦砲兵の撃破不能な目標、すなわち掩護物の直後または下方にある目標、堅固な陣地類を破壊する。また平射砲をもって暴露目標を遠距離に火制し、垂直掩体を破壊し、防楯を有する敵砲兵を撃破する(31)。最優先される射撃目標は、味方歩兵に危害をなすもの及び「堅固ナル術工物」である。位置明瞭な敵砲兵に対する野戦重砲兵の射撃効力は「極メテ大ナルモノ」であるが、推定目標に対する散布射撃は特別な地形の場合を除き野戦砲兵を用いる。これは新野戦砲兵操典の記述と符合している。「戦闘ノ進捗ニ伴ヒ歩兵ハ射撃ノ威力ヲ最高度ニ発揚シ以テ終ニ突撃ヲ実行」するが、この時期の歩砲の密接な協同動作は「戦勝ノ為必須ノ条件ナリ」。この文言は要塞砲兵操典改正草案には見られないので、歩兵操典改正後の起案で挿入されたものである。したがって、改正歩兵操典とのすり合わせが、歩砲の協同を主眼に行われたことが分かる。

重砲兵はまず敵砲兵中最も友軍に危害を及ぼすものを射撃し、攻撃進捗を容易にする。特に堅固な陣地の攻撃には、重砲兵は全火力を攻撃点に集中する。歩兵が攻撃前進に移れば重砲兵は全火力をもって敵砲兵を制圧し、歩兵及び野戦砲兵を掩護する。歩兵がまさに敵陣に突入する際には、敵はあらゆる火器を動員してこれを撃退しようとする。「突入ノ瞬時迄有効ノ援助射撃」が可能なのは曲射弾道を持つ榴弾砲の特性であり、「遺憾ナク之ヲ発揚スヘキ」であるので、「其擲射砲ノ全部ヲ」挙げて射撃する。これは、平射弾道の野砲では友軍を飛び越して敵を射撃する「友軍超過射撃」が難しいためである。

友軍超過射撃は、歩兵が突撃に移り敵味方が接近しているときに行われるので、誤射の危険性がある。この戦法に対する態度は、陸軍の考える歩砲協同のあり方をよく表しているので、野戦砲兵操典及びドイツの徒歩砲兵操典も交えて、友軍超過射撃に関する条文を比較してみる。

一九〇八年十一月、ドイツの徒歩砲兵操典が改正された。陸軍は直ちにこれを入手し、翌年四月には「独逸新徒歩砲兵操典」を配付した。友軍超過射撃に関する言及は攻撃一般の原則の中に見られる。「独逸新徒歩砲兵操典」では、友軍歩兵に危害を及ぼしそうになったら、敵散兵線の後方にある認知可能な目標または砲兵を射撃、もし認知可能な目標がなければ、予備隊の位置と想像される場所に射撃を転移すべし、としている（第三六八条）[32]。

要塞砲兵操典改正草案でも、歩兵が攻撃を開始すれば突撃準備の射撃を行い、突撃に際しては「突入地帯ノ全線ニ猛烈ナル砲火ヲ集中」し、歩兵がいよいよ敵に近接したら「適宜其射撃ヲ他ニ移スヘシ」としている（第四〇八条）[33]。

野戦砲兵操典を見ると、旧野戦砲兵操典では、友軍を超過して射撃するのは、「友軍ニ危害ヲ及ホスノ虞無キコトヲ確認」したときに限る、としている（第四二一条）[34]。野戦砲兵操典改正草案では、「友軍ニ危害ヲ及ホサヽルコトニ注意スルヲ緊要トス」と、やや規制が緩くなっている（第三六五条）[35]。ところが新野戦砲兵操典ではこの条項はなくなり、敵陣突入まで火力支援すべしという表現になった。平射弾道の野戦砲ではもともと超過射撃が難しいことと、旧来通り歩兵とともに前進して比較的近い距離から射撃することを推奨する建前から、友軍超過射撃については言及を避け、あえて禁止もしていない。同様に重砲兵操典草案でも、友軍超過射撃に伴う誤射の危険性については一切述べていない。人命軽視とも言えるが、日露戦争での苛酷な経験から、たとえ友軍相撃の危険を冒してでも最後まで濃密な火力支援が必要と身にしみて学習したからと解釈できよう。

歩兵がまさに敵陣に突入する時期の砲兵の適切な協力は、「歩兵ノ為緊要欠クヘカラサルモノ」であり、重砲兵はその擲射砲の全部を挙げて「此緊要無二ノ要求ヲ満足」しなければならない。この射撃は、予め第一線に派遣した斥候からの合図があるか、歩兵が敵陣に突入するまで継続する。また突撃直後に逆襲を試みる敵を撃退し占領を確実にするよう述べているのも、旅順攻略戦において堡塁の奪取で一進一退を繰り返した経験からきているものであろう。これも「独逸新徒歩砲兵操典」では、歩兵の攻撃に失敗した場合の退却掩護要領が書かれているのみである（第四一三条）。

次に、野戦における陣地攻撃は第六十九〜七十七条で、①陣地攻撃における野戦重砲兵の重大な価値、②十分な偵察、綿密な計画、火力の集中及び砲の蔭蔽、③歩兵及び野戦砲兵との連携、指揮の統一、④夜間の動作を重視している。(36)

第六十九
防御陣地ヲ攻撃スルニ方リテハ野戦重砲兵ハ極メテ重大ナル価値ヲ有スルモノニシテ防者ノ築城堅固ナル場合ニ於テ殊ニ然リトス
堅固ナル陣地ヲ攻撃スル場合ニ於テ時トシテ攻城重砲兵ノ一部ヲ参加セシムルコトアリ(37)

後半の「攻城重砲兵ノ一部」とは、奉天会戦に二十八珊榴弾砲を投入した事例を意識した文言であろう。日本陸軍がロシア軍の野戦陣地に苦戦した戦訓から得たのが、この条項である。これは新野戦砲兵操典にも「独逸新徒歩砲兵操典」にも見られず、陸軍がいかに重砲の破壊力に期待しているかが分かる。

砲兵の射撃開始と歩兵の攻撃前進は、通常高級指揮官の命による。重砲兵はまず敵砲兵を制圧する。歩兵が敵陣に接近すると、隠れていた敵はやむを得ず配置について迎撃することになる。野戦重砲兵はこのとき、重要な防御工事または堅固な堡塁の突撃点を射撃する。堅固な陣地を攻撃する場合は逐次攻撃陣地を構成することもあるが、時間を要する。砲火の効力が十分なときは短時間で攻撃成功を期待でき、「重砲兵ハ特ニ此目的ノ為至大ナル効力ヲ有スルモノトス」(第七十六条)。この条項は改正歩兵操典にもほぼ同じ内容、表現で記述されている(38)。

要塞攻撃に関しては、重砲兵操典草案第二篇が要塞戦に充てられ、野戦と同様一般の原則、攻撃及び防御の三章からなる。重砲はもともと要塞砲であっただけに、条項数では野戦を上回る。

第九十
　重砲兵ハ要塞戦ニ於テ極メテ重大ナル価値ヲ有スルモノニシテ要塞ノ攻撃ト防御トヲ問ハス戦闘ノ骨幹トナルモノトス(39)

その第二章「攻撃」は第九十七～一三七条で、攻城砲兵の定義、兵力算定の原則、攻城砲兵の指揮の原則、攻撃計画の策定と意見具申、展開完了から射撃開始までの攻城砲兵司令官の処置事項、火力集中の着意事項、射撃目標の変換要領などが示されている(40)。

要塞攻撃の主眼はなるべく短時日に攻略することにある。要塞の戦備が不十分なときは強襲が可能であるが、防御設備が完全な場合は「多クハ正攻ニ依ルノ已ムヲ得サルニ至ルモノトス」(第九十七条)。攻城砲兵の砲種及び砲数は、攻略する要塞の砲兵に対し十分の優勢を占め、その威力は「最モ堅固ナル術工物ヲ破壊スルニ足ルヲ要ス」(第九十八条)。攻撃命令が下れば、歩兵は前進を開始し敵の本防御線に近接し、小銃の有効射距離内に攻撃の拠点となる第一歩兵陣地を占領する。攻城砲兵は敵砲兵を制圧し、歩兵の前進を援助する。射撃目標は通常、発見し得た敵砲兵とするが、状況に応じて適宜目標を変更する。攻城砲兵の射撃は「観測及弾薬補充ノ許ス限リ猛烈ニ」行い、効果が認められるまで継続する。歩・工兵は攻撃作業により逐次歩兵陣地を進め、突撃実施に当たり攻城砲兵は突撃点を猛烈に射撃するとともに、一部は敵の増援を阻止する。最終歩兵陣地から突撃を実行不能な場合は、対壕作業により攻撃を続行するか坑道を用いる。歩兵が敵陣に突入したら、攻城砲兵は隣接する堡塁・砲台を制圧し逆襲を阻止する。

すなわち、要塞攻撃は十分に優勢な火力の確保・備蓄弾薬・入念な事前偵察に基づく攻撃計画・攻城砲兵司令官の一元的な指揮など、攻城重砲の火力に大きく依存している。また対壕作業や坑道の活用、攻略目標に隣接する堡塁からの射撃を妨害すること、占領した陣地への逆襲を阻止することなど、旅順攻略戦の経験を大いに活かした攻略要領となっている。

以上のように、野戦砲兵操典、重砲兵操典ともに、戦後直ちに改正に着手しているが、改正歩兵操典発布後に改めて起案と審査を行い、改正歩兵操典と整合する内容となった。堅固な陣地の破壊及び機関銃の制圧が砲兵の重要任務となり、歩兵が敵陣に突入するまで友軍超過射撃により火力支援を継続することが重視された。

特筆すべきは、改正歩兵操典がいわば「橋渡し役」となって初めて、野戦砲と野戦重砲の任務分担が明確になったことである。改正歩兵操典は、砲兵火力をいかに活用するかを真剣に検討していた。

第二節　組織制度

一　兵器に関する制度・施設の改善

東京砲兵工廠は一九〇六年、戦時中の臨時施設を整備拡充して精密機器及び銃砲の二製造所を新設した。一九〇九年には、火具製造所及び王子火薬製造所を新設した。

大阪砲兵工廠も一九〇六年、弾丸製造所から分離して鉄材製造所を新設した。一九〇七年にはさらに工廠全般の大拡張を行い、特に大・中口径火砲の工場を建設して作業能力を増大し、一九〇八年から各種三八式重砲の生産を開始した。また一九一二（明治四十五）年には小倉兵器製造所が新設され、四五式十五珊加農及び同二十四珊榴弾砲の本格的生産を開始するなど、審査部の充実と相俟って兵器の製造がようやく軌道に乗った。

陸軍省では一九〇八年に兵器局を新設し、銃砲課及び器材課の二課を置いて軍務局の砲兵課及び工兵課から兵器、器材に関する業務を移管し、兵器行政機構を刷新した。

一九〇六年三月八日、審査部の定員外職員増加配属も認められた。開戦当初から兵器に関して審査すべき事項は著しく増加し、審査部編制上の定員では人員が不足して業務は多忙を極めた。そこで、審査部長から定員外人員増加配属の要望がなされ、期間を限って認可されることとなった。定員内として採用する希望があれば別途理由を添えて稟申するよう、陸軍次官から審査部長へ通牒された。[41]

二　学校制度の改正

日露戦争の間閉鎖されていた野戦砲兵射撃学校は、一九〇六年四月一日に再び開校された。編制も増強され、一九〇八年頃、校長は大佐、教官は中佐以下一八名、教導大隊は野砲二中隊、山砲一中隊の三中隊に増加した。同年、軍令陸第七号をもって学校条例が改正され、本校は「学生に射撃及び戦術並びに通信術の訓練を為し、以て各隊教育の進歩を図り、常に諸学術の調査研究を為し、且野戦砲兵材料の研究並びに試験を行う[42]」所とされた。

学生は甲、乙両種に分けられ、甲種学生は野砲兵隊及び山砲兵隊から分遣される大尉とし、年一回概ね八ヶ月かけて砲兵の運用、射撃の統裁指導法の教育を行った。

乙種学生は、砲工学校修業者を直ちに入校させる制度を廃して、甲種と同様各隊より分遣される大中尉とし、概ね四ヶ月間、年二回召集し訓練することとなった。ときに佐官を招集して所要の訓練を行った。この教育の拡充は、大迫尚道兵監が特に砲兵将校の知識を高めるため構想したものであった。[43]

一方、一九〇七年十月、要塞砲兵が重砲兵と改称され、翌年一月には要塞砲兵射撃学校も重砲兵射撃学校と改められた。以後、学校は海岸砲兵よりも繋駕重砲兵の研究・訓練に重点を指向するように、方向転換が行われた。甲種学生は各重砲隊より分遣する大中尉とし、砲兵指揮官に必要な技量を養成する。その学期は年一回、八ヶ月。乙種学生は各重砲隊より分遣する大中尉（ただし少尉を充てても可）とし、大隊以下の運用を教育した。学期は年一回、四ヶ月であった。[44]

三　部隊の改編

（一）　野戦砲兵部隊の改編

日露戦争末期に動員部隊として外征した第十三から第十六師団は一九〇六年に改編されて常設師団となり、その師団砲兵である野砲第十九から第二十二連隊も常設部隊となった。[45] 翌一九〇七年には常設部隊としてさらに第十七・第十八師団、野戦砲兵第三旅団、山砲兵第一～第三大隊が増設された。

野砲連隊は計二五個となり、各隊とも二個大隊六個中隊編制である。うち、第九・第十一連隊は山砲装備、第七連隊は従来通り野山砲混成部隊とされた。戦前には第五・第八～十二連隊の六個連隊が山砲装備だったので、実質的に火力は向上した。

野砲旅団は、従来三個連隊編制の二個旅団があったが、旅団司令部一個を増設して野砲兵第十三～十八連隊を各々二連隊ずつ旅団に編合した。こうして新設されたのが野砲第三旅団である。さらに、第二・第十七・第十八師団に、それぞれ三中隊編成の山砲兵第一～第三大隊を新設した。

このように、野戦砲兵部隊は火力向上が必要という戦訓を容れて、短射程の山砲から野砲への転換が進んだ。その一方で、地形の制約を受けにくい山砲の利便性はむしろロシア軍から評価されており、全廃はせずに大隊編制で存続したという形である。

（二）　重砲兵部隊の改編

一九〇七年、要塞砲兵を重砲兵と改称し、東京湾・由良・広島・下関の各要塞砲兵連隊を改編して重砲兵第一から第六連隊を新設した。各連隊を構成する中隊は、その使用火砲によって要塞砲中隊を甲中隊、野戦重砲中隊を乙中隊と称した。ただし乙中隊においても、要塞の警急戦備に必要な海岸重砲の教育だけは要求されていた。

東京湾及び下関要塞砲兵連隊は各二個に分割の上、それぞれ重砲兵第一・第二及び第五・第六連隊となった。また重砲兵旅団司令部二個を設置して第一・第二及び第五・第六連隊をそれぞれ旅団に編合した。第一旅団は横須賀、第二旅団は下関に司令部を置いた。これらの連隊はいずれも二個大隊五個中隊編成で、第一大隊は乙中隊二、第二大隊は乙中隊二と甲中隊一からなる。

由良要塞から改編された重砲兵第三連隊は第一大隊甲中隊三、第二及び第三大隊は乙中隊各二の三個大隊七個中隊編制。広島要塞から改編された重砲兵第四連隊は第一・第二大隊とも甲中隊一、乙中隊二の二個大隊六個中隊編制であった。

三八式の野戦重砲保有部隊をまとめると、

重砲兵射撃学校教導大隊（浦賀）　二中隊

重砲兵第一連隊（横須賀）　四中隊（三八式十五糎榴弾砲）｝第一旅団

同　第二連隊（同）　四中隊（三八式十二糎榴弾砲）｝第一旅団

同　第三連隊（深山）　四中隊（三八式十五珊榴弾砲）
同　第四連隊（広島）　四中隊（三八式十五珊榴弾砲）
同　第五連隊（下関）　四中隊（三八式十五珊榴弾砲）｝第二旅団
同　第六連隊（同）　四中隊（三八式十二珊榴弾砲）

となる。

残る函館・舞鶴・芸予・佐世保・長崎・対馬・鎮海湾・旅順・基隆・澎湖島の各要塞砲兵隊は重砲兵連隊と改称し、佐世保及び対馬は甲中隊三、その他は全部甲中隊二の独立大隊として存置された。

これらの改編は、砲兵課長山口大佐以下の尽力によるものであり、重砲兵監豊島陽蔵中将の指導の下で行われた(46)。

第三節　装　備

一　新型野戦砲の採用

戦前から戦中にかけて、陸軍はクルップ社に対し、三十一年式野砲・克式十珊加農・同十二珊榴弾砲・同十五珊榴弾砲とそれぞれ同一弾丸を使用し得る砲身後座式火砲を注文したが、これらはいずれも戦争には間に合わなかった。審査部は戦後直ちに、到着した砲の審査に着手し、不備の点を改修して制式火砲とした。これらが三八式の諸火砲である。

やや時期をさかのぼるが、三八式野砲の導入について詳しく見ておく。

砲身後座式野砲の購入が決定されたのは、一九〇四（明治三十七）年十月十九日の兵器会議においてである。これは、将来さらに砲兵隊の増設を要する場合に備え、万一砲兵工廠の製作力不十分のために火砲の準備が間に合わない事態となれば、「戦役ノ前途ニ多大ノ障害起ルベキヲ顧慮シタル結果」(47)であった。世界の趨勢に合わせて砲身後座式を採用し、また三十一年式野砲の弾薬をそのまま使用できるようにとの条件で、十月二十一日、兵器本廠長に命が下った。本廠長は在独の同廠検査官田中弘太郎砲兵少佐に細部を一任し、適当な砲身後座式野砲の選定に当たらせた。当時砲身後座式野砲を製造していたのはフランスと、ドイツのクルップ社及びエーヤハルト社の三ヶ所のみであったが、ロシアの同盟国であるフランスからは購入できず、エーヤハルト社は著名でないため、自ずとクルップ社に絞られた。以下は田中少佐の電報報告の要旨である(48)。

クルップ社は直ちに設計に着手して主要な要件を研究し、二十四日午前技術部担任支配人と面談。防楯の必要性には、従来疑念を呈する意見があったが、日本では日露戦争の戦訓から必要と決定しており、「兎ニ角之ヲ備フル設計」とした。分離薬筒（弾頭と装薬が別々の構造）を用いることは、三十一年式野砲と共通の弾薬を用いる条件から致し方なく、クルップ社も同意した。クルップ社は、砲身後座式野砲について多年の経験を有し、熱心な研究を行っており、この種の野砲の実戦経験を収集できることを大きな利益と考えている。また早期納入のために他国の発注を延期するなど、大変協力的である。以上から、クルップ社製の野砲を採用するのが最も安全である。

以上の報告を受けて、十月三十日、砲身後座式速射野砲車（前車を除く）の砲身、砲架、軸座、防楯その他属品とも四〇〇門をクルップ社から購買することに決定した[49]。兵器本廠長は、横浜の伊理斯（イリス）商会と協議の上、十一月二日契約を締結[50]。納期を一九〇六年一月とした。開発は順調に進み、一九〇五（明治三十八）年五月三十日には射撃試験を行って良好な成績を収めた。その後、日露講和の可能性が出てくると、納入を急がせるよりも将来に備えて性能向上を図ることとなった。そこで六月二十七日、砲架を改修して弾丸重量と初速を向上できないか、クルップ社に問い合わせを行った[51]。しかしクルップ社からの回答は、寿命の低下などを理由に否定的であったため、威力増大は納入後の研究に待つことと決定された。実現しなかったにせよ、この時点で威力増大を追求していたことは注目される。

七月二十六日、田中中佐から試験の成績は良好との報告が到着。八月十七日、兵器本廠から審査部に一門が引き渡された。以後、クルップ社の業務多忙のため若干の遅延があったものの、毎月三〇〜四〇門が納入され、一九〇六年七月二十日には全四〇〇門を受領した[52]。

一九〇五年八月二十日、審査部は大角度射撃の試験を行って問題なく砲身が後退復座することを確認。八月二十六日から九月一日まで下志津原などで、各種の地質及び射角で実弾射撃を実験した。実験には審査部長を筆頭に、審査部から八名、大阪砲兵工廠から四名が立ち会った。各種の試験を行った結果、現制弾薬を発射するには「火砲各部ノ機能抗堪共ニ完全」で、弾丸重量と初速を増加しても機能に支障がないことを確認した。発射速度は毎分一二発にとどまったが、これは三十一年式野砲と共通の分離薬筒を使用したためで、完全薬筒を採用すれば改善が見込まれた。

九月二十三日陸軍省で、陸軍大臣以下、審査部長・東京砲兵工廠提理・兵器本廠長・軍務局砲兵課長及び審査部審査官で会議が持たれ、この砲を三八式野砲として採用する旨、決定された。採用は決定したが、さらにその後も各種試験が繰り返された。採用決定から制式制定までの間の修正事項は、大小合わせて七二項目に及ぶ。これら綿密な試験を経て、一九〇七年六月十日、陸達第四三号をもって三八式野砲として制式制定された[53]。

三八式野砲は第一次世界大戦の青島攻略戦で初陣を飾り、以後日本陸軍の主力野砲として長く活躍した。一九三〇年以降、後継の九〇式野砲に交代していったが、一部は大東亜戦争でも使用された。

弾薬所要量の算定要領についても検討された。一九一〇年六月二十日、戦時補給品調査委員田中義一から陸軍大臣へ、作戦用弾薬の準備及び補給に関する意見具申があった[54]。委員は、同年三月から十数回の会議を重ね、日露戦争の実績に鑑みて弾薬準備量を決議したものである。以下、野戦砲兵に関する部分のみ要旨を述べる。

日露戦争中、最も参加兵力が多く、作戦範囲が広大で長時日にわたったのは奉天会戦である。したがって、奉天会戦での弾薬消費量を基礎として考察するのが妥当である。奉天会戦での野戦砲一門当たり発射弾数は平均三八三発である。しかし、戦役間は弾薬の発射数に制限を加えていたこと、新式野砲は発射速度が増加すること、奉天会戦が二週間継続したのに対して将来の会戦はさらに一週間程度継続すると考えられることを加味して、一砲当たりの弾薬数を六〇〇発とする。なお野戦榴弾砲の奉天会戦における一門当たり発射弾数は、平均約一六〇発であるが、砲数が僅少だったことなどを考慮すると、野戦砲弾よりも多めに見積もるのが妥当と考えられ、一砲当たり三〇〇発とする。

以上は、あくまで全部隊の平均数である。会戦の参加部隊によって、戦闘激烈な戦線を担当した部隊は消費弾薬数が跳ね上がる。したがって実際の準備弾薬数は、消費の多い部隊に合わせた方が現実的である。野戦砲については、奉天会戦で消費弾数の多かった三個師団をもって一軍を編成すると考える。消費が多かったのは、第五師団（一門当たり六三八発）・第八師団（同六三六発）・第六師団（同五一五発）で、平均五九六発となる。戦闘の期間が一週間増加することからこれを一・五倍し、一門当たり八九四発を標準とする。

野戦重砲についてもこの考え方を準用し、一二センチ榴弾砲は一門当たり四五〇発、一五センチ榴弾砲は弾量の関係から若干削減して一門当たり四〇〇発とする。

これらの検討から、①部隊集中間の所要弾数、②第一会戦の所要弾数、③会戦後の補給弾数を決定し、①、②は開戦初期において、③は第一会戦終了後直ちに、したがって開戦から三ヶ月以内に準備できるようにする。その後、各会戦の開始に先立ち③の弾薬を準備しておく。なお、攻城部隊については別途研究する(後述)。

本件は六月二十七日、陸軍省から参謀本部へ照会され、七月一日参謀総長名で「異存なし」の回答があった。

二　新型重砲の採用

一九一一年の重砲兵操典草案制定以後は、十二珊榴弾砲及び十五珊榴弾砲が基準火砲とされた[55]。

前述の通り日本陸軍は、克式十二珊榴弾砲をもって野戦重砲兵連隊を編成し日露戦争を戦ったが、その整備は戦前から一貫して行われており、後に三八式となる十二珊及び十五珊榴弾砲をクルップ社に発注したのは、開戦前の一九〇三年十一月のことである。陸軍はその条件として、製作権の譲渡、工作図書及び検定器の譲渡、職工の研修受け入れを提案した[56]。クルップ社はこれらを了承したので、十二珊榴弾砲二四門、十五珊榴弾砲二〇門を発注した。この結果、現在数と合わせて十二珊榴弾砲は五六門で、六門編制の徒歩砲兵中隊九個分(二門は予備)。十五珊榴弾砲は三八門で、四門編制の徒歩砲兵中隊同じく九個分(二門は予備)となった。費用は砲台建築費兵器弾薬費から支払われている。同じ三八式でも、野砲は戦争中に急遽発注したものだが、野戦重砲の増強は戦前からの計画の通りだったわけである。

しかし十五榴の運動性は、依然不安があった。一九〇七年、関東平野での特別大演習に参加した折には、夜間故障を生じて野戦軍の退却を妨害する失態を演じた。翌一九〇八年の大演習の際には、十五榴一大隊及び臨時編成の十珊加農一中隊が参加し、故障こそなかったが野戦軍の行動に追随するのは相変わらず困難であった[57]。また三八式十五榴は、砲身後座式とは言いながら射撃に際し安定不良であり、数発も射撃すると砲架が移動してしまう欠点があった[58]。このため駐鋤を大型に改めることで安定性は向上したが、方向照準の変換が困難となってしまった。さらに、仰角が小さいので高射界射撃のためには後方を掘開する必要があり、射程も七、〇〇〇メートルに達しないなど問題が多く、やがて純国産の四年式十五珊榴弾砲に交代していった。なお三八式十珊加農は、重量三トン半にも達して馬匹輓曳が不可能であり、野戦重砲とすることは断念された。

一方、攻城重砲として一五センチ級の長射程砲並びに二〇センチ級以上の大口径砲が必要という戦訓に基づき、戦後直ちに開発されたのが、四五式十五珊加農・同二十珊榴弾砲・同二十四珊榴弾砲の三種である。これらの火砲は数部に分解して運搬する方式で、運動性や据付作業も二十八珊榴弾砲に比して有利であるのはもちろん、弾道性においては断然旧式火砲を凌駕した。ただし二十榴は効力に不足があるので整備を中止し、十五加及び二十四榴のみが国軍唯一の長射程砲として、昭和に至るまで主力を占めた。対砲兵戦及びその他の遠戦を主任務とする十五加は榴弾及び榴霰弾を、破壊を主任務とする二十四榴は破甲榴弾のみを使用した[59]。

一九一二（明治四十五）年、二十四珊榴弾砲及び四〇式十五珊加農の運用及び弾丸効力の試験が行われた際の報告書が現存している[60]。重砲弾効力試験のため、富士裾野演習場に永久堡塁が構築された。竣工後四年を経過して十分にべトンが凝結し、実験に供せる状態になったので、両火砲の審査の総仕上げとして戦闘的運用と弾丸効力の試験を実施することになった。審査項目は、火砲の運搬法、陣地への据付及び撤去法、弾丸効力とされた。試験委員は、審査部審査官の宮田太郎少将を長とする一八名。筑紫熊七・吉田豊彦・緒方勝一といった技術開発畑で高名な人物の名も見られる。

現地偵察を経て、試験期日は七月二十六日から八月十二日と定められた。四五式二十四珊榴の弾丸効力試験の目標は、狐塚永久堡塁である。この堡塁は築城本部に依嘱し、「現時永久築城ノ理想ノ断面ヲ与ヘラレタルモノ」として一九〇八年八月二十七日竣工したものだった。一方四〇式十五加の目標としては、永久堡塁上に有楯固定砲（戦利五〇口径七センチ半速射砲）二門及び半永久観測所を構築した。これだけでは十分でないので、さらに伊良湖岬射場に厚さ二・五メートルのベトン壁を構築し、かつ戦利克式二十三珊加農を据えて目標とした。加えて、永久堡塁の斜堤上に鉄条網を構築し、その破壊状況を調査することとした。

弾丸効力の一例を挙げると、四〇式十五加の場合、地面に着弾した際の破口は深さ一メートル前後、直径三メートル前後。二十四珊榴弾砲の場合、鉄条網内に着弾すると、深さ一メートル前後、直径は五〜六メートル。地面に着弾した場合の長径は、実に一一メートルに達した。審査部はこれら試験結果から、各種目標を十分に破壊するには何発を必要とするかを推論している。例えば永久堡塁に対する破墻射撃だと、旅順要塞松樹山堡塁正面外壁を想定したベトン壁を有する外岸を崩壊させ、幅約二〇メートルの突撃路を開通するのに要する二十四珊榴発射弾数は、一、八〇〇発と算定された。実験結果からは、二四発が命中すれば幅二〇メートルを破壊できる。この命中弾数を得るために一、二〇〇発の射撃が必要。さらに狐塚堡塁と松樹山堡塁の条件の差を考慮すると、破壊に三四発、一、八〇〇発の射撃が必要ということである。また鉄条網については、二十四珊榴の破甲榴弾一発で二〇平方メートルの範囲の鉄条網を除去できると算定された。

結論として、二十四珊榴及び四〇式十五珊は概ね三昼夜で展開を完了できる。二十四珊榴の射撃精度は良好、弾丸効力も適当であり、約二〇発の破甲榴弾により一永久堡塁の破墻射撃を完結し、歩兵の突撃路を開き得ると判定された。また四〇式十五加の射撃精度は良好で、その威力は「半永久構築物ノ破壊及破砲射撃ノ為ニハ十分」と判定された。

一九一二（大正元）年十一月二十八日、両火砲の制式制定が上申された[61]。それによると、四五式十五加の制定理由は以下の通り。「最近戦役ノ実験ト築城ノ進歩」及び要塞兵備の現状とに鑑み、「攻守城戦、堅固ナル野戦築城陣地ノ攻撃及防御」、また海防用として「強固ナル垂直目標ノ撃破」、または遠距離から「人馬ノ殺傷、材料ノ破壊」が可能な「優大ナル威力」を有し、車両または人馬をもって運搬し、かつ容易に据付可能な平射砲が必要である。本砲はその要求に適合しており、「将来制式火砲トシテ採用セラルルヲ要ス」。

同じく二十四珊榴の制定理由は、ほぼ同じ文面だが目的を「主トシテ堡塁又ハ砲塔ノ如キ抵抗力大ナル目標」を撃破すること、としている。前述の射撃試験の報告書は二五〇ページに及ぶ大部の詳細なものであり、この制定理由と併せて考えると、陸軍がいかに旅順の経験を重視していたかが知れる。

一九一一年二月十五日、戦時補給品調査委員長岡市之助から陸軍大臣寺内正毅に対し、「攻城重砲弾薬ノ準備ニ関スル件」が上申された[63]。戦時補給品調査委員会は前年六月、作戦用弾薬の準備について意見を提出し、採用されていたが、攻城重砲に関してさらに審議を重ね、必要な種類と数量について決議したのがこれである[64]。その要旨は以下の通りである。

日本陸軍が準備すべき攻城重砲の種類と数は、以下を適当とする。

二十四珊榴弾砲　四八門｝擲射砲計一四四門
十五珊榴弾砲　九六門
十五珊加農　三二門｝平射砲計六四門
十珊加農　三二門
総計二〇八門

その理由として三点を挙げている。

まず第一に、この砲数は目標とする要塞の[illegible]正面に配備された大中口径砲の約一・五倍に相当し、かつ本防御線の全長に対する学理上の守城砲数の一・五倍に一致する。第二に、擲射砲と平射砲の比は七対三であり、学説上の比率二対一にほぼ相当する。さらに目標とする要塞の地形上、擲射砲を必要とする局面が多いと考えられるため、擲射砲を増加している。第三に、諸外国の攻城重砲の編制に比べ二十四榴と十五加が多いのは、目標の将来の増強を予想しているからである。

続いて、弾薬の準備について述べている。各砲の一門当たりの弾数は、

二十四珊榴弾砲　九〇〇発
十五珊榴弾砲　一、一〇〇発
十五珊加農　一、四〇〇発
十珊加農　一、四〇〇発

である。

算定の根拠は、旅順攻城の経験と独仏両国の攻城廠の準備弾薬数であった。旅順での消費弾薬を砲種ごとに分類したところ、攻城重砲の消費弾薬は、最多は海軍十二珊加農の一門当たり一、六五〇発、最少は十五珊臼砲の四六七発（ただし配備砲数が七二門と多いので、発射弾数の総数は最多）で極めて不均衡である。出征当時、攻城砲兵の携行弾薬はすこぶる少数で、平射砲一門当たり平均四〇〇発、擲射砲一門当たり平均三〇〇発に過ぎなかった。そのため、第一回総攻撃末期には満足な火力支援を行えず、以後弾薬の補充が満足になされないため射撃に制限を加えることになった。逐次大口径砲を増加したものの、火砲の種類ごとに補充弾薬に著しい差異が出た。

旅順攻略は多種多様な火砲を用いた点でやや特殊な例ではあるが、弾薬総数一八万八七七七発を総砲数二二四門で除すると、一門当たり八四二発となる。今後攻略目標となる要塞が旅順より強力な場合を考え、旅順での消費弾数の約一・五倍として準備弾薬数を定めた。

参考として独仏の攻城廠の準備弾薬数と、近年の要塞戦の消費弾薬数を記している。国や時代によって消費弾数には大差がある。所要の準備弾数は攻撃すべき要塞の築城、兵備の状況、戍兵の強弱、火砲の種類などに関連しており、理論から一概には言えないが、戦例を見れば本案は妥当なものと考える。独仏の一門一日当たり発射予定弾数、及び旅順攻略における一門一日当たり発射実績から考えると、本案の準備弾数は一五～一七日分に当たる。各国攻城砲兵の準備弾薬は一四～一六日の砲戦を想定して決定されるというので、ここからも本案は妥当、としている。

三月十五日、本件は参謀本部に照会され、十七日には「異存なし」の回答を得た。

三　その他の火砲の開発

ロシア軍の機関銃に悩まされた日本陸軍は、歩兵随伴の対機関銃火器の研究を重ねた。最終的に採用されたのが、大正十一年、つまり一九二二年制定の十一年式平射歩兵砲である。日露戦争から一七年も経過しているが、これは第一次世界大戦の結果を見て慌てて開発したのではない。日露戦争後、延々と試作と試験を繰り返していたのである。[65]

一九〇六年十二月五～七日、下志津原射場で海軍の戦利三七ミリ速射砲の試験を行った。その成績を基に、翌年七月には、試製甲号三十七粍機関砲の開発に着手する。前章で、軍制調査委員報告の中で大初速を有する四七～五七ミリ口径の機関砲の制定が要望されていたことを述べた。[66] 口径が一回り小さくなっているが、試製甲号三十七粍機関砲の開発は、この要望の実現を目指したものと想像できる。しかし、試験は難航した。一九〇八年一月十三日から試射を行ったが、弾丸の不発や連発機能の動作不良が続発した。改良を重ね、自動式を諦め速射式に修正するなどして、十月に至ってようやく連発機能が良好な結果を得たが、結局十月二十八日の試験を最後に審査を中止した。

翌一九〇九年、乙号試製三十七粍砲の設計に着手。これは、歩兵線または前進砲兵陣地より敵の機関砲を破壊するのを主目的とし、可能なら有楯砲兵に対し近距離に肉薄して破甲射撃を行うというものであった。装輪式で、戦場までは駄載で輸送し、戦場に到着したら人力で移送する。駄載なら馬一頭、人力なら一人で一門を移動できること。半自動閉鎖機を有し、水圧式の駐退機を備える、といった要求がなされた。同年六月には試製砲が完成し、大阪砲兵工廠の射場で機能試験を行った。機能良好と認められ、細部の修正を加えた後、八月二十七日には侵徹威力の試験を行った。ところが射距離一〇〇メートルで、厚さ四一ミリ、二六ミリ、一〇ミリの鋼板のいずれも、くぼみを生ずるだけで貫通できなかった。使用する破甲榴弾を改良して試験を重ねたが、詳細不明ながら結局「本砲ハコレニテ審査ヲ中止セルモノノ如シ」で、実用化はならなかった。

以上のように、これら三七ミリ砲は実用化できなかった。大東亜戦争終結に至るまで、ついに大口径の対空自動火器は国産できなかった。それを考えれば、これだけの大口径で、しかも当時の陸戦で運用可能なほど軽量の自動火器が、いかに技術的に困難だったかが分かろうというものである。第一次世界大戦でも、欧州各国は、複郭陣地と組み合わされた機関銃座の制圧に頭を悩まし続けた。野戦砲はおろか野戦重砲の弾幕射撃でもこの問題は解決できず、最終的には装甲と自走能力を持った火砲、つまり戦車の登場を待たねばならなかった。

本章のまとめ

陸軍は、将来戦は野戦と言えど陣地戦が主体になるという正確な理解をしていた。そのため陣地突破が重要な課題として研究され、重砲による破壊射撃と、野戦砲による支援射撃が重視された。

当初は砲兵独自に行われていた操典の改正作業は、歩兵操典改正に伴い、その内容に沿って再検討された。砲兵操典にも根本主義が採用され、砲兵は改正歩兵操典を中心とした用兵思想の体系に組み込まれた。

新野戦砲兵操典は、砲兵火力を活用するため、高級指揮官の砲兵運用の原則、間接射撃と遮蔽陣地の採用、陣地攻略の要領及び歩砲協同要領が規定された。日露戦争以前の戦術は、「砲兵がまず敵砲兵を射撃し、砲兵戦が終了したら歩兵が小銃の射程内へ前進する」というものだったが、日露戦争の戦訓から「砲兵の射撃間に歩兵が小銃の射程内へ前進し、機を捉えて突撃する」ものに変化した。この際、砲兵は敵砲兵がまだ健在であったとしても、歩兵の突撃支援、特に機関銃の破壊に注力するものと定められ、これが歩砲協同であるとされた。歩兵の突撃に際して火力支援が行われるのは大前提であり、決して火力軽視ではないが、あくまで歩兵が主で砲兵は従であった。

重砲兵操典草案も同様に、歩兵操典改正を受けて根本主義を採用した。野戦重砲兵の常設に伴って野戦の戦闘原則が記述されるようになり、特に堅固な陣地の攻略には野戦重砲の破壊力が期待された。二十八珊榴弾砲の使用経験から、攻城砲の野戦投入も規定された。しかし、これら重砲は野戦砲と同様に、敵砲兵に限らず歩兵にとって最も脅威となる目標を射撃することとされ、歩兵の突撃開始に当たっては、その支援に全力を指向することとされた。歩砲の協同に当たっては、野砲・重砲とも、友軍超過射撃は誤射の危険がない場合に限り行うとする注意が削除された。すなわち、歩兵が敵陣に突入するまで、誤射の危険を冒してでも火力支援を行うことと定められた。また要塞攻撃の要領も、旅順攻略戦の経験を活かして火力の運用、対壕及び坑道戦など詳細に定められた。

野戦砲と野戦重砲の任務分担が確立し、操典に明記されたが、これは歩兵操典改正後の審査によって初めて導入されたものであり、したがって改正歩兵操典が要求したものと考えられる。

部隊などの改編も推進された。野戦砲兵は、山砲装備連隊が野砲装備となるとともに野砲旅団が増設され、軍直轄で運用できる火力が増大した。また要塞砲兵は野戦重砲主体に切り換えられ、名称も「重砲兵」に変更された。学校制度及び兵器生産施設なども拡充された。

火砲は、砲身後座式の最新野砲である三八式野砲が日露戦争中に発注され、戦後採用された。また野戦重砲として、戦前から計画されていた十二珊及び十五珊榴弾砲が採用された。さらに、攻城重砲として四五式二十四珊榴弾砲が開発されたが、これは旅順と同等の要塞攻撃を想定した実弾射撃試験を経て採用されたものだった。戦争中弾薬の不足に悩まされた経験から、所要弾薬の算定要領も明確化された。

一方、機関銃対策として要望されていた大口径の機関砲を、試製三七ミリ機関砲として研究していたが、技術的な問題を克服できず、遂に実用化には至らなかった。

註

(1)「兵器技術の進歩を中心とした編制推移の概要」(防衛省防衛研究所図書館所蔵資料)。
(2) 教育総監部「野戦砲兵操典ニ関スル訓示及講話筆記」(同右、一九一一年)一―四頁。一九一一(明治四十四)年二月十三日、野戦砲兵射撃学校に野戦砲兵各部隊長を集め、新操典について説明した。改正経緯に関する記述は、原則として本資料による。
(3) 大島久直は、歩兵操典改正案審査委員長でもあった。
(4) 教育総監部「野戦砲兵操典ニ関スル訓示及講話筆記」四―五頁。
(5)「歩兵操典に関し訓示及講話の要旨送付の件」JACAR(アジア歴史資料センター)Ref.C06085078700(第8画像目)、「明治43年坤貳大日記3月」(防衛省防衛研究所)。
(6) 同右(第7画像目)。
(7) 葛原和三「『戦闘綱要』の教義の形成と硬直化」(『軍事史学』第四〇巻第一号、二〇〇四年六月)三二頁。
(8)『明治四十三年野戦砲兵操典』(川流堂、一九一〇年)。新操典の条文に関する記述は、本資料による。
(9)『明治三十六年野戦砲兵操典』(陸軍省、一九〇三年)。旧操典に関する記述は、本資料による。
(10)『明治三十九年野戦砲兵操典改正草案』(川流堂、一九〇六年)。改正草案に関する記述は、本資料による。
(11)『明治四十三年野戦砲兵操典』二七四―二七五頁。
(12) 教育総監部「野戦砲兵操典ニ関スル訓示及講話筆記」八〇―九〇頁。
(13)『明治三十六年野戦砲兵操典』三四四頁。
(14)『明治三十九年野戦砲兵操典改正草案』三〇七頁。
(15) 同右、一九三頁。

(16)『明治三十六年野戦砲兵操典』三七〇―三七一頁。
(17)『明治三十九年野戦砲兵操典改正草案』三三五頁。
(18)『明治四十三年野戦砲兵操典』二九一―二九二頁。
(19)『明治三十六年野戦砲兵操典』三一五―三一六頁。傍点は引用者による。
(20)『明治四十三年野戦砲兵操典』二八〇頁。
(21)『明治三十九年野戦砲兵操典改正草案』三三九頁。
(22)教育総監部「野戦砲兵操典ニ関スル訓示及講話筆記」九七頁。
(23)『明治三十六年野戦砲兵操典』三七五―三七六頁。
(24)『明治三十九年野戦砲兵操典改正草案』三四一頁。
(25)『明治四十三年野戦砲兵操典』二八〇―二八一頁。
(26)教育総監部「重砲兵操典草案ニ関ル訓示及講話筆記」(防衛省防衛研究所図書館所蔵資料、一九一一年)五―七頁。一九一一(明治四十四)年八月一日、重砲兵射撃学校に重砲兵各部隊長を集め、重砲兵監から重砲兵操典草案について説明した。改正経緯に関する記述は、本資料による。
(27)日露戦争間、山口大佐(当時)は軍務局砲兵課長を務め、審査部長有坂成章少将とともに兵器行政に尽力した。野戦重砲兵連隊創設の功労者でもあり、後に重砲兵監を務めている。
(28)教育総監部「重砲兵操典草案ニ関ル訓示及講話筆記」六一―六二頁。
(29)同右、六二―六四頁。
(30)同右、六五―六九頁。
(31)重砲兵操典草案の本文については『明治四十四年重砲兵操典草案』による。
(32)「独逸新徒歩砲兵操典」(防衛省防衛研究所図書館所蔵資料、一九〇九年)。
(33)『明治三十九年要塞砲兵操典改正草案』(川流堂、一九〇六年)二八五頁。
(34)『明治三十六年野戦砲兵操典』三一七頁。
(35)『明治三十九年野戦砲兵操典改正草案』二七九頁。
(36)教育総監部「重砲兵操典草案ニ関ル訓示及講話筆記」七一―七二頁。
(37)『明治四十四年重砲兵操典草案』三八七頁。

(38)『明治四十二年歩兵操典』一八〇頁。
(39)『明治四十四年重砲兵操典草案』三九九―四〇〇頁。
(40)教育総監部「重砲兵操典草案ニ関ル訓示及講話筆記」七五―七八頁。
(41)陸軍省編『明治三十七八年戦役陸軍政史　第三巻二』(防衛大学校図書館所蔵資料)一九九―二〇〇頁(以下、『陸軍政史』)。
(42)「陸軍教育史　明治別記第十四巻　野戦砲兵射撃学校」(防衛省防衛研究所図書館所蔵資料)。
(43)偕行社『砲兵沿革史　第一巻』(偕行社、一九六二年)八一―八六頁(以下、『砲兵沿革史』)。
(44)「陸軍教育史　明治別記第十五巻　重砲兵射撃学校」(防衛省防衛研究所図書館所蔵資料)。
(45)野砲十三～十八連隊は師団砲兵と別に野砲旅団を編成していたため、師団の番号と連隊の番号が一致していない。
(46)陸軍中将今西甚五郎「日露戦役前後に於ける我国野戦重砲兵の回顧」(『戦陣叢話　第四巻』軍事普及会、一九二九年)三五頁。
(47)「10.19兵器会議に於て砲身後座式野砲4百門克社より購買することなす外」JACAR: Ref.C06040179500、「明治37、8年戦役　陸軍省軍務局砲兵科業務詳報　砲兵科」(防衛省防衛研究所)。すなわち、必ずしも三十一年式野砲の性能不足が原因ではない。
(48)『兵器沿革史　第九輯』(防衛省防衛研究所図書館所蔵資料)二―四頁。本項の記述は、原則として本資料による。田中少佐は、のち陸軍科学研究所長、技術本部長を歴任。最終階級は大将。
(49)『陸軍政史　第三巻二』一〇〇頁。「砲身後座式速射野砲車買収之件」JACAR: Ref.C03020226100、「満密大日記　明治37年10月11月12月」(防衛省防衛研究所)。
(50)『陸軍政史　第三巻二』附表第三。
(51)「砲身後坐式速射野砲砲架同前車弾薬車等改修の件」JACAR: Ref.C03026500000、「明治38年満大日記　6月下」(防衛省防衛研究所)。
(52)例えば野砲第十五連隊では、一九〇七年七月七日、幹部教育用に三八式野砲二門を受領。十月二十九日をもって、特設部隊用を除き全部受領した。「野戦砲兵第十五連隊歴史」(防衛省防衛研究所図書館所蔵資料)。
(53)「38式野砲及38式機関銃の制式制定」JACAR: Ref.C09050191800、「明治四十年　陸達号綴」(防衛省防衛研究所)。
(54)「作戦用弾薬準備に関する件」JACAR: Ref.C02030391200、「明治43年軍事機密大日記　1/4　明治43年01月～43年12月」(同右)。

(55) 一九〇六年七月十九日、要塞砲兵射撃学校の小原演習砲台において、新式重砲の射撃試験を行った記録がある。目的は後退復座の状況、十加の榴霰弾の飛散状況、編纂中の教範の適否の点検。三八式十五榴、同十二榴、同十加各一門が参加し、「概ネ目的ヲ達シ良好ノ成果ヲ収ム」（『陸軍教育史　明治別記第十五巻　重砲兵射撃学校』）。

(56) 「克式12、15珊米榴弾砲購買の件」JACAR: Ref.C06083815300、「明治36年乾貳大日記11月」（防衛省防衛研究所）。

(57) 陸軍中将今西「日露戦役前後に於ける我国野戦重砲兵の回顧」三五頁。

(58) 「クルップ会社でこの砲の審査に立ち会ったのは田中弘太郎中佐と平瀬又雄少佐であるが謹厳緻密な田中中佐の目を暗ましてどうしてクルップは検査を通したか洵に不可解である」〔緒方勝一「緒方体験記」（『砲兵沿革史　第五巻上』）一七四頁〕。

(59) 北島驥子雄「序論」（『砲兵沿革史　第一巻』）二一―二二頁。

(60) 「24珊榴弾砲40式15珊加農運用及弾丸効力試験記事及同附図附録」JACAR: Ref.C02031678300、「大日記乙輯　大正02年」（防衛省防衛研究所）。

(61) 「45式15珊加農及同34（ママ）珊榴弾砲制式制定の件」JACAR: Ref.C02030665100、「大日記甲輯　大正02年」（同右）。

(62) 制式制定に際して試製四〇式から四五式に変更された。

(63) 「攻城重砲の砲種砲数及弾薬に関する件」JACAR: Ref.C02030404000、「明治44年軍事機密大日記　3/4　明治44年01月～44年12月」（防衛省防衛研究所）。

(64) 参考として付箋が貼られ、「本上申に関わる攻城重砲用弾薬の準備数に、守備部隊及び留守部隊用弾薬の所要数を加算し、砲兵工廠の作業力と対比して平素から準備すべき弾薬、材料及び砲兵工廠充員等を調査する予定」とある。

(65) 「曲射歩兵砲審査経過ノ概要」（防衛省防衛研究所図書館所蔵資料）。

(66) 「野戦砲兵用兵器弾薬器具材料に関する意見」。『偕行社記事』にも、陣地攻撃用の小口径速射砲のアイデアが見られる〔陸軍砲兵大尉山下定一「野戦ニ於ケル機関砲ノ研究」（『偕行社記事』第三五二号別冊附録、一九〇六年十二月）一〇―一二頁〕。

第四章　工兵の改革

本章の概要

日露戦争当時は、野戦築城と機関銃及び歩兵の携行火器の発達に伴って、防者の抵抗力が増大したため、旧来の銃砲撃だけでは敵陣を攻略できなくなった。

そこで、要塞戦ではもちろん、野戦においても工兵の重要性が認識されるようになった。工兵は、架橋や道路整備、陣地構築を行うのみではなく、要塞戦では対壕及び坑道を掘り、堅固な陣地を地下から爆破し、新発明の迫撃砲や手榴弾により敵兵を排除した。野戦においても、地雷の処理や障害物、特に鉄条網の除去には、工兵の作業が欠かせなくなった。

第二章で見たように、工兵の戦訓認識は野戦陣地及び要塞の攻略要領の策定、他兵科との協同要領の策定などが必要というものであった。そこで本章では、操典・組織制度・装備の観点から、工兵は戦訓からどのような改革を行ったかを見ていく。特に操典に関しては改正の経緯を追って、先行して改正された歩兵操典がどのように影響したかを調べ、工兵の用兵思想がどのように変化したかを検討する。日露戦争以前の工兵操典は、作業内容ごとの教範を集めただけのものであって、そこに用兵思想と言えるものは存在しなかった。戦後、工兵の立場はどのように変化したかが、操典から読み取れると思われる。また旅順攻略戦では、要塞攻略における対壕、坑道及び爆破の重要性が見直された。そうした戦闘要領がどのように定式化され継承されたかも重要になる。

装備に関しては、まず坑道戦の研究について述べる。地下坑道で爆破を行った際に発生する有毒ガスの処理をいかに行うか、当時の陸軍が基礎研究を行っていた事例を新発見の資料によって紹介する。気球に関しては、日露戦争中はあまり成果を挙げなかったが、戦後も研究が熱心に続けられた。

陣地戦及び要塞戦において迫撃砲と手榴弾の有効性は高く評価されていた。迫撃砲については従来、日露戦争中に現場の創意工夫で迫撃砲を発明したのに、戦後は顧みられなかったとする見方があった。こうした見方が妥当かどうか、迫撃砲の開発が戦後どのように進められたかを検討する。

第一節　工兵操典に見る工兵の用兵思想の変化

日露戦争以前の工兵操典は、一九〇一（明治三十四）年六月に発布された工兵操典草案である。[1] これは築城、軍路、架橋、測量、対壕及び坑道の各部に分かれており、操典よりもむしろ教範または参考書と称すべきものであった。[2] これを各隊に仮頒布して約一年間使用し、さらに意見を聴取した上で修正する計画であったが、日露戦争により一時作業が中断した。

戦後、改正作業が再開され、まず一九〇七（明治四十）年、臨時築城の部と軍路の部が廃止されたが、この当時、歩兵操典の改正審議が進行しており、これと整合を図るために時機を待つこととなった。一九〇九（明治四十二）年八月、歩兵操典が概ね脱稿されるとこれを参酌して研究を進め、一九一二（明治四十五）年五月に改正要領を決定し、同十四日工兵操典改正案編纂着手に関し允裁を仰いだ[3]。五月下旬に改正案が脱稿され、教育総監は工兵監落合豊三郎大将以下一七名の工兵操典改正案審査委員に審査を命じた。慎重な審議の結果、改正案を若干修正した上で原案とすることを議決した。と同時に、若干名の特別委員を設け、各審査委員の意見を参照して修正方針を定め、もって修正案を起草することとなり、八月に第一修正案が完成した。特別委員は再度審査委員の意見を求め、二十数回の会議を重ねて一九一三（大正二）年一月、第二修正案を完成した。三月、審査委員の審議により微修正して最終的な改正案が決定された。教育総監は陸軍大臣・参謀総長に諮って協賛を得、同月二十九日軍事参議院の諮詢を受けた。その上で、翌三十日、御裁可を受けた[4]。

工兵操典改正に際しても、他の典範と同様に根本主義が採用されている。五項目からなり、一～三項は他兵種と同じく国情への適合、精神力の重視及び制式の簡素を謳っている。工兵独特の項目は、四、五項である。

四　工兵ハ作業ヲ以テ戦闘ニ参与スルヲ本然ノ任務トスルコトヲ明確ニシ之ニ基キ他兵種トノ協同動作ヲ規定スルコト

五　工兵ハ攻撃精神ヲ基礎トシ其偉大ナル作業力ト剛胆ナル動作トニ依リ主トシテ他兵ノ進路ヲ開設シ特ニ歩兵ノ為突撃ノ成功ヲ容易ナラシムルノ意義ヲ明確ニスルコト

まず四項について、工兵は従来、戦闘に参与するに当たって戦闘と作業のどちらを主とすべきか規定されていなかったので、戦闘において歩兵同様に使用されることがあった。これは工兵の能力を無視する用法で、その特徴を発揮させることができない。そこで、改正された工兵操典（以下、新工兵操典）では「作業を以て戦闘に参与することが本然の任務」と明確にした。戦闘の勝利は、諸兵種の協同にかかっている。工兵はその特有の技術的能力を発揮して作業を実行し、もって他兵種に協同する必要がある。この精神は従来から要求されていたが、将来の戦闘は益々執強惨酷になる傾向があり、より協同の重要性が増す。

五項について、攻撃精神の重要性は言うまでもないが、天然人為の障害は任務の遂行を困難にし、故に工兵はその作業力と剛胆な動作とにより他兵の進路を開設する必要がある。将来、技術の発達により陣地の防備はさらに堅固になる。工兵は地上及び地中からこれに近接し、危険を冒して障害物を破壊して歩兵に肉薄突撃の自由を与える。そのために、攻撃精神の涵養が重要である、としている。(5)

ただし根本主義に対する現場の反応は鈍かったらしく、落合工兵監の訓示は各大隊から事前に提出された質疑に触れ、「根本ノ主義精神ニ関スルモノ甚少ク概シテ形式外容ノ末ニ渉レルハ誠ニ遺憾」と述べている。(6)

工兵監は一九一三年九月二十三日から二十六日までの各工兵大隊長招集の席上で、新工兵操典について講話を行い、日露戦争前後の教育の差異について述べている。戦前は築城・架橋及び交通を工兵の重要作業としており、一方で突撃作業・対壕及び坑道は比較的軽視されていた。然るに、戦訓から対壕及び坑道は決しておろそかにしてはならないこと、特に突撃作業が最も重要なことが立証され、教育上重点を置くことになった。しかし築城・交通は工兵特有の作業ではなく歩・砲兵も自ら実施すべき作業なので、工兵はこれを指導し援助し得る程度まで教育を行う、としている。[7] すなわち、軽易な作業は歩兵自身が行う一方、工兵はその技能を活かして突撃に参加するなど、戦闘兵種としての性格が明確になった。

新工兵操典は、他兵科と同様に綱領、第一部「教練」、第二部「戦闘及作業ノ原則」、第三部「敬礼及観兵ノ制式、刀及喇叭ノ取扱法」からなる。[8] ここでは、日露戦争で明らかになった戦場の様相を考慮しつつ、主として綱領、第一部及び第二部について検討する。

綱領は工兵の任務と特徴を規定している。「工兵ノ本領ハ作戦経過ノ全局ニ亙リ其特有ノ技術的能力ヲ発揮シテ作業ヲ実行シ以テ全軍戦勝ノ途ヲ開クニ在リ」。工兵は「他兵種ト協同シテ戦闘ノ目的ヲ達スヘキモノトス」。工兵は戦闘の全局にわたって適宜に動作し、道路を開き、橋を架け、他兵の行動を簡易にする。攻撃の際は拠点を構え、防御の際は陣地の支撑点を築いて戦闘力を増進する。「殊ニ近接至難ナル敵塁ニ対シテハ地上若ハ地中ヨリ之ニ近迫シ突撃防止ノ設備ヲ根底ヨリ破壊」し、歩兵に肉薄突撃の自由を与えて「戦局ノ進捗ヲ容易ナラシムルヲ主眼トス」と定めている。

第一部第一篇は徒歩教練、第二篇は作業教練が記述されている。作業教練の項目として挙げられているのは、築城・架橋・爆破・突撃作業・対壕及び坑道で、すなわちこれらが工兵の実施する作業である。工兵が戦闘兵種と見なされるようになったことを象徴するのが、突撃作業であろう。

突撃作業の教練では、障害物及び側防設備を破壊し、壕の通過設備を設けて突撃路を開設することに習熟させる。障害物のうち、鉄条網及び鹿柴は器具もしくは爆薬により破壊する。外岸壁及び側防設備は原則として、坑道により地中から爆破する。工兵中隊長は、敵障害物及び側防施設の情報を収集し、目的及び明暗の程度などを考慮して突撃路の数・場所・時期並びに方法を決定する。

対壕教練は、攻路及び攻撃陣地を構成して敵の堡塁に近迫する動作に習熟させる。坑道教練においては、坑道系を設け敵の坑道を爆破し、破口を占領して地中より敵に近迫し、また敵の接近を防止する動作に習熟させる。中隊長は攻撃坑道系の構築に当たり、敵の防御坑道の位置・地形及び地質を考慮して、迅速に目標に到達して破壊し得るよう各坑道の種類・間隔、及び薬室の位置などを決定して計画を作成する。

以上が中隊の作業教練であり、日露戦争の経験が反映された内容となっている。特に、坑道作業はもちろん、突撃作業においても突撃路啓開の場所や時期までが工兵中隊長の判断事項とされていることは注目に値する。これは、工兵が野戦においても要塞戦においても最前線で活動する戦闘職種であることの証明と言えよう。

第二部が、戦闘及び作業の原則である。戦前の工兵操典は個別の作業教範の集合に過ぎなかったので、「工兵の戦闘の原則」は存在しなかった。新工兵操典の性格を最もよく表しているのがこの部分である。

その第一章「一般ノ要領」によると、工兵は専ら特殊な技術または著大な土工力を要する作業を実施するものとする。原則として歩・砲兵は所要の工事を自力で行うべきであるが、状況により工兵が指導もしくは援助を与える。全体の人員器材を的確に区署し、確実に作業を統轄するため、工兵は統一指揮の下に使用する。日露戦争前は、工兵は分割して他隊に配属するのを原則としていたが、戦争の経験から工兵は統一指揮の下に使用するのが有利と判明したためである。(9)

工兵指揮官は通常高級指揮官に直属し、原則として全工兵を指揮し、戦闘の全局に関して必要な作業を担任する。

工兵が他隊の作業を指導するときは、将校は作業計画、部署及び実施に関する援助を行い、下士卒は作業の方法と模範を示す。他隊を援助する場合、工兵はその特有の技能を要する作業を担任する。日露戦争当初の歩兵は、「塹壕は工兵が作ってくれる物」という認識だったという。[10]こうした認識を改めさせ、かつ明文化したのがこの新工兵操典である。

高級指揮官が戦闘を決心し命令を下したら、歩兵は攻撃運動に入り、砲兵は陣地を占領する。工兵指揮官は偵察を行い、その結果により作業計画と部署を決定し、各級指揮官に命令を下す。戦闘の推移に伴って歩兵及び砲兵は射撃の威力を最高度に発揚し、歩兵は最終的に突撃を実施する。工兵はまずその進路を開き、次いで歩兵とともに突撃を行うのである。

野戦は遭遇戦と陣地戦からなるが、日露戦争で最も頻発したのが陣地攻撃であった。

工兵操典では、遭遇戦が四条項しかないのに対して、「防御陣地ヲ占領セル敵ニ対スル攻撃」は一七条項ある。改正歩兵操典では遭遇戦五条項、「防御陣地ヲ占領セル敵ニ対スル攻撃」は六条項であるから、日露戦争中いかに陣地攻撃に苦戦し、工兵がそこでいかに働いたか、の証明であろう。

陣地攻撃では、攻者は通常、敵情と地形を偵察して攻撃の時機・方向及び方法を決定する時間の余裕がある。そこで予め綿密な計画を定め、十分な準備を必要とする。工兵指揮官は地形・敵陣地の状態・障害物の種類・強度及び側防設備などを偵察し、高級指揮官に攻撃計画の資料を提供する。この活動は、戦闘中にも絶えず行う。攻撃計画が策定されたら、各隊は攻撃準備の位置につく。工兵はこのとき、特に砲兵のために遮蔽された進路を開設する。各隊攻撃準備位置についたら、工兵は歩兵に協力して地形を偵察し、要すれば所要の作業を行う。最も堅固な陣地を攻撃するには、攻撃陣地が必要となる。攻撃陣地及び交通壕の構成は主として歩兵が行い、必要に応じ工兵が指導または援助し、特殊な設備のみ工兵が行う。突撃路を開設するには、工兵は夜暗、濃霧などを利用しもしくはわが掩護射撃の下に作業を実施し、突撃前に完了する。もしこれが不可能な状況なら、突撃と同時に突撃部隊の先頭に前進して作業を強攻する。

防御において工兵の担任すべき作業は非常に多いが、第六十七条はただ一文のみ「陣地ハ逐次ニ抵抗シ得ル如ク数線ニ設クルコトナク唯一個ノ陣地ヲ最モ堅固ニ構成スルヲ要ス」とある。改正歩兵操典でこれに対応するのは、第六十二条「防御工事ハ逐次ニ抵抗シ得ル如ク数線ニ設クルコトナク唯一個ノ陣地ヲ最モ堅固ニスヘシ」の記述である。後年の第一次世界大戦で、野戦築城が数キロメートルもの縦深を持つ複郭陣地へと発達していくことを考えると、いささか将来戦の予測を欠いている。

この背景にあるのは、ロシア軍の抵抗の頑強さから受けた強い感銘、後退を許せばそのまま潰走してしまうのではないかという兵への不信感[11]、そして占領した土地に固執する体質であったろう。特に兵への不信は、後備兵の素質の悪さというしばしば実際に起きた問題に基づいていた。なお工兵監の講話には、この条項に関する補足説明がないので、各大隊長にも疑問に思う者はなかったようである[12]。

要塞戦に関する記述として、第八章「永久堡塁ノ攻撃及防御」がある。改正歩兵操典及び新野戦砲兵操典にはこれに該当する記述は見られず、対応するのは重砲兵操典草案の第二篇「要塞戦」である。旅順攻略において、攻城砲と工兵がいかに重大な役割を果たしたかがここからも分かる。第一一一～一三四条にわたって記述された要塞攻撃の要領は、以下のようなものである。

要塞の永久堡塁は通常、突撃防止の設備が完備しているので、攻者は対壕及び坑道によって地上及び地中から接近して設備を破壊した上で突撃する。永久堡塁の攻防における工兵の任務は「極メテ重大」[13]であって、対壕・坑道並びに突撃作業は主として工兵独特の技術によるものである。

工兵指揮官は、上級指揮官の意図に基づき敵情及び地形を顧慮して到着地点及び開口すべき地域並びに攻路の数を決定する。対壕構築に任ずる将校は、これに基づき攻路の方向・種類及び開口の位置を決定する。坑道を開設するには、工兵指揮官は防御坑道の位置及び方向・種類などを判断して破壊する坑道を定め、坑道発起壕の位置及び開設すべき坑道の数を定める。坑道が敵坑道の爆破圏内に達したら、直ちにその坑道頭に爆薬を設置して爆破し、爆破孔を占領する。次いで占領した爆破孔を連絡して攻撃陣地を設け、その底部からまた坑道を掘開する。地上及び地中の攻撃が進捗して敵堡塁の直前に達したら、爆破孔を設けてこれを連結拡張し、突撃陣地を構成する。突撃陣地からさらに坑道を進め、外岸壁及び側防設備を爆破して壕への通路を開設する。壕内に進入したら、障害物及び内岸壁を破壊する。しかし堡塁の守備兵の抵抗が頑強で一挙に突撃できない場合、さらに胸墻下に坑道を掘開して爆破する。突撃路の開設が終われば、突撃を実行する。突撃の際、工兵は歩兵に先んじて障害物を破壊する。突撃に成功して胸墻を占領しても、頑強な敵は堡塁内部に拠って抵抗するので、工兵は歩兵とともに銃器または手榴弾によってこれを撃退する。敵を駆逐したら、工兵は占領を確実にするため堡塁の改修・障害物の設置、また敵の設置した地雷の処理及び後方交通路の開設を行う。

以上が、旅順攻略の経験を踏まえて策定された要塞攻撃の要領である。

前章で歩兵と砲兵との協同要領について述べたが、工兵も他兵科との協同が重視された。野戦における攻撃の一般要領に、協同に関する注意事項が見られる。例えば、歩兵の攻撃前進には砲兵陣地の良否が多大な影響を及ぼすため、工兵は道路構築などにより砲兵の運動を容易にする。歩兵の攻撃前進に際しては、工兵は予め歩兵とともに前方の地形を偵察し、障害に遭遇すれば歩兵線の前方に進出し、通過のための措置を施す。決戦時期には砲兵及び機関銃も前方に進出するので、工兵はその進路と陣地を整備する。突撃に移行すれば、工兵は障害を排除して進路を開設し、次いで歩兵とともに突撃する。突撃部隊に属する工兵は手榴弾を使用し、敵を撃破する。突撃が成功したら、工兵は直ちに砲兵の進出を容易にし、また奪取地点を強固にするため工事に着手する。作業のない工兵は歩兵とともに追撃戦に加わり、あるいは爾後の作業に備えるのである。

以上のように、工兵操典も、砲兵操典と同様に改正歩兵操典を参照して改正された。戦前は単なる作業教範だった工兵操典にも戦闘の原則が盛り込まれ、工兵は単なる土木作業員ではなく重要な戦闘兵種の一つである、という認識が生まれた。近代戦において、陣地攻略のためには障害物の除去、場合によっては対壕構築や坑道爆破が必要不可欠ということが理解された結果である。

第二節　組　織　制　度

一　学校制度などの改正

前述のように、工兵科は日露戦争後、工兵実施学校の設立を提議している。また宮原国雄少佐は、イギリス駐在中、工兵学校の功績が極めて大きいことを知り、帰国後に寺内陸相に対して工兵学校設立を主張したが、上原勇作の反対により実現しなかったとされる。[14] 反対の理由はよく分かっていない。[15]『日本陸軍工兵史』は、「実践を重んじる上原は、典範や人に教えられたことを鵜呑みにするようになることを恐れたのではないか」と推測しているが、結局工兵学校の設立は第一次世界大戦後の一九一九（大正八）年のことであった。

近衛工兵大隊では、一九一〇（明治四十三）年十月、近衛師団の歩・砲兵連隊の人員に築城訓練を施している。[16] 近衛歩兵連隊から将校三名、下士九名を一組として四回。同砲兵連隊からは将校一名、また野砲第十四連隊の将校一名も参加している。特に歩兵連隊の訓練受け入れは一九一三年、一九一四（大正三）年も下士の人数を増やして行われている。近衛師団以外では同種の訓練の例は発見できていない。第二章で述べた、軍制調査委員の「教育一般ニ関スル意見」における「歩兵の築城訓練」が実現したものではないかと思われるが、どのような制度の下に行われていたのか詳細は不明である。しかし歩兵の築城練度向上のために実施されていたことは間違いなく、歩兵も戦訓を真摯に学んでいた証拠と言えよう。

なお、一九一一（明治四十四）年十二月、習志野の演習場に二〇三高地の堡塁を断面図にした教育設備が建設された[17]。コンクリートで作った堡塁の頂上には機関銃が据えられ、その麓には壕があり、高さ二メートルの鉄柵と同四メートルの忍び返しを備える本格的なものだった。コンクリートは赤坂工兵隊が打設し、鉄柵は横井鉄工場が製作した。

二　部隊の改編

日露戦争までは、各師団に属する工兵は三個中隊からなる一個大隊だったが、一九一四年の改正で二個中隊となった。これは縮小ではなく、軍直属の工兵・独立工兵大隊の新設のためである。日露戦争の戦訓の一つに、工兵戦力を集中使用するために軍工兵が必要、というものがあったが、これを増設するだけの余力がない。そこで、師団工兵から各第三中隊を抽出して独立工兵大隊を設立した。

独立工兵大隊は甲・乙・丙の三種に区分された。甲は一般交通を主として師団工兵と同じ任務に服し、乙は坑道を主とするもの、丙は重交通、主として重架橋に任ずるものである。種類及び隊数は作戦上の用途を考慮して決定された[18]。

第三節　装　備

一　坑道器材などの研究

第一章で述べたように、工兵が最も活躍したのが旅順攻略戦である。第三軍は第一回総攻撃の失敗の後、対壕を掘って接近し、また地下坑道に爆薬を仕掛けて防御陣地を爆破する正攻法で要塞を攻略した[19]。

戦後、坑道戦法は改めて見直され、各種研究が行われた。

戦後第一回の特別工兵演習は、一九〇六（明治三十九）年五月に小倉演習場で坑道戦を課題として実施された[20]。攻撃軍が地下を掘削して前進し、爆破点に数百キログラムの爆薬を設置して爆破すると、「爆煙濛々として土塊天を衝き実に壮絶一大奇観を呈せしめ、観戦者をして愕然自失せしめ」たという。さらに一九〇七年には、富士の裾野で大規模な野戦陣地の編成に関する特別工兵演習を企画し、野戦築城教範の改正はもとより、歩兵操典改正案の検討にも資することとなった[21]。

そうした研究の一つに、地下作業中に有毒なガスが発生した場合の対処法がある。防衛大学校図書館に、「有毒瓦斯処分調査ニ関スル書類」と題する資料が現存する[22]。作成者は火薬研究所長だった明石東次郎中佐（当時）であると思われる。内容は、坑道作業、特に地下道内で発破をかけた際に発する有毒ガスへの対処方法の研究をまとめたものである。本資料によると、一九〇七年当時、教育総監部では工兵操典及び爆破教範などの改正審議を行っていた。工兵操典第五編は地中戦に関して記述される予定だったが、その際、装薬爆発後に生じる有毒ガス中に入る方法、並びに抗路内あるいは土中に充満した有毒ガスを消毒する方法が問題となった。

この頃、坑道爆破の装薬としては、黒色火薬・黄色火薬・綿火薬などを考慮していたが、現行操典に記載された消毒方法はいかなる種類の爆発ガスに適用すべきか不明、爆薬の種類に応じた特種な消毒法が必要ではないかなどの問題点が指摘された。有毒ガスを冒して坑内に入れるか否か、及び消毒の遅速は地中戦の進捗に大きな影響を与えるので、教育総監部から陸軍大臣宛に審査を依頼し、これを受けて、審査部に対して地中戦における装薬爆発後の処置に関し審査するように命令が下った。審査部は一九〇七年十月二十五日、「地中戦ニ於ケル有毒瓦斯処分法調査委員」を編成した。その人員は工兵及び砲兵の佐官級と軍医数名などで、延べ二二名。研究が四年間にも及んだためか、うち一一名は途中転出している。資料をまとめて保存していた明石中佐は一九〇九年一月二十五日付で審査委員に加わった古株であった。

本資料に、一九〇七年四月十五日、工兵第九大隊の坑道爆発演習に併せて菅沼軍医正が行った試験の結果報告がある。全長二〇〜二三メートルの抗路頭に、黄色火薬三二〜三四キログラム、尋常火薬（黒色火薬のことか）一一〇キログラムを設置し、爆破を行った。この際、モルモットを用いた動物試験・爆発ガスの採集・石灰水を浸した土嚢を設置して観察、などの試験を実施した。この結果、爆破後のガスには多量の炭酸ガスが検出され、ガスマスクなしで進入した者は体調不良を訴えた。菅沼軍医正はこれら実験結果から、現行のガスマスクは長時間の作業には向かない、新鮮な空気を送気しガスを排気するのが最も望ましい、呼吸背嚢（今で言う酸素ボンベであろう）は研究の価値あり、などの坑道病予防法を提言している。

その後、委員会の設置により対策は本格化し、組織的になった。まず坑道内の炭酸ガス量を検出し、害の有無を判断する方法、ついでその消毒法を研究する。ただし、下士卒にも実施できるよう簡便であること、という方針が示された。第一回委員会では実施事項とその方法、及び担当が決定した。有毒ガスの採取法は板橋火薬研究所、有毒ガスの試験法は軍医学校、一酸化炭素の除去法は方法により軍医学校・審査部・火薬研究所などで分担、といった具合である。第二回委員会では、審査部からなされた二酸化炭素検知器製作の提案が承認され、動物試験・薬品によるガス検知器製作が新たに軍医学校の担当となった。

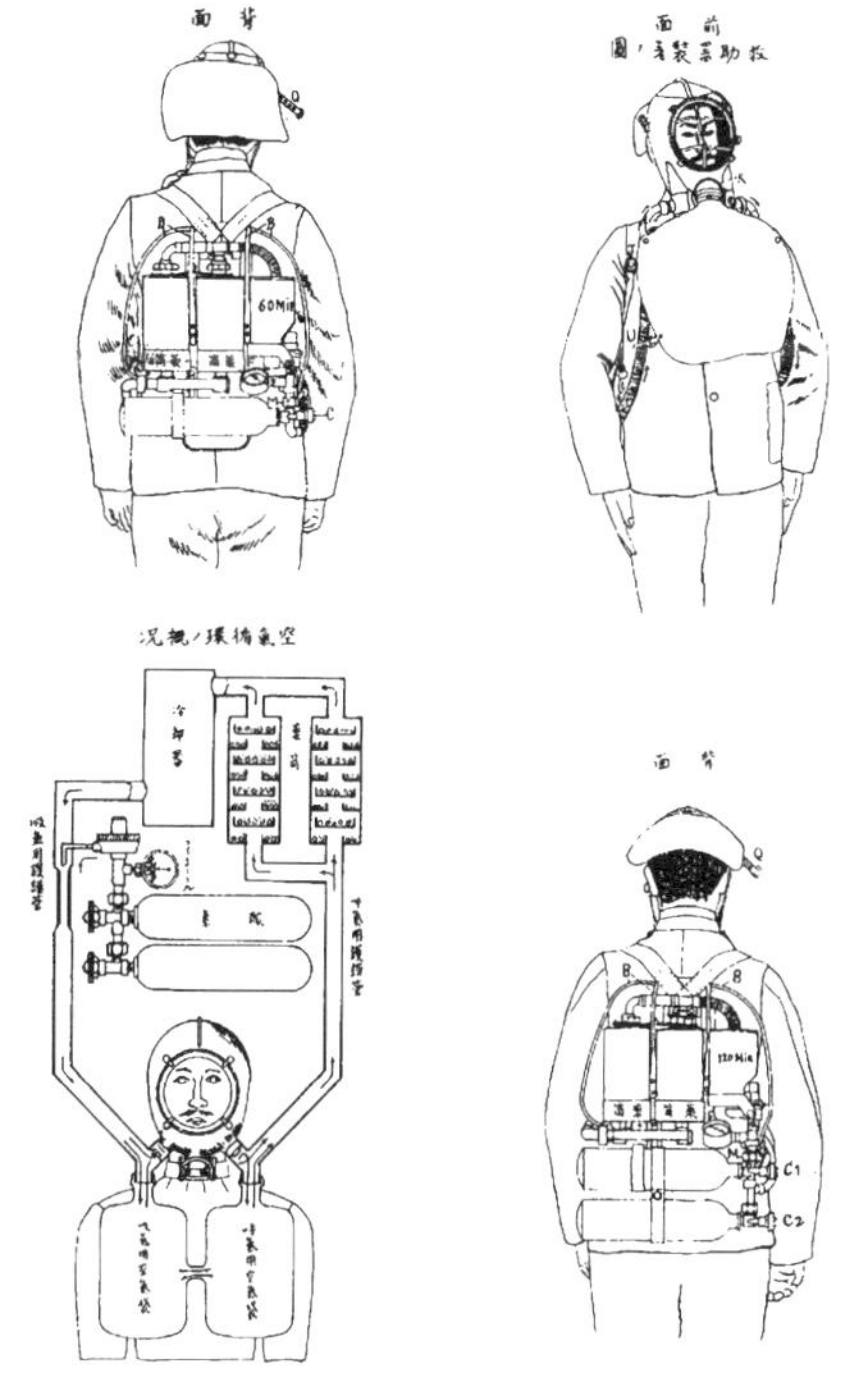

図 16　救助器の図解

出典：「地中戦ニ於ケル有毒瓦斯処分法調査経過概要付録」の附録第三「救助器使用法草案」に添付された説明図（「有毒瓦斯処分調査ニ関スル書類」防衛大学校図書館所蔵資料、1911 年に所収）。ページ表記なし。

第三回委員会では、ドイツ製救助器の説明など活発な議論が行われた。資料中には、ベルリン万国災難救助会に参加した警察医長に意見を聴いたところ、火災救難用の装備について教示を受けたとの報告や、足尾銅山を視察したら、火薬が改良されて有毒ガスが発生しないのでガス予防の設備はなかったという報告などが記録されている。救助器の使用・通風機の研究・ガスの採集法・検知器の決定などが今後の研究事項とされたが・有毒ガスが発生しない火薬自体の改良や、酸素を余分に供給して一酸化炭素の発生を防ぐ方法などにも議論が及んだ。

一九〇九年三月七日には、救助器（酸素吸入器と推測される）の試験が行われ、今後軍医学校でさらに使用法を研究することとなった。同年三月十八日、第四回委員会を軍医学校試験室で開催。委員長から、「潜水夫呼吸器ノ如ク」空気を送って有毒ガス中に入れないものか研究を要望された。その後各委員から、研究開始から一年（先述の工兵第九大隊演習時の試験から、であろう）が経過しても未だ成案がないとの批判を受けつつ、次回試験内容が決定された。

一九一一年七月の日付で、各種試験結果がまとめられている。まず審査部で実施した試験は、通風機・呼吸器・救助器・ガスの分析及び動物試験である。ドイツ製の「ドレーゲル」救助器を装着し、四分間外気と遮断して呼吸できることを確認、坑路内での救助試験に成功した。その他参考事項としては、工兵操典第五編及び坑道教範草案の抜粋、海外の換気装置や救助器の説明書（変わったところでは新橋駅で客車内掃除に用いる塵埃吸引器の類などというものもある）、有毒ガスに関する海外の学説、などをまとめている。これらから得たデータをもとに審査方針を検討し、試験方法及び器材を改良する必要があると結論し、それに要する年度予算として三、〇〇〇円を要求している。

また各国陸軍の同種事態に対する対処要領を調査しており、英・米・独・仏・露の操典や教範を収集調査してみたものの、あまり成果はなかった。高性能の酸素呼吸器はドイツ製が多く、鉱山工業・消防事業・土木その他の潜水事業における有毒ガス対処法も、参考としている。参考資料として、『日本鉱業会誌』『米国地質調査所調書』『雑誌瓦斯会』『仏国坑道教範』などの他、外国駐在員報告まで挙げている。

資料はここまでであり、こうした研究がその後どのように役立ったかは、判然としない。しかし陸軍が、戦訓から得た坑道爆破という課題に対し、地道な基礎研究と広範な情報収集を行った事例として注目される。こうした研究が、後年の硫黄島の戦いにも遠く影響を及ぼしているとの想像は可能であろう。

二　気球・飛行機の研究

日本陸軍は旅順攻略戦で気球を使用したが、様々な事情によりあまり効果は挙がらなかった。一方、ロシア軍は野戦でも気球偵察を多用し、目撃証言が多数残っている。[23] 一九〇九年には臨時軍用気球研究会が創設され、航空機研究が本格化する。

航空機導入の経緯については先行研究が多々あるので[24]詳述は避けるが、陸軍が、日露戦争で成果のなかった気球や、まだ実績のない飛行機を熱心に研究したのは、砲兵の弾着観測への利用を考慮していたから、というのが一因である。一九一三年の『火兵学会誌』には、ロシアで航空機による弾着観測実験を行ったという記事が出てくる。[25] 翌年には「航空機内の無線電信機」という記事が掲載され、[26] 砲兵の航空利用はすぐに現実味を帯びてくるのである。日本でも、この年七月の演習で、早くも飛行機からの射弾観測を行ったという。[27]

ここでは、気球の改良について一例を紹介しておく。戦後すぐの一九〇五（明治三十八）年九月に、新たに導入したドイツ式気球の研究演習が行われた。第一臨時気球隊長の報告書が現存しており、その詳細を知ることができる。[28]

演習の目的は、現編制の臨時気球隊で、新着のドイツ式軽気球器具材料を野外において使用し野戦勤務に習熟させ、併せて偵察士官に「変地ニ於ル偵察」を研究させることである。試験に用いた器具は、まずドイツ式ガス管（ボンベ）車六両。これで気球一膨張分となる。各車に鉄製ガス管二〇本を積載し、一両の重量は約五五〇貫目（約二トン）。ドイツ式器具車一両。凧形気球（詳細は不明）一式を搭載し、重量約一・五トン。ドイツ式繫留車一両、重量約二・二トン。三八式十二珊榴弾砲が約一・二トン、同十五珊榴弾砲が約二トンであるから、馬匹輓曳のこの時代の野戦兵器としては限界に近い重量だったと想像される。参加人員二三三名、馬匹は乗馬、輓馬の合計六七頭。

演習の想定は、甲州街道を通過し八王子を経て東京に進入しようとしている敵軍が、九月十七日未明、日野渡船場に達したので、気球隊は日野高地から関戸渡船場付近、多摩川渡河点、並びに谷保村から砂川村付近の青梅街道を偵察せよ、との命令を受けたというものだった。

午前十時にガスの充塡を開始、途中故障もあって約一時間後に膨張を終えた。偵察士官を乗せて三五〇メートルまで上昇し、歩兵約一大隊半が谷保村から関戸村渡船場に向け行進中を報告した。八、〇〇〇メートル以上先は、濃霧のため偵察できなかった。演習六日目には中野の宿営地から要員の演練のため上昇させ、青山練兵場で実施されている訓練の演目が明瞭に見て取れた。天候に恵まれれば八、〇〇〇メートル以上先が十分に観察できるとしている。またこの試験中、伝書鳩を気球上から八羽、地上から五羽飛ばして通信の研究を行っている。一〇羽は中野電信教導隊に帰着、一羽は失踪、一羽は山梨県、一羽は本所被服廠に到着したとのことである。

報告書は最後に、当該器材についての所見をまとめている。従来の気球にはガスボンベが存在せず、気球隊はガス発生機を携行して現地に到着後、金属と酸を反応させて水素を発生させ気球に充塡するという手法を取っていた。そのため、気球が使用可能になるには「多数ノ時日ヲ費シ」、必要な時期に上がれないという事態が多かった。これに対してこのガスボンベ式は、陣地到着後三〇分で上昇可能になり、「全ク野戦的行動ニ随従ナシ得ルモノ」と認められる、と高く評価している。一方ガス管車は、日本の輓馬六頭に対しては重量過大であり、ガス管を減らすなど改良を要する。繋留車は、「構造ハ頗ル巧妙ナルモ」重量過大であり、砲兵輓馬八頭で繋駕する必要があるとしている。臨時気球隊の輓馬は定数九六頭のところ五四頭しかおらず、また多くは輜重輓馬で牽引力が弱く、加えて工兵の馭卒が未熟であるため行軍が非常に困難であった。将来は砲兵輓馬を採用し、かつ馭卒の熟練が必要である。

吊籠内における地図と現地との対照は容易ではなく、偵察士官には十分経験を積ませる必要がある。最後に、将来気球の偵察に伴う要件は気象の研究である。八王子の演習では低気圧、低温度のため三五〇メートル程度しか上昇できず、かつ霧のため観測に苦しんだ。演習中は、絶えず中央気象台から天気予報を電報で通知を受けており、「大ニ感謝スル処トス」と結んでいる。

三　迫撃砲などの開発

参謀本部編『明治三十七八年日露戦史』（偕行社、一九一二～一九一六年）には、意見の衝突や情勢の誤認など自軍に都合の悪いことを一切書かない欠陥がある。その原因は、参謀本部第四部が発簡した「日露戦史史稿審査ニ関シ注意スヘキ事項」である。この文書に「書くべきでない事項」が列挙されているのだが、その一つにこのような項目がある。

十　研究ノ価値アルヘキ特種ノ戦闘法又ハ其材料ニシテ★★世間未タ之ニ注意サセルモノハ力メテ記述スヘカラス

理由　幾多ノ碧血ヲ洗シテ得タル我軍ノ実験ハ外国軍ノ利用ト為ラサルニ注意スヘキハ勿論ノコトナリト雖モ陸戦ニ在テハ彼我互ニ之ヲ知リ得ルヲ以テ此事多クハコレ勿ルヘシ

然レトモ露軍ノ見地ヨリ研究スレハ多少得ル所ナキヲ保セス例令ハ挺身騎兵ノ詳叙、旅順ニ於ケル戦闘ノ細部、又ハ迫撃砲等ノ補助材料ノ如キ漫リニ其効果ヲ暴露シ外国軍ヲシテ注意研究セシムルハ決シテ策ノ得タルモノニアラサルカ故ナリ(29)

迫撃砲は、外国に対して知られるべきでない秘密兵器という扱いを受けていたわけである(30)。第二軍工兵部は、奉天会戦での経験から迫撃砲など新兵器の改善意見を提出しており、一九〇五年四月満州軍総参謀長を通じて参謀本部に提出された。標題を、「奉天会戦之結果ニ基ク新兵器（迫撃砲・擲爆薬・鉄楯）改良意見」という。その要旨を述べると、以下のようである(31)。

奉天会戦は、野戦陣地攻撃にこれらを使用する嚆矢であった。現地急造品だけあってその構造は「頗ル不完全」であり、使用する兵員はまったく経験がなかったが、数回も使用するとその結果は「大ニ見ルベキモノ」があった。目下の戦闘状態において陣地攻撃は頗る困難であり、「然モ将来屢々遭遇セザルヲ得ザル一大難問」である。奉天会戦の結果を精査すると、将来これらを有利に進捗させるには、新兵器を完全なものとし、数量を増加し、練度を向上させることが「目下最大ノ急務」である。奉天会戦において迫撃砲を使用したのは六回で、うち三回は用法が適当であり少なからず攻撃動作を援助した。残り三回は兵員に大きな損害を受け目的を達せなかったが、これは攻撃自体の失敗のためであり迫撃砲の効用を左右するものではない。「実ニ該砲ハ其構造ヲ完全ニシ其使用宜シキヲ得バ陣地攻撃ニ必要欠ク可ラザルノ一兵器」である。

しかし、奉天会戦で使用した迫撃砲の半分は旅順で使用した木製砲、残り半分は新たに支給された紙製砲であり、弾丸も旅順攻略の余りである。その構造には不完全な点が多く、野戦での使用には以下の点に改良を要する。木製の砲身は耐久性に劣り、乾燥すると使用できなくなる。また重量過大で、野戦では使用が困難である。紙製のものは軽量で便利だが構造が弱く、わずかでも装薬を増加すると破壊してしまう。砲身は薄い鋼鉄か青銅製が最良である。もし紙製とするなら、現行のボール紙でなく美濃紙とし、内面の薄鈑と底鈑との接合を完全にする必要がある。最大射程五〇〇メートルが可能なだけの強度を与え、工兵一中隊に最低四門を装備させる。現行の砲架は重量過大で携行に不便なので、一人で運搬でき、かつ射角の変更が可能なようにする。

弾丸については、現行の爆裂弾は「ヂナミット」に鉄片を混ぜたものだが、冬季は不発が多く夏季には危険である。これを綿火薬に改良し、鉄片と爆薬とは混合しないようにする。また点火具の保存に確実を要する。尋常弾は必要性が認められず、廃止してよい。光弾は腔内破裂が多い。装薬は改良を要し、「ラカロック」を応用すればよいのではないか。一般に弾丸の外皮は薄弱に過ぎ、破裂前に何かにぶつかると破壊してしまうことが多いので強度を上げる必要がある。現行の装薬は五種類あって煩雑である。距離一〇〇メートルの最小装薬を母嚢とし、同一の小嚢をいくつか加えれば所望の射距離が得られるという仕組みにすればよいのではないか。なお、陸軍省から送付された口径四四ミリの鋳鉄製迫撃砲は、口径過少で実用に適さない。

「擲爆薬」つまり手榴弾については、奉天会戦で数十回使用され、歩・工兵にとって欠くべからざる武器となった。しかし構造が不完全で使用範囲が限定され、効果が不十分な上に危険も多い。また兵士五名ごとに一発を有するだけの数が必要である。奉天会戦で使用した手榴弾は着発式と点火式があった。着発式の方が望ましいが動作が不安定で危険である。点火式は運搬貯蔵には安全だが、敵前で点火するのが困難である。したがって改善点としては以下の通り。①着発式とすること、②運搬貯蔵に安全であること、③携帯に便利であること、④投擲距離を努めて遠くすること、⑤鉄片を混ぜて威力を増加すること。つまりロシア軍が使用した着発式擲爆薬に多少の改良を加えれば所望のものになる。ただし薬量は少なくとも三倍にし、薬罐に鉄片を混ぜる必要がある。

この改善意見は、一九〇五年五月には審査部へと通知された。審査部は戦争中から迫撃砲の試作を行っており、おそらくはこの意見をも容れて試験を繰り返していたが、この年八月二十八日に過早破裂による事故が発生する。(32)

この日、神尾竹丸砲兵大尉は、人夫や銃工数名を指揮して迫撃砲の発射試験を行っていた。一発目は不発。二、三発目は着発し、四発目を発射したところ、砲口前六～七メートルの点で過早破裂を起こした。破片により神尾大尉と人夫一名が死亡、八名が重軽傷を負う惨事となった。なお死者に対しては、天皇・皇后両陛下から下賜金が出ている。

審査部の迫撃砲試験は、この事故以前に七回行われていた。まず六月十七日、着発信管を装着して発射したが機能不良で、また弾肉が薄弱との欠点があった。これらを改正して行った第二回の試験でも着発機能は依然として不完全であり、やむなく曳火式に改めて、下志津原や戸山学校で試験を繰り返した。弾肉を増加した結果、弾体の不良は生じなくなった。また曳火信管に関しては、曳火されずに不発ということはあっても過早破裂は一度もなかったので、これで完成と考え、射表点検のため射撃を行った矢先の事故であった。審査部長有坂成章少将は報告書の中で、「細部調査以前の段階で考えられる原因」を推定している。それによると、信管頭内に導火索を縛着している索の緊縮が不十分で、装薬の火薬ガスにより導火索が引っ張り出されて信管内の火薬に火炎が伝わり、誘爆したのではないかとしている。詳細な調査結果は存在が確認できない。

また近衛工兵大隊でも、一九〇九年六月の堡塁攻防演習中に迫撃砲が爆発して重傷一名、軽傷三名を出した事例が見られる。(33) 迫撃砲の有効性は認められながらもこうした危険性をなかなか克服できず、戦後の緊張緩和も加わり、迫撃砲は次第に敬遠されていったようである。

それでも一九〇九年八月、参謀本部から陸軍省へ、「攻守城用材料トシテ迫撃砲研究ノ件」を依頼している。[34] その要旨は以下の通り。

旅順攻城の経験に照らして、迫撃砲は将来の攻守城戦において緊要欠くべからざる兵器であって平時から研究制定しておく必要がある。迫撃砲の目的は主として、多量の爆薬を比較的遠距離に投擲し、人員を殺傷し、軽易な構造物を破壊し、あるいは工事を妨害することにある。攻城においては突撃陣地内またはその直後に設置して敵堡塁を、守城においては敵の対壕及び突撃陣地を射撃する。これらの用途から、その有効射程は最大約三〇〇メートルとし、砲及び附属品は軽量で、僅少の兵員により狭隘な壕内で運搬操作できることを要する。弾丸は、危険のない範囲で戦地でも塡実できる程度に簡便なものとし、必要に応じて爆薬の代わりに燃焼物を塡実し、焼夷弾として使用できるようとする。爆薬量は三〜六キログラム、点火法は着発式とする。

この要望は審査部へ回されたが、その回答は残されていない。迫撃砲の開発はその後も細々と続いたが、[35] まとまった数が整備されるのは一九二二（大正十一）年の十一年式曲射歩兵砲を待たねばならなかった。

本章のまとめ

日露戦争前の工兵操典は個別の作業教範の集まりに過ぎなかったが、戦後の改正では根本主義を導入し、他兵科と同様に「戦闘の原則」が記述されるようになった。すなわち、工兵操典もまた改正歩兵操典を中心とした用兵思想の一環という立場を与えられ、工兵は単なる土木作業員ではなく戦闘兵種の一つとして認識され、戦闘の各局面でいかに戦うべきかが明確になったのである。

新工兵操典には、日露戦争の戦訓である野戦における陣地攻撃の困難さ、要塞攻略における対壕及び坑道の有効性、防御戦闘における陣地の有効性、及び諸兵科協同の重要性などが盛り込まれた。これらではいずれも、工兵が重要な役割を果たす。陣地攻撃における突撃作業・要塞戦における対壕及び坑道戦・防御戦における陣地構築などの作業が、工兵操典で定式化された。このことにより、戦闘の各局面で工兵がどのように行動すべきかが明確になった。なかでも、突撃路の開設や対壕坑道の構築に当たって、適切な構築場所や時期を決定するのは工兵の判断による、とされたのは画期的なことと思われる。

組織制度については、工兵連隊が、歩兵に対し野戦築城訓練を行っていた事例が確認できた。また師団工兵が改編され、軍直属の独立工兵大隊が編成された。

旅順攻略の経験から坑道戦法が見直されたが、その一環として、坑道爆破の際に発生する有毒ガスの対処法について研究が進められたことが確認できた。戦訓から得た課題に対し、陸軍が地道な基礎研究と広範な情報収集を行った事例である。気球・飛行機など新技術の吸収にも熱心であった。陸軍が、日露戦争で成果のなかった気球や、まだ実績のない飛行機を熱心に研究したのは、砲兵の弾着観測への利用を考慮していたから、というのが一因である。戦後すぐの一九〇五年九月には、新たに導入したドイツ式気球の研究演習が行われ、従来型に比べて取扱い容易であることや航空偵察の有効性が確認される一方、気象の影響を受けやすい欠点や要員訓練の困難・輓馬の不足による機動性不良も指摘された。旅順攻略戦で現地製作された迫撃砲は、軽易に大きな火力を投射できる火器として期待された。しかし、人力で運搬できるほど軽量で、かつ多量の炸薬を極力遠方へ投射できるだけの強度のある構造とは両立が困難であった。実験中の爆発事故などの影響により、その開発は遅々として進まなかったが、現場の部隊は迫撃砲の完成を要望し続けた。

次章では、これまで述べてきた砲・工兵の戦訓認識と改正歩兵操典の関係、及び白兵主義と火力主義の関係について考察する。

註

（1）「陸軍の教育　第9編　典範令」（防衛省防衛研究所図書館所蔵資料）。
（2）吉原矩『日本陸軍工兵史』（九段社、一九五八年）九頁。
（3）「工兵操典ニ関スル落合工兵監ノ訓示摘要」（『偕行社記事』第四六八号附録、一九一三年）一―二頁。一九一三年九月二十三日、各工兵大隊長招集の席上で。改正経緯に関する記述は本資料による。
（4）陸相の上原勇作が事ごとに容喙してくるので作業は困難を極めた。たまたま上原が二個師団増設問題で陸相を辞任したため、その後任の木越安綱の裁可によってようやく改正を完了したと伝えられる（吉原『日本陸軍工兵史』七四―七五頁）。
（5）「工兵操典ニ関スル落合工兵監ノ訓示摘要」四―六頁。
（6）同右、八頁。
（7）同右、一六―一九頁。
（8）「大正二年工兵操典」（防衛省防衛研究所図書館所蔵資料）。操典の条文に関する記述は、本資料による。
（9）「工兵操典ニ関スル落合工兵監ノ講話摘要」三二頁。
（10）「（欧州では野戦築城が急激に発達しているのに）当時我日本では家屋の建築は大工の仕事だと云った様に、陣地の構築は他の兵科は我不関為で、皆工兵が仕て呉れるものと思ってゐた」（佐藤鋼次郎『日露戦争秘史　旅順を落すまで』あけぼの社、一九二四年）三四頁。
（11）宮本林治編『新旧対照「歩兵操典」の研鑽　下巻』（宮本武林堂、一九一〇年）九九―一〇〇頁。第六十二に「防御工事は複

線陣地を設けると依頼心が生じて退却しやすくなるので、唯一の陣地に集中すべき」とある。
(12)「工兵操典ニ関スル落合工兵監ノ講話摘要」三八頁。
(13) 同右、四二頁。
(14) 吉原『日本陸軍工兵史』一〇九頁。
(15) 荒木貞夫編『元帥上原勇作傳　上下』(元帥上原勇作傳刊行会、一九三七年)には記述がない。
(16)「明治42．1．4—大正8．12．28近衛工兵大隊歴史(巻二)」(防衛省防衛研究所図書館所蔵資料)。
(17)「203高地要塞教育用断面図」(同右)。横井鉄工場から後年提供された資料。
(18)「兵器技術の進歩を中心とした編制推移の概要」(同右)。
(19) 土木工学の観点から見た研究に、本間久朗「日露戦争における坑道発破」(『骨材資源』第三一巻第一二三号、一九九九年十一月)がある。
(20)「小倉地方ニ於テ施行セラレタル特別工兵演習(地中戦)ニ就テ」(『偕行社記事』第三五六、三五七号、一九〇七年二月、三月)。
(21) 吉原『日本陸軍工兵史』六一頁。
(22) 以下の記述は、「有毒瓦斯処分調査ニ関スル書類」(防衛省防衛大学校図書館所蔵資料)による。
(23) 例えば、多門二郎『日露戦争日記』(芙蓉書房、一九八〇年)二三一頁。
(24) 防衛庁防衛研修所戦史室『戦史叢書52　陸軍航空の軍備と運用(1)　昭和十三年初期まで』(朝雲新聞社、一九七一年)など。
(25)「露国陸軍に於ける弾着の観測に飛行機の応用」(『火兵学会誌』第八巻第二号、一九一三年八月)一三八頁。
(26)「航空機内の無線電信機」(同右、第八巻四号、一九一四年一月)二七六頁。
(27)「野砲校漫談」(『偕行』第四一三号、一九八五年五月)二九頁。
(28)「第1臨時築城団長独乙式気球材料野外演習報告書」JACAR（アジア歴史資料センター）Ref.C06040777100、「明治38年9月　副臨号書類綴」(防衛省防衛研究所)。
(29)「日露戦史史稿審査ニ関シ注意スヘキ事項」(福島県立図書館佐藤文庫所蔵資料)。原文は手書き。下線は原文ママで、赤鉛筆で引かれている。★は判読できない文字。
(30) もっとも、米国観戦武官報告には迫撃砲が図解入りで解説されている。木製砲身で口径五インチ、射程四〇〇メートルと正確な性能まですでに周知の事実であった〔*Reports of Military Observers attached to the Armies in Manchuria during the Russo-*

Japanese War (Parts III) (1906), pp.192-193〕。

(31)「迫撃砲擲爆薬鉄楯改良の件」JACAR: Ref.C03020331300、「満密大日記　明治38年5月6月」(防衛省防衛研究所)。

(32)「迫撃砲試験射撃の際に於ける死傷者へ下賜金伝達の件」JACAR: Ref.C06084071600、「明治38年乾貳大日記9月」(同右)。

『兵器沿革史　第九輯』(防衛省防衛研究所図書館所蔵資料)一四―一五頁。

(33)「近衛工兵大隊歴史　巻2　明治42.1.4~大正8.12.28」(防衛省防衛研究所図書館所蔵資料)。なおこの演習では、塹壕が崩落する事故で死者まで出ており、天皇・皇后両陛下と皇太子殿下から下賜金が出た。

(34)「参謀本部　攻守城用材料として迫撃砲研究の件」JACAR: Ref.C03022968100、「密大日記　明治42年」(防衛省防衛研究所)。

(35)荒木編『元帥上原勇作傳　下』六頁には、一九一四(大正三)年九月二十~二十七日、審査部の迫撃砲射撃・鉄条網破壊試験の視察のため上原が下志津原へ出張した記録がある。上原の日記からの抜粋。

第五章　考　察

本章の概要

一九〇九（明治四十二）年、歩兵操典が改正された。この改正歩兵操典が、後年日本陸軍が白兵主義に傾倒していく原因とされる。前章までで、日露戦争後の陸軍は真摯に戦訓抽出に取り組み、今後の戦争は陣地戦が主になること、その突破には火力の増強と歩・砲・工兵の戦力の総合発揮が必要であることを正確に理解していたこと、そして砲・工兵ともに操典を改正するに当たって、改正歩兵操典を参照し、その内容に沿っていたことが明らかになった。これを踏まえて、改めて改正歩兵操典は何を目指していたのかを考え直す必要がある。

そこで本章では、まず改正歩兵操典において火力がどのように理解されているか、砲・工兵の役割をどのように位置付けているかを検討する。その上で、改正歩兵操典は各兵科の戦力を総合発揮する「諸兵科連合」を目指していた可能性を指摘する。

次に日露戦争の死傷者統計を検討する。日露戦争の死傷者がどのような原因で生じたかを観察すれば、日露戦争において、火力と白兵はどのような関係にあったか、歩兵と砲兵はそれぞれどのような役割を果たしたかが理解できよう。改正歩兵操典において、白兵が火力の優位に置かれ、精神力の重要性が強調されるようになったことは厳然たる事実である。ではそのことは、どのような論理で正当化されたかを次に検討する。

最後に、陸軍における白兵主義と火力主義の関係を考察する。日露戦争において火砲よりも小火器が優勢だった原因、一八九九～一九〇二年のボーア戦争の戦訓が欧州諸国の軍事思想に与えた影響及び砲兵と他兵科との特性の差異などから、日本陸軍では火力主義が発展していかなかった原因について考察を加える。

第一節　改正歩兵操典と砲・工兵の関係

日露戦争の戦闘要領の基本とされた旧歩兵操典は、「**歩兵戦闘ハ火力ヲ以テ決戦スルヲ常トス**」としている（第二三二条）[1]。これが、火力をもって接近し、銃剣突撃をもって決戦すと改正されたことが、白兵主義への転換の根拠とされる。しかし、この文章の主語は「歩兵戦闘」である。したがって、ここで言う火力とは小銃射撃の意味と解すべきである。

旧歩兵操典の戦闘の原則は第二二〇条から三四四条まで一二五条項あるが、そのうち友軍砲兵について言及したものは一条項のみである。それが防御陣地を攻撃する場合である。まず「砲兵ノ火力ヲシテ敵ニ優ラシムルコトヲ勉メ此火力ニ依リ歩兵ノ攻撃進路ヲ開カシム可シ」[2]。この間に、軍隊はなるべく敵に接近して射撃を開始し、「射撃ヲ以テ敵ヲ挫折セシムルヲ勉ム可シ」。「我火力未タ敵ニ優ルニ至ラサル」か、敵に大きな動揺が見られないときは、大きな損害なしには「攻撃ヲ実行スルコト能ハサルモノトス」。故に、「最後ノ突撃ヲ行フニハ火力ノ成果ヲ待ツ可シ」[3]。すなわち、砲兵の射撃間に防御陣地へ接近し、歩兵も銃火を開くのである。したがって、「我火力未タ敵ニ優ルニ至ラサル」の文言で言う火力には、小銃射撃の火力が含まれており、必ずしも砲兵火力のみの効果が挙がるまで、ではない。

改正歩兵操典は、白兵主義を採用し火力を「決戦ノ手段」から「接近ノ手段」に貶めたことで、以後の日本陸軍の発展を阻害したとしばしば批判される。しかし一方で、教育総監訓示は「射撃ハ敵ニ近接スル一手段ナリト雖戦闘経過ノ大部分ヲ占メ而モ敵ニ優越スルノ威力ヲ発揚スルニアラサレハ白兵使用ノ距離ニ達シ得」ない。したがって、白兵と同時に射撃教育にも「今数層ノ力」を入れなければならない、とも述べている[4]。つまり、射撃の重要性は十分に認めている。

改正歩兵操典の戦闘の原則は一一二条項あるが、友軍砲兵に言及した条項二四、同じく野戦重砲兵四、工兵八、騎兵一〇条項に上る[5]。すなわち、改正歩兵操典は各兵種協同の「諸兵科連合」、少なくともそうした方向性を示したものとして評価されるべきである。本書で述べてきた日露戦争の実態と戦訓、砲・工兵操典の記述を考え合わせると、日本陸軍が想定している「次の戦場」の様相は、以下のようになる。

まず野戦重砲と野砲とで、敵砲兵を制圧する。特に野戦重砲は、堅固な掩蓋を破壊する。野砲は鉄条網など障害物や機関銃陣地を破壊する。改正歩兵操典第二部第一章「戦闘ノ原則」は「砲兵ハ其特性ヲ発揮シ射撃ノ威力ニ依リテ歩兵ヲ援助シ特ニ野戦重砲兵ハ堅固ナル掩護物ヲ破壊シ或ハ遠距離ノ射撃ヲ行ヒ以テ戦闘ノ進捗ニ良好ナル影響ヲ与フヘシ」[6]（第七条）と述べる。鴨緑江の戦闘で見せた野戦重砲の破壊力に大いに期待を寄せているのが分かる。同様に、堅固な防御陣地を攻撃する際は逐次攻撃陣地を構成することもあるが、時間がかかり、敵の防御がさらに堅くなる恐れもある。この種の攻撃には砲兵、特に「野戦重砲兵ノ効力至大ナルモノ」であり、「通常集団砲兵ノ効力ヲ発揚スヘキモノトス」（第五十三条）[7]。第十五条には、戦線にある歩兵指揮官は敵兵の配置、移動及びこれに対する砲火の効力を適時砲兵指揮官に通報すべしとしている。そうすれば「砲火ノ効力ヲ一層著大ナラシメ得ルモノトス」[8]。歩砲協同の義務を、歩兵側にも負わせた形である。

攻撃前の展開においては、砲兵は要すれば敵の砲兵を射撃して歩兵の展開を容易にする。ただし、我が企図を秘匿するためには「歩兵ノ攻撃前進ヲ行フニ至リ砲火ヲ開クヲ可トス」（第二十九条）[9]。歩兵が前進して突撃発起位置についたら、砲兵火力は攻撃点に集中する。歩兵は「射撃ノ威力ヲ最高度ニ発揚シ以テ終ニ突撃ヲ実施」する。歩兵の突撃に先立って、砲兵は「攻撃点ニ火力ヲ集中」し、機関銃は「瞬間ニ至大ノ効力ヲ現ハシ」、工兵は要すれば突撃路を開き、障害物を除去する（第二十一条、第三十八条）[10]。野砲は逐次陣地を推進して歩兵に続行し、突撃間も、友軍を超過して射撃を継続する。

第三十三条の「徒ニ砲戦ノ結果ヲ待ツコトナク却テ彼我砲戦間ニ」[11]前進せよとの文言は、砲兵射撃が完全に敵を撃滅しなくとも、野砲同士が撃ち合っている間は敵砲火は歩兵に指向されないので、その間に前進せよという意味に解すべきである。さらに、ロシア野砲は遮蔽陣地内に位置するため、俯角が取れないという戦訓を得ていた。したがって、火制距離を通過してしまえば逆に砲兵火に対しては安全になる。一、〇〇〇メートル以内まで接近してしまえば、小銃射撃で圧倒できる[12]。野砲及び野戦重砲は友軍超過射撃で、敵陣突入寸前まで支援砲火を送る。「敵ハ単ニ射撃ノ効果ニ依リ之ヲ駆逐シ得ルモノニアラス故ニ攻者ハ常ニ突撃ヲ実施シ以テ最後ノ勝利ヲ期セサルヘカラス」の文言（第三十八条）もあるが、直後に「砲兵及び機関銃は歩兵に随伴して前進し、突撃点に火力を集中せよ」の文言が続いている[13]。つまり突撃に当たっては、十分な火力支援の存在が大前提になっている。旧歩兵操典にはこの項目は見られない。

野戦砲兵操典の項で見たように、野戦砲兵が独自に改正作業を行った野戦砲兵操典改正草案では、野戦重砲兵に関する記述がない。野戦重砲兵と野戦砲兵との任務分担が盛り込まれたのは、歩兵操典改正後の特別委員の審議による。すなわち野戦重砲兵の破壊力に期待し、多兵種による総合戦力の発揮を目指していたのは歩兵側なのである。歩砲協同とはあくまで、砲兵を歩兵に協力させるという意味であり、第一次世界大戦以降の火力戦にそぐわない思想ではあった。しかし日露戦争から得た結論としては、決して時代錯誤でも旧態依然としたものでもなかった。

日露戦争の戦訓は、火力の増強が必要という正しい結論を示しており、日本陸軍はそれを正確に認識していた。戦闘の態様は野戦と要塞戦に大きく二分されるが、各兵科の操典で要塞戦の比重が増えた。また野戦は遭遇戦と陣地戦に二分されるが、これも陣地戦に関する記述が増えた。これは、将来戦は野戦と言えど陣地戦が主体になるという正確な理解によるものである。機関銃を備えた陣地突破のためには重砲が有用である、という記述は改正歩兵操典にも見られる。この点では、後述するように野戦重砲の効果に依然として懐疑的な海外の論調よりも、むしろ進歩的であった。重砲で陣地を破壊し、工兵が障害物を爆破などにより除去し、野戦砲が機関銃を制圧する、という用兵思想がここで成立した。

歩兵を陸軍の主兵と強調したことは、後年の歩兵の増長を招いたかもしれないが、この各種操典の改正内容を見ると、主兵としての責任を果たそうとする歩兵側の熱意もまた感じ取れる。

第二節　死傷者統計に見る日露戦争の性格

表６　日露戦争以前の死傷原因比率

年	戦争	国	銃創（%）	砲創（%）
1853-56	クリミア戦争	フランス	54.0	43.0
1859	イタリア統一戦争	フランス	91.7	5.1
1864	ドイツ・デンマーク戦争	普墺連合	84.0	9.1
1866	普墺戦争	オーストリア	90.0	3.0
		プロシア	79.0	16.0
1870-71	普仏戦争	フランス	70.0	25.0
		ドイツ	94.0	5.0
1877	西南戦争	官軍	89.3	
1899	日清戦争	日本	89.0	8.7
1904-05	日露戦争	日本	76.9	18.9
		ロシア	73.7	24.6

「戦役に関する重要事例（九）」（『東洋経済新報』第304号、1904年5月）21頁及び仏エール将軍『砲兵ノ過去現在及将来』陸軍省軍事調査班訳（偕行社、1927年）303頁から筆者作成。

ここで、日本陸軍が歩兵を主兵とし砲兵より優位に置いたのはなぜか理解するために、死傷者統計を検討する。まず日露戦争以前の戦争における死傷原因を、表6に示す。銃創は、機関銃を含む。

資料によって数値に若干の異同があるが[14]、一見して、圧倒的に銃創が多いのが分かる。これに対して、第一次世界大戦の死傷原因は表7のようになる。

比率が逆転し、砲創が支配的になる。すなわち日露戦争は、銃創と砲創が逆転するちょうど端境期に当たる。日露戦争の個々の戦場では表8、9のようになり、依然として銃創の方が支配的であることが分かる。

先行研究において、「旅順攻略では砲創の比率が増加しているので、野戦でも陣地戦が支配的になる今後の戦争では、砲創が激増すると予測できたはずだ」との指摘がなされているが[15]、

表7　第一次世界大戦の死傷原因比率

年	戦闘	銃創（%）	砲創（%）
1914年		23.0	75.0
1917年4月	エーヌーシャンパーニュ戦	21.4	73·5
1917年7月	フランドル戦	9.7	78.3
1917年8月	ベルダン戦	6.1	77.2
1917年11月	マルメゾン戦	17.0	77.0
1918年3月	ピカルデ戦	34.0	51.7
1918年5月	エーヌ戦	31.6	56.3
1818年7月	第三・四・六及び十軍	23.9	67.9
1918年9-10月	第四・五軍	27.4	56.1

仏エール将軍『砲兵ノ過去現在及将来』303頁。

表8　日露戦争における歩兵の戦闘別死傷原因比率

年	戦闘	銃創（%）	砲創（%）
1904年4月	鴨緑江	89.8	9.3
1904年5月	金州・南山	87.6	8.6
1904年8月	遼陽	86.7	9.9
1904年8月	第一回旅順総攻撃	75.0	18.7
1904年10月	第二回旅順総攻撃	62.6	25.6
1904年11月	第三回旅順総攻撃	56.8	15.8
1904年10月	沙河	83.0	10.2
1905年1月	黒溝台	74.1	16.2
1905年3月	奉天	84.0	10.8
総計		78.6	12.9

原剛「歩兵中心の白兵主義の形成」（軍事史学会編『日露戦争（二）』錦正社、2005年6月）273頁から、比率のみ転記。原典は陸軍省編『明治三十七八年戦役統計　第三巻二』（1911年）182—195頁（以下、『戦役統計　第三巻二』）。

表9　日露戦争の戦闘別死傷原因比率

年	戦闘	銃創（%）	砲創（%）
1904年8月	遼陽	84.8	11.9
1904年10月	沙河	80.9	12.4
1905年3月	奉天	77.2	18.0
1904年8月	第一回旅順総攻撃	72.8	20.6
1904年10月	第二回旅順総攻撃	60.7	26.7
1904年11月	第三回旅順総攻撃	56.0	16.4

大江志乃夫『日露戦争の軍事史的研究』（岩波書店、1976年）160頁。

これは疑問である。

野戦と要塞戦を比較すれば要塞戦の方が砲創が多いとは言える。しかし、旅順の第一回総攻撃と第二回総攻撃の数値二つだけから、今後の右肩上がりの上昇傾向を読み取るのはやや無理があるのではないか。現に、第三回総攻撃では逆に砲創は減少している。また、兵科ごとに死傷原因を見てみると、野戦と要塞戦では大きく様相を異にする（表10、11参照）。

このように、要塞戦では歩兵は砲創が増加するのに対し、野戦砲兵は逆に銃創が大きく増加する傾向がある。これは、小口径でしかも榴霰弾を主武器とする野戦砲は、良好な火点を求めて移動中に射撃を受けたり、敵歩兵の射程内まで進出して交戦するため被害を出すことを意味する。敵の逆襲に備えて占領直後の陣地に進出し、至近距離で撃ち合ったり、はては工具類を武器に格闘を演じることさえあった。また要塞砲は一般に大口径で、圧倒的に破壊力が優れる。いかに陣地戦が増加する傾向にあっても、永久堡塁と野戦築城とでは様相が異なるのである。

最後に、各表に挙げた各種の数字を比較する限り、「日露戦争前後を通じて一貫して砲創による死傷比率が増加している」という主張には無理がある。クリミア戦争（一八五三～五六）では、銃創五四パーセント、砲創四三パーセントとほぼ拮抗している。イタリア統一戦争（一八五九）では、銃創九一・七パーセント、砲創五・一パーセントと圧倒的に銃創が多い。普仏戦争（一八七〇～七一）のフランス軍は、砲創が二五パーセントと日露戦争よりも多い。日露戦争までの戦争は、いずれも銃創が七〇～九〇パーセントの高率を占める。この数値から言えるのは、「日露戦争はあくまでも一九世紀型の旧時代の戦争に属する」ということである。「日露戦争が第一次世界大戦における火力戦の徴候を示していた」というのは、現に第一次世界大戦を経験した現在の観点から振り返って初めて言えることであろう。第一次世界大戦の大量死をまったく予測できずに茫然自失したのは、ほかならぬ欧米諸国の軍人たちだったのだから(16)。

表10　兵科別の死傷原因比率（野戦）

兵科	銃創（%）	砲創（%）
歩兵	83.8	10.9
野戦砲兵	20.1	75.6
要塞砲兵	32.9	62.5

『戦役統計　第三巻二』から筆者作成。

表11　兵科別の死傷原因比率（旅順戦）

兵科	銃創（%）	砲創（%）
歩兵	64.8	18.2
野戦砲兵	32.7	57.5
要塞砲兵	11.0	71.1

『戦役統計　第三巻二』から筆者作成。

第三節　白兵主義の論理

一　白兵主義を擁護する論法

英国観戦武官報告に収録された、鹵獲文書「ロシア軍の日本戦術研究」には、「日本歩兵は銃剣戦闘は非実用的（impracticable）と考え、戦闘は火器によって決する（the battle must be decided by powder and shot）と信じ、白兵戦闘はしない」とある。[17] ロシア軍の眼から見て、日本軍は白兵戦に頼ってはいなかった。前節で述べたように、死傷者の大半は銃創なのだから、砲兵火による死傷率の低さが直ちに火力不信を招くわけではない。砲兵火力はさほど効果がなくとも、歩兵火力、特に機関銃の威力は圧倒的だった。

これに対し、白兵主義の価値を守るための論理が様々に案出された。例えば、一九一一年刊行の『戦略戦術詳解』は「火兵ト白兵トニ因スル受傷者ノ比較」として表12を掲げている。[18]

ここで日本とロシアは日露戦争の統計、ドイツの数字は普仏戦争のものである。白兵創の数字は日・露・独の順にそれぞれ〇・〇三、〇・〇一七、〇・〇〇六が正しいと思われるが、同

表12　「火兵ト白兵トニ因スル受傷者ノ比較」

国名	火兵	白兵
日本	0.970	0.30
露国	0.983	0.27
独国	0.994	0.06

研究会編『戦略戦術詳解　巻之七』（兵事雑誌社、1911年）233―234頁（以下、『戦略戦術詳解　巻之七』）。

表13　第二軍の沙河会戦における創種比率

白兵創	0.07
銃創	0.83
砲創	0.10

研究会編『戦略戦術詳解　巻之七』234頁。

書にはしばしばこうした桁表記の誤りが見られるので、単純なミスであろう。

同書は、日露戦争は騎兵戦闘がなかったために白兵創が少ないと述べた上で、第二軍の沙河会戦における創種比率を表13のように示している。

白兵創は銃創に比べ圧倒的に少ないのだが、同書はなぜかここから「従テ将来白兵創ハ益々増加スルノ傾向ヲ有スル是レ戦闘ノ激甚トナリタル証左ニシテ之レ日露戦争前ノ射撃戦術ヲ覆シタル所以ナリ」[19]という結論を導いてしまう。例えば、より過去の実例を示して増加傾向があると論じるならともかく、単に「今が少ないからこれから増えるはずだ」と断言してしまっている。

また一九〇六年に出版された『日露戦役ノ実験上ヨリ得タル戦術』では、「銃槍ノ価値ヲ信用スベキ材料」は、それによって生じた損害の統計を見ると良いとしながら、肝心の統計を示していない。そして、「銃槍ニ依ル損害ハ殆ンド進歩ノ絶頂ニ達シツツアル砲火ニ依ルモノト同一ノ比例ニ達セルヲ見ルナラン」[20]と述べる。つまり、白兵創の数は、現在の最新兵器である砲火による負傷と同等である、だから無視できないという論法である。実際には、日露戦争の全戦闘を通じて砲創一二・九パーセントに対し白兵創は〇・八パーセントに過ぎない[21]。

関太常の『白兵主義』は、第二章で触れたソロビエフなど各国の兵学界の議論を紹介しているが、中にイギリスの一九〇九年野外要務令を挙げている[22]。「火力ヲ以テ敵ノ抵抗ヲ圧倒シ突撃ヲ以テ最終ノ決ヲ与フル」と書かれているので、改正歩兵操典と同じとの主張であるが、よく読むと「突撃」であって「白兵」とは言っていない。著者は故意にか無意識にか「突撃」と「白兵」とを混同している。

これら白兵主義を奉ずる主張はいずれも、いささか根拠に乏しい。

明治以降の日本陸軍は西欧式の火兵主義を重用していたが、古来我が国の戦闘法は純然たる白兵主義であり、日露戦争の結果白兵主義に回帰した、というのが『白兵主義』の主張である。根本主義でもそう説明されている[23]。しかしこうした理解が、すでに事実誤認であった。

鈴木眞哉は、戦国時代の一次史料調査から「日本の戦争は一貫して遠戦主義だった」と主張している[24]。幕末期にイギリス公使館付医官だったウィリス（William Willis）医師は、戊辰戦争中、新潟から会津まで転戦し敵味方の別なく負傷者の治療に当たった。その書簡によれば、「傷の種類や程度はたしかにこれまで見てきたうちのどれよりもひどく、たまに槍や刀の傷にでくわすこともあったが、大部分は銃弾による負傷であった[25]」。あるときは六〇〇名を治療して、「銃剣による負傷の事例は一つも見なかった[26]」という。

興味深いことに、戦国時代の死傷原因統計研究は日露戦争後の時点ですでに見られる。陸軍軍医監修の『戦傷ノ統計的観察』がそれである。同書は西南戦争以降の日本の戦争を調べ、白兵創が最も多いのは西南戦争であると指摘した。それでも死傷者の三・八パーセントに過ぎない。西郷軍は火器が乏しく、「一部ハ佩刀ヲ以テ唯一ノ武器」とする状況だったことを考えれば、「刃創ノ少ナキハ寧ロ人ノ想像ニ反スヘシ」。そればかりか、

火器ノ頗ル幼稚ナリシ我国中世ノ戦闘ニアリテモ亦銃創ノ比較的多クシテ刃創ノ比較的少ナキニ意外ノ感ヲ懐カシムルモノアリ[27]

同書は、関ヶ原の戦いに伴う安濃津城攻撃の際の、吉川広家の部隊の負傷者統計を示している。それによると二四〇名のうち銃創一三二名（五五・〇パーセント）、槍創七四名（三〇・八パーセント）、刀創一名（〇・四パーセント）、矢創三

三名（一二・八パーセント）であった。「古来我が国の戦闘法は純然たる白兵主義」という考えが、そもそも幻想だったのである。

陸軍省編『明治三十七八年戦役統計』がほとんど使用されていないこと[28]も含めて、こうした統計的事実が用兵者の判断に影響を与えた形跡は乏しい。もっとも、用兵者に同情すべき点はある。射撃だけでは敵を駆逐できない、接近も突撃も損害を重ねるだけ、それでも攻撃を続行するしかないという主張は、無策と言えば無策だが、現実に戦場で戦い勝利しなくてはならない軍人としては、他に言いようがない、という心情だったのではないかと推察される。

歩兵の武器が白兵と火力とされたように[29]、白兵と火力は相補うものであり、それ自体は決して対立概念ではない。そのため、「歩兵が主兵で他兵科はその支援を行う」という思想は、特に問題なく受容された。しかし、歩兵操典改正に伴い根本主義が白兵主義を採用したとき、『白兵主義』に見られるように、火力（火兵）主義が同時に対立概念として規定された。『白兵主義』が規定した火兵主義とは小銃火力に頼った戦術のことだったが、それは必然的に砲兵火力をも包含することとなった。注目すべきなのは、白兵主義は日本古来の伝統への回帰であると同時に世界の軍事思想の最先端と自負されたのに対し、火力主義は誕生した時点で「破棄すべき旧思想」だったという点である。すなわち砲兵火力への依存は、進歩ではなくむしろ後退だったのである。

先述したように、旧歩兵操典には他兵科に関する言及がほとんどない。各兵科は、それぞれ自身の操典の定めに従って行動すればよかった。そういう状況では、協同がうまくなされない反面、対立も起こりようがない。改正歩兵操典は、歩兵と他兵科がいかに協同するかを厳密に定め、歩兵を主、他兵科を従と確定してしまった。砲兵にとっては、火力の発展に自ずと制約を設けてしまったのである。後年の日本陸軍を呪縛する白兵主義と火力主義との根深い相克は、ここに端を発する。

二　精神力重視の原因

白兵主義は攻撃精神の強調と結び付いているが、日露戦争末期の陸軍は、後備兵の質の悪さに悩んでいた。戦後、歩兵の二年在営制採用に伴う訓練不足、素質低下への懸念が、精神力の強調、火力依存傾向への戒めとなって現れた。その背景にあるのは、徴兵された兵卒への不信である。(30)

防衛省防衛研究所図書館所蔵の宮崎文庫には、一九一一（明治四十四）年四月の日付が入った「陸軍戦闘能力ヲ増加スルヲ要スル議」なる文書がある。参謀本部の内部資料と思われるが、この文書は「兵力ノ主要ナル元質ハ之ヲ編成スル将校、下士卒ノ戦闘能力」にあり、これが粗悪であれば例え兵数が多くても戦争の目的を達成できないとしている。(31)日露戦争でも、野戦師団が現役兵ばかりで構成されていた初期には多大な成果を挙げたが、後備兵が多くを占めるようになった末期には能力が低下し、苦戦するようになったと述べ、日露戦争中の敗戦例を列挙している。ここでは、「戦闘能力」という言葉が「将兵の素質や練度や士気」という意味と完全に等しく、装備や戦術や編制の改善という観念が見られない。

満州軍参謀田中国重は、奉天会戦での後備歩兵第一旅団の敗退は「実に失態で、退却に際し一年志願兵出身将校は刀の先にハンカチを付け白旗を振りつつ退く者がいた。その余波は第一師団の左翼に及び師団長自ら第一線に出て指揮し、辛うじて踏みとどまった」と回想している[32]。

前出のソロウィーフもロシア軍について、「若年予備兵・第二予備兵に比べ、老年後備兵は勇気に欠け、不平不満が多く、戦場では何もしない。場数を踏めば修正されていくが、すぐには無理」と述べており[33]、洋の東西を問わない共通の悩みであるが、ともあれ陸軍はこれを深刻な問題と認識した。その結果が、過剰なほどの攻撃精神の強調として現れた。

多門二郎は、沙河会戦中のある戦闘について「(戦闘の成功は)わが砲兵の力に待つ所が多いといわねばならぬ、敵の方に砲兵があって味方に砲兵がないのは全くつらい。大損害を受けても攻撃せねばならぬ時ならば仕方がないが、どうも砲兵の援助がなくては恐ろしい」と回想しつつも、「しかし、やって出来ないことではないのだから、妄りに砲兵、砲兵といって、砲兵がなくては歩兵は戦さが出来ぬと思うようになるといかん[34]」と自戒している。改正歩兵操典の、「砲兵の援助なしでも前進せよ」という思想に通底するものがある。

第四節　火力主義の阻害要因

宮本林治は『新旧対照歩兵操典の研鑚　上巻』において、操典綱領第一「歩兵は軍の主兵」に関して最も注意すべきは、とかくこれまで歩兵将校が単に歩兵のことだけを考えて、「他兵種のことに毫も顧慮を払はぬ傾きがあったこと」であると述べている。いわく、今後は歩兵単独でなく、必ず他兵種と協同すべき諸兵種中の歩兵となる。だからどの兵種のことも熟知していなければならない。でなければ、都合よく歩兵のために働いてもらうことはできない。

況んや寸毫でも主兵といふことを鼻にかける様なことでもあったら、それこそ協同一致の戦闘の原則を破壊する大罪人である、（中略）主兵だからとて他兵種に比して其ものに権威のある訳のものではない、唯だ其性質と編成が便利よく出来て居るから、それで主兵となったのであることを銘肝して、決して自惚心を出してはならぬ、もし少しでも謙譲の徳を欠く時は、我国軍は全く破壊し了るといふことを夢にも忘却してはならぬ。[35]

後の歴史を見るに、不幸にして宮本の懸念は的中してしまった。では、後年火力軽視と白兵絶対視を招く背景は何だったのだろうか。

一　歩兵火力と砲兵火力

死傷者統計から、兵員の被害のほとんどが小銃及び機関銃によるものであることはすでに述べた。その原因の一つは、野戦築城が発達して榴霰弾では効果が乏しかったこと。

そしてもう一つは、小銃の射程と命中率が格段に向上し、野戦砲を圧倒していたことである。一八世紀半ばから一九世紀前半まで、戦場における死傷者の約半数は砲兵射撃によるものだった。ところが一九世紀後半にはそれは一〇パーセント程度まで減少し、小銃による死傷者が九〇パーセント近くを占めるようになった。[36]一八九九（明治三十二）年に出版された『砲兵論』は、一九世紀後半の戦場における歩・砲兵の関係を描写している。それによると、砲兵が歩兵火に対するときは退却するのが通例であり、敵歩兵はほとんど砲兵と同一の遠距離から射撃してくるので、火力を冒して配置できない。砲兵は他兵種を掩護するどころではないが、他兵種は砲兵掩護の責を負い、もし砲を奪われたら譴責を免れなかった[37]という。

日露戦争でも、多門二郎はあるとき、部隊のいる村落が約一、三〇〇メートルの距離で敵砲兵の猛射を受けたことを回想している。連隊長の指示で、この砲兵を狙撃した。「千米以上であるから、とても駄目だろうと思っておった」が、意外なことに兵が射撃を始めると敵砲兵が皆姿を隠してしまった。「距離が遠くも、兵が安全な所に匿れて精密射撃をするのであるから、その効力は至大[38]」だったという。改正歩兵操典が、一、〇〇〇メートル以内に接近すれば小銃で野砲を制圧できるとしているのは、この時期としては決して誤りではなかった。端的に言えば野砲よりも小銃の方が強かったのである。

ただ陸軍は、第一次世界大戦における野戦砲の大口径化と指揮統制システムの発達による砲兵火力の強大化[39]を予見できなかった。野戦重砲と間接射撃の有効性を実証したのがまさに日本陸軍であったことを考えると、皮肉である。その指揮統制システムで重要な役割を果たすのが、航空偵察・写真技術及び無線機という新技術であった。

なお、野戦築城に榴霰弾が通用せず、かつ榴弾の有効性が実証されたにも拘らず、榴霰弾と榴弾の比率は変更されなかった。その理由は、陣地の破壊は野戦重砲の任務とされたのが一つ。そしてもう一つは、長期にわたる悲惨な陣地戦を回避し、速やかに決着が付く運動戦を実現したいという心理ではなかったか。陣地戦は物量の勝負であり、要時要点に所要の人員物資を集積しておくのが将校の任務である。そこに、戦機を捉えたり敵の意表を突いたりする華麗な戦術指揮能力の入り込む余地はない。

イアン・ハミルトンは、第一軍司令部の面々を論評して興味深い記述をしている。

松本（鼎）大佐　氏は軍の砲兵司令官なるが持て囃されざる側の人物なり或人余に耳語して曰くこの人は日本より軍器供給の手配りを為す外何の用事もなしと余等外人の標準よりいへば驚くべき奇計妙案のある人とは見受けられず[40]

He has nothing to do, so it is whispered in my ear, beyond arranging for the supply of ammunition from Japan. Judged by foreign standards, he would hardly seem likely to achieve any very startling combinations or evolve any very brilliant ideas.

arranging for the supply of ammunition こそ最も重要な任務である時代が来た、ということが、ハミルトンほどの視野の広い軍人にも理解できていなかったのである。

日本陸軍は、一八八五（明治十八）年から三年間陸軍大学校教官を務めたメッケル（Klemens Wilhelm Jacob Meckel）少佐に大きな影響を受けたが、メッケルの教えは「戦術一辺倒だった」との批判もある[41]。陸軍では、国力の低さから来る速戦即決主義とメッケル流の戦術至上主義が結び付き、「奇計妙案」の披露のしようがない陣地戦を忌避していったと思われる。

二　欧州諸国の論調の影響

一八九九～一九〇二年のボーア戦争で、イギリスの正規軍はボーア人のゲリラ的な戦法に悩まされた。隠蔽された陣地からの正確な射撃に、古典的な密集隊形のイギリス軍はしばしば大きな被害を出し、各国の軍隊は「陣地にこもり近代火器で武装した敵に対し、正面攻撃は不可能なのではないか?」という疑念を抱いた。[42]特にフランスにこの傾向が強く、反論も活発になされた。[43]

日本陸軍も、ボーア戦争の戦訓に強い関心を抱いていた。一九〇三（明治三十六）年一月十七日の偕行社大講話会は、伏見宮・閑院宮・久邇宮・寺内陸軍大臣以下将校及び相当官六〇〇名が聴講したが、「ブーア戦法ニ就テ」が演題の一つに選ばれている。[44]『偕行社記事』にも特集記事は多い。[45]陸軍は戸山学校でボーア戦争の歩兵戦法について研究した。一九〇四（明治三十七）年一月十三日、研究の成果である「歩兵ノ射法及諸躍進法ノ試験報告」を各隊に配布し、これに関連して教育総監野津道貫から訓示があった。いわく、英杜（えいと）戦争は、火器効力の増大に伴って歩兵戦闘の指揮が困難を増したので、教育に努力しなければならないことを示しただけである。歩兵操典の原則はこれによって左右されない。戦闘の勝敗要因は士気振作であり、「過度ニ射撃効力ニ重キヲ置キ為ニ我軍ニ特有ナル攻撃精神ヲ失フニ至ルカ如キハ重大ナル過誤」[46]である。

『白兵主義』は、「日露戦争前のドイツ歩兵操典の火力偏重はボーア戦争の影響」と見なしている。[47]ドイツ歩兵操典は一八八八年制定だから誤解であろうが、こうした見解は他にも見られ、日本陸軍では一般的な見解だったようである。

日露戦争後にオーストリア駐在武官として赴任した金谷範三少佐は、改正ドイツ歩兵操典を研究し、「歩兵ノ攻撃」

なる文章を発表している。それによると欧州兵学界では、火器の発達により、特にボーア戦争後は「開豁地での正面攻撃は不可能」との主張がなされたが、日露戦争でそれが覆った、としている。ボーア人が用いたような小群の部分前進法は、前進が遅く指揮が困難である。そのため、改正ドイツ歩兵操典では、歩兵の前進は小隊単位で行うとし、小隊長の権限及び任務を拡大した。ボーア戦争式はやむを得ない場合のみ行うとされた。(48)

南阿戦以来正面攻撃難ノ説ヲ耳ニスルヤ久シ日露戦役ハ即チ此謬見ヲ打破セルモノト謂フヘシ(49)

欧州諸国は、ボーア戦争の戦訓「陣地にこもり火器で武装した敵に対し正面攻撃は不可能」を否定したがっていた。日露戦争は、一見、日本軍が多大な損害を出しながらも正面攻撃でロシア軍を破ったように見える。そのため、日露戦争はボーア戦争の戦訓を否定する格好の材料として扱われ、欧州諸国に従来の信念を変更する必要はないという安心感を与えた。日露戦争の野戦のほとんどが陣地戦になった事実は、満州の道路事情と指揮の拙劣さが原因とされ、欧州では運動戦が可能とされた。一九〇七年九月のドイツ第六軍団の演習を視察した金谷少佐は、演習の想定は遭遇戦ばかりであることを報告し、その理由を四つ挙げている。(50)

①　短時日の機動演習で陣地攻撃を行うと、多くの戦闘訓練ができない。一日は偵察だけで終わってしまう。経過を迅速にしようとすると、実戦的でなくなる。

②　欧州の地形は運動戦に適する。

③　指揮官に戦況に応じた迅速な決心、機敏な処置に慣熟させるため。

④　攻撃精神鼓吹の結果、軍隊は進んで敵と衝突する。

金谷少佐は、交通移動の容易な欧州では大会戦は長時間にならず、迅速な運動戦が多く、指揮官の決心は瞬速でなくてはならないとし、「ドイツでは、欧州の戦争は満州と性質が違うと『看破』し、新操典でも遭遇戦に関する条項を詳細に記述したのは『卓見』である」と評している。そればかりか、「満州ニ於テモ未来ノ戦闘ハ必スシモ過去ノ如ク陣地戦ノミニアラサルヘシ特ニ況ヤ冬期満野凍氷野砲ノ運動容易ナルトキニ於テオヤ」とまで述べている。満州でも運動戦が可能という考えは、国力の都合上短期決戦が望ましく、かつ悲惨な陣地戦は回避したいという日本陸軍の願望とも合致した。

もう一点指摘しておきたいのが、当時の欧州の砲兵理論家は、野戦重砲の有効性に懐疑的だった[51]という事実である。既述のように、野戦重砲隊は鴨緑江の戦闘で多大な功績を挙げた。しかし終戦から一年を経た一九〇六（明治三十九）年五月、『偕行社記事』第三三九号に「日露戦争ノ教訓（野戦作業）」と題する記事が掲載された[52]。同年一月十二日発刊の『フランス・ミリテール』誌記事からの翻訳である。この記事はもともと、ロシアの新聞『インバリード・リュッス[53]』に掲載されたものであり、様々に転載や引用がなされている。

その一つが、アメリカ軍の砲兵専門誌に確認できる[54]。これはより原文に近いものらしく、『偕行社記事』よりも詳細である。その結論として、「大口径火砲（large caliber gun）を野戦で用いるのは、拒む理由はないがあくまで特例である」と述べている。いわく、日本軍は大口径火砲を野戦に用いたが、多種多様な弾丸と信管を必要とする旧式砲であった。榴霰弾を持たないこれらの砲は、士気には影響を及ぼしたが実際の損害は少なかった。一方ロシア軍の重砲は、指揮組織の問題で臨機の運用ができなかった。日本軍の重砲が移動できるのは、水運や鉄道を利用できる範囲でだけである。二十八珊榴弾砲は、奉天会戦では決定的な役割を果たさなかった。奉天のロシア軍は日本軍の砲火によってではなく、あくまで命令によって後退したのであるなど、野戦重砲の効果は限定的という論調である。

この記事は、リヒテルの『日露戦役ノ経験ニ基キ砲兵ノ使用法ニ関スル研究』にも引用されている。砲兵戦術の専門家だったローネ（Rohne）中将によると、榴霰弾を発射しない日本軍の火砲は精神上の効果を収めただけであり、実際の被害は小さかった。「野戦ニ於ケル重砲ノ使用ハ現在モ亦従来ト同シク正規ト為スニ適セス」「攻城砲ハ奉天付近ノ会戦ニ於テハ決シテ決戦的効果ヲ呈セシコトナカリキ」。日本軍は二十八珊榴弾砲で四日間砲撃したが、ロシア軍は撃退されたのではなく、命令によって退却したのみである、と述べている。[55]

『インバリード・リュッス』紙のオリジナルの記事は無署名記事であるというが、[56]めぐりめぐって様々な国、軍隊に紹介された。現に射撃を受けたロシア軍、及び欧州の専門家の意見が、日本陸軍の野戦重砲に対する思考に影響を与えた可能性は大きい。

三　砲兵と他兵科との差異

砲兵の職務は、他兵科からは理解されにくい。アメリカの歩兵将校は砲兵を、「はるか後方で科学を扱う冷血人間（the cold blooded man of science operating at long ranges where the optician aids the naked eye）」と表現した。[57]一九三一年のドイツですら、他兵科の無理解についてこのようなことを述べている。[58]

砲兵ノ動作ハ屢々他兵科ノ人々ニ「真黒ナ技術」訳ノ判ラヌモノトシテ扱ハレマスカ、之ハ我々砲兵ニ取ッテ誠ニ意外ナ事テス

此事ハ他兵科ノ人々トノ会話ヤ協同演習ヲ相談スル際度々耳ニスルコトテ然モ多クハ無意識ニ口ニサレテキルノテス

砲兵は「一種ノ特科兵」であり、「兵士ト云ハンヨリ寧ロ学識アル技術士」と見なされた。砲兵自らも、その技能を「高尚奥秘ノ学」とし、その言説が「枯燥無味」であることは他科軍人の「嫌厭ヲ来タシ為メニ稍ク相離隔スル」状態であった[59]。

戦争中は砲兵の活動に大きく依存しながら、戦後速やかにその恩恵を忘れてしまうのは、時代と国を問わず世界的に共通の現象であると言うが[60]、日露戦争後も例外ではなかった。

戦役間には各方面とも砲兵隊の多数配属を希望し若し補充さへ出来たらば砲数の増加は世界戦に於ける独仏諸国と同様であったと思ふ、砲弾請求の多かったのは能く之を証明している、然るに戦後は費用の関係もあらんが砲兵熱は冷却の風がある、吾人は山縣元帥が大本営に於て軍隊増設会議の際「鉄砲さへあれば和服に襷がけにても戦争は出来る」と疾呼せられた事を大声疾呼したくなる[61]。

その原因の一つが、演習で実弾射撃をすることは滅多にないため、火力の価値は平時には明示しにくいことである[62]。ましで日本陸軍では、統帥もしくは運用の妙により物質的威力の不足を補うという主張が主流だった。この運用に

は部隊の運用とともに火力の運用を含むが、従来は部隊運用しか顧みられない。平時の演習では、火力運用は実現し難く、どの演習でも部隊運用ばかりであった。演習の審判では、例えば青軍は七大隊、赤軍は五大隊を集めたから青軍の優勢と判定する。赤軍の火力は考慮されない。また、機関銃火を冒して暴露前進したから攻撃は不成功と審判されるが、そもそも敵の機関銃火を制圧せずに暴露前進するはずがない。[63]砲兵から見れば至って理不尽、不自然であった。

火力通告等の如き、火力を耳から通達する様なまたるつこい方法ては駄目てある。各演習員か眼て見て直覚的に火力の状態を了解するのてなくては真の火力運用は望み難い、是れか火力無視の一原因てある。[64]

一九一六（大正五）年になって、日露戦争で砲兵火力があまり有効でなかったのは、高級指揮官が砲兵に無理解だったためという指摘がなされた。[65]欧米では、他兵科に対する砲兵射撃の展示と訓練を行い、またフランス軍は毎年他兵科将校を砲兵学校に招集して訓練していたが、[66]日本陸軍では高級指揮官や他兵科への教育は行われなかった。前述のように、改正歩兵操典のドイツによる分析では、日本では高級指揮官が砲兵に対する細部指示をしないという指摘がされているが、この欠陥は日露戦争から第一次世界大戦の間には認識されていなかった。

給与面でも差があった。有末精三は、「幼年学校を出るときに歩兵を志願したら、父親に工兵を勧められた」と回想している。砲・工兵の方が給料が高いから、というのが理由だった。[67]これは明治初期の話で、一八九〇（明治二十三）年の「陸軍給与令」では、兵科による給与の差はなくなっているが、[68]「待遇の差がある」という観念自体はこのように長く残った。

砲・工兵は徴兵基準が違うため、歩兵に比べて体格も大きかった。一八九九年の徴兵事務規定によると、歩兵は「身長五尺二寸以上で、なるべく視力聴力完全にして普通の文字を読み得る者」、野戦砲兵は「身長五尺四寸以上で、なるべく普通の文字を読み得臂力ある者」、要塞砲兵は「身長五尺四寸以上で、なるべく読書算術を能くし臂力ある者」。工兵は「身長五尺四寸以上で、なるべく普通の文字を読み得る者其他若干は読書算術を能くし手指硬固ならざる者」となっている。(69)

砲兵と工兵もまた、同じ技術兵科と言っても断絶があった。第二章で述べた工兵の改革意見では、砲兵と工兵では扱う装備がまったく異なるからという理由で、審査部の分割を主張している。設立当初の審査部はあくまで既存の装備品が実用に耐えるかどうか審査する機関であり、ゼロから開発を行う機関ではなかった。しかし有坂少将に率いられて日露戦争を経験した審査部は、三八式火器類から四五式の攻城砲など、徐々に独自開発を行う研究機関へと変化しつつあった。審査部の再分割は実現しなかったが、工兵の改革意見に見られるのは、実際に採用される装備品の特質にとらわれ、技術という共通点を認識しない考え方である。

多田礼吉は、砲兵と工兵が技術兵科として団結できなかったことが、後年の歩兵科の専横を許した原因として痛憤を込めて回想している。(70)ここにその淵源を見ることができよう。

さらに野戦砲兵と要塞砲兵（重砲兵）とでは、同じ砲兵と言っても大きく気風が違った。野戦砲兵は、その名の通り歩兵に随伴して野外を機動するのが基本である。そのためしばしば最前線まで進出し、敵の小銃火で被害を受けることも珍しくなかった。これに対し重砲兵は、もともと要塞内で勤務するものである。

瀧原三郎の回想に、このような逸話がある。日露戦争中、独立重砲大隊が谷間の陣地に堅固な掩体を作っていた。地形上、射撃を受けるおそれはなさそうなので理由を質問したら、大隊長の答えていわく「重砲隊ハ平時常ニ海軍砲台ノ厚保キ比頓(ベトン)ノ窮窖内ニ於テ演習スルニ依リ兵卒ニ至ル迄自然ニ深キ谷間ニ於テモ堅固ナル掩体ヲ築設スルニ至ル」[71]とのことであった。瀧原は「野戦砲兵ノ（原文ママ。文意からして、『野戦重砲兵ノ』の誤りと思われる）指揮官ハ野戦砲兵ノ使用ヲ十分ニ知ラス野戦砲兵ノ指揮官ハ野戦重砲兵ノ使用ヲ十分了解セサル」状況では、統一運用はおぼつかないと懸念を示している[72]。

日露戦争で野戦重砲の有効性が認められ、戦後さらに発展が期待されたが、その議論を「軽佻浮薄突飛的不健全ナリト謂フカ重砲兵万能主義ナリ」と批判する声もある[73]。要は野戦砲兵の領分を侵すなという主張で、筆者はペンネームだが、内容から見て野戦砲兵と思われる。

一九一九（大正八）年、野戦砲兵監部と重砲兵監部が統合されて砲兵監部となるまでは、相互に人事交流もなかった。このとき同時に、野戦砲兵射撃学校及び重砲兵射撃学校を統合して砲兵学校とする提案がなされたが、重砲兵から強い反対があったことが記録されている[74]。統合に賛成していた野戦砲兵学校は、統合は「野戦砲兵の勢力拡大を図るものではない」と釈明しており、野戦砲兵と重砲兵との離隔を物語っている。統合案は結局、野戦重砲に関する研究機能のみを重砲兵学校から野戦砲兵学校へ移管することで決着した。

砲兵は、人数の上では少数派である。士官生徒一期から士官候補生四九期までの陸軍士官学校卒業生は二万三八七二名おり、うち一万五〇四三名が歩兵で、約六三パーセントを占める。砲兵は四、五四五名で一九パーセントである[75]。軍政の要職を占めるのも、人数が多いのでやはり歩兵が多い。例えば陸軍省軍務局は軍政の中心機関であり、「陸軍の中で最も重きをなす立場」[76]を持たされてきたが、軍務局長は、この職が設けられてから敗戦まで二九名。うち二〇名が歩兵出身である。他は砲兵が四名、航空兵が三名。[77]航空兵は、歩兵からの転科二名、砲兵からの転科一名なので事実上、歩兵二二名、砲兵五名である。井口省吾は、「砲兵が師団長職に就けない」ことに強い反発を示したことがある。[78]これ自体は誤解だったのだが、砲兵はもともと少数派であることに加えて、野砲と重砲とに分離していたことが、砲兵としての意思統一を難しくしていた。これが歩兵への対抗勢力たり得なかった一因であろう。

本章のまとめ

砲・工兵の操典は改正に当たって、改正歩兵操典の内容と整合を取った。改正歩兵操典は白兵主義を採用する一方で、砲・工兵に言及する条項が多数見られる。これらは旧歩兵操典には見られなかったものである。すなわち改正歩兵操典は、各兵科を統合して戦力を発揮する「諸兵科連合」としての性格を持っていた。

歩兵の武器が白兵と火力とされたように、白兵と火力は相補うものでありそれ自体は決して対立概念ではない。そのため、「歩兵が主兵で他兵科はその支援を行う」という思想は、砲・工兵にも特に問題なく受容された。しかし、歩兵操典改正に伴い根本主義が白兵主義を採用したとき、『白兵主義』に見られるように、火力（火兵）主義が同時に対立概念として規定された。『白兵主義』が規定した火兵主義とは小銃火力に頼った戦術のことだったが、それは必然的に砲兵火力をも包含することとなった。注目すべきなのは、白兵主義は日本古来の伝統への回帰であると同時に世界の軍事思想の最先端と自負されたのに対し、火力主義は誕生した時点で「破棄すべき旧思想」だったという点である。後年の日本陸軍を呪縛する白兵主義と火力主義との根深い相克は、ここに端を発する。

改正歩兵操典が砲兵を従属的な立場に置いたのは、死傷者統計から考える限り、日露戦争は砲創より銃創が多い一九世紀的な戦争だったためである。日本陸軍はその経験の延長上で改革を進めた。その一方で、死傷者統計から見ると白兵戦闘がほとんど発生していない事実は重視されず、逆に白兵主義を火力主義より優位に置くために、様々な論理が案出された。白兵主義は、日本古来の伝統という観念と、あらかじめバイアスをかけて逆輸入された海外の論調に支えられ、確固たるものになった。

火力主義へ向かわなかった原因としては、日露戦争において砲兵火力の効果が乏しいと考えられたこと、砲兵への無理解、砲兵の勢力の分散が挙げられる。砲兵の職務は他兵科からは理解しづらく、また兵科間の相互教育もなされなかった。砲兵は歩兵に比べて少数派であり、さらに野戦砲兵と重砲兵に分離していたことから、兵科として意思を統一しにくかった。

日露戦争後の陸軍において、砲・工兵は改正歩兵操典を中心に統合して戦力を発揮する体系に組み込まれた。火力は決して軽視されていたわけではないが、歩兵を主、砲兵を従とする関係性が固定されたところに、欧州の論調への誤解、砲兵への無理解、野戦砲兵と重砲兵の差異などの諸条件が重なり、後年の白兵絶対視への道を開いたと言えよう。

註

（1）『明治三十一年歩兵操典』（昌栄社、一八九八年）一七七頁。傍点原文ママ。
（2）同右、二三二―二三三頁。

（3）同右、二三四―二三五頁。

（4）「歩兵操典に関し訓示及講話の要旨送付の件」JACAR（アジア歴史資料センター）Ref.C06085078700（第13～14画像目）、「明治43年坤貳大日記3月」（防衛省防衛研究所）。

（5）一条項に砲兵と工兵双方の記述がある場合、砲兵一、工兵一とカウント。

（6）『明治四十二年歩兵操典』（軍人世界社、一九〇九年）一五二頁。

（7）同右、一七〇―一七一頁。

（8）同右、一五六―一五七頁。

（9）同右、一六四頁。

（10）同右、一六〇頁及び一七一頁。

（11）同右、一七九―一八〇頁。

（12）同右、二一八頁。第一一〇条。

（13）同右、一七〇―一七一頁。

（14）例えば仏エール将軍『砲兵ノ過去現在及将来』陸軍省軍事調査班訳（偕行社、一九二七年）では、普仏戦争のドイツは銃創九〇パーセント、砲創九パーセント。同様に日露戦争の日本は銃創八五パーセント、砲創八・五パーセント。ロシアは銃創八六パーセント、砲創一四パーセントとしている。

（15）大江志乃夫『日露戦争の軍事史的研究』（岩波書店、一九七六年）一五九―一六〇頁。なお表9は、奉天会戦の死傷原因比を銃創七七・二パーセントと砲創一八・〇パーセントとしている。しかし、同じ陸軍省編『明治三十七八年戦役統計　第三巻二』（一九一一年）を用いた筆者の計算では、銃創八一・二パーセントと砲創一三・六パーセントになる。また奉天会戦に先だつ黒溝台会戦はなぜか表に含まれていないが、銃創七二・二パーセント、砲創一八・一パーセントとなる。つまり奉天会戦ではむしろ砲創が減少しており、右肩上がりで「主要な戦闘ごとに砲創の比率が上がる」とは言えない。いずれにせよ、日露戦争の野戦における砲創は低い数値で推移している。

（16）Yigal Sheffy, "A model not to follow," *The Impact of Russo-Japanese War* (Routledge, 2007), p.253.

（17）General Staff, War Office, *The Russo-Japanese war : reports from officers attached to the Japanese forces in the field*, Vol. IV(Ganesha, 2000), p.259.

（18）研究会編『戦略戦術詳解　巻之七』（兵事雑誌社、一九一一年）二三三―二三四頁。

(19) 同右、二三四頁。傍点は原文ママ。なお実際の沙河会戦の創種比率は、銃創八三・〇、砲創一〇・二、白兵創一・五、爆創〇・七、その他四・七（パーセント）〔原剛「歩兵中心の白兵主義の形成」（軍事史学会編『日露戦争（二）』錦正社、二〇〇五年六月）二七三頁〕。『戦略戦術詳解　巻之七』の示す数字は、爆創及びその他を白兵創に計上しているものと思われる。
(20) 厚生堂編輯部編『日露戦役ノ実験上ヨリ得タル戦術』（厚生堂、一九〇六年）八六頁。
(21) 原「歩兵中心の白兵主義の形成」二七三頁。
(22) 関太常『白兵主義』（兵林館、一九一〇年）四三―四五頁。
(23) 「歩兵操典に関し訓示及講話の要旨送付の件」JACAR: Ref.C06085078800（第14画像目）、「明治43年坤貳大日記3月」（防衛省防衛研究所）。
(24) 鈴木眞哉『鉄砲と日本人』（筑摩書房、ちくま学芸文庫、二〇〇〇年）二一四頁。
(25) ウィリアム・ウィリス『英国公使館員の維新戦争見聞記』中須賀哲朗訳（校倉書房、一九七四年）八五頁。一八六八年十一月五日、新潟で。
(26) 同右、一〇八頁。
(27) 安井洋編『戦陣外科叢書第三輯　戦傷ノ統計的観察』（南江堂、一九一四年）二〇四―二〇五頁。
(28) 大江志乃夫『日露戦争と日本軍隊』（立風書房、一九八七年）一八九―一九三頁。
(29) 「歩兵戦闘ノ主眼ハ射撃ヲ以テ敵ヲ制圧シ突撃ヲ以テ之ヲ破砕スルニ在リ」〔『明治四十二年歩兵操典』二頁。研究会編『戦略戦術詳解　巻之二』（兵事雑誌社、一九一一年）一八七頁〕。
(30) 遠藤芳信『近代日本軍隊教育史』（青木書店、一九九四年）二二五―二二七頁。
(31) 「陸軍戦闘能力ヲ増加スルヲ要スル議」（防衛省防衛研究所図書館所蔵資料）。表紙に「極秘」の朱書きがあり、一五部中の二番目を示す表記がある。
(32) 田中国重「黒溝台会戦ニ就テ」（「日露戦役回想談」防衛省防衛研究所図書館所蔵資料）。こうした事例が多かったからこそ、公刊『日露戦史』は八方美人的にならざるを得なかったのかも知れない。
(33) 露国大尉エル・シエット・ソロウィーフ「戦争上ノ実験」（「日露戦史編纂史料」福島県立図書館佐藤文庫所蔵資料）。
(34) 多門二郎『日露戦争日記』（芙蓉書房、一九八〇年）一八三頁。
(35) 宮本林治『新旧対照歩兵操典の研鑽　上巻』（宮本武林堂、一九一〇年）四頁。
(36) Jonathan B. A. Bailey, *Field Artillery and Firepower* (Routledge, 2004), p.5.

（37）クラフト『砲兵論』日本陸軍士官学校訳（偕行社、一八九九年）三七二―三七四頁。

（38）多門『日露戦争日記』一八〇頁。

（39）ベイリーは第一次世界大戦で生じたこの変化を、ＲＭＡの一つとしている。Jonathan B. A. Bailey, "The First World War and the birth of modern warfare," Macgregor Knox and Williamson Murray ed., *The Dynamics of Military Revolution 1300-2050* (Cambridge University Press, 2001).

（40）イアン・ハミルトン『日露戦役観戦雑記　摘訳　上』（大阪新報社、一九〇八年）一三三―一三四頁。Sir Ian Hamilton, *A staff officer's scrap-book during the Russo-Japanese War*, Vol. 1(E. Arnold, 1905). ただし、復刻版 (General Books, 2012), p.42 を参照。松本鼎は戦後、野砲旅団長などを歴任し、最終階級は中将。

（41）三根生久大『陸軍参謀――エリート教育の功罪――』（文藝春秋、一九八八年）二一四―二一一頁。

（42）例えば「英国ニ於ケル戦術ノ現状」（『偕行社記事』第二八三号、一九〇二年二月）三〇頁。『独逸兵事週報』記事の翻訳。

（43）**Jack Snyder**, *The Ideology of the Offensive* (Cornell University Press, 1984), pp.77-78. なお、同書の一三六頁では、ドイツのシュリーフェン（Alfred Graf von Schlieffen）は、防者の有利をある程度考慮しておりボーア戦争をそれほど重視しなかったという、と記している。

（44）井口省吾文書研究会編『日露戦争と井口省吾』（原書房、一九九四年）二〇八頁。

（45）「英杜戦争」（『偕行社記事』第二五七号、一九〇一年一月）七一頁。また「南阿ニ於ケル戦争」（『偕行社記事』第二六〇号、一九〇一年二月）七五頁など。断続的に連載されている。

（46）「陸軍教育史　明治37年」（防衛省防衛研究所図書館所蔵資料）。「歩兵の射法及諸種躍進法試験報告の配賦通知」JACAR: Ref. C09123104000、「明治37年　秘密日記　庶秘号」（防衛省防衛研究所）。「歩兵の射法及諸種躍進法試験報告」の現物は発見できていないが、『偕行社記事』第三二一号（一九〇三年四月）及び第三一六号（同年六月）に「新戦術研究ノ結果」と題する講演録が掲載されており、その一端を窺い知ることができる。講演者の大庭（二郎）歩兵少佐は、後の歩兵操典改正案審査委員の一人である。

（47）関『白兵主義』六―七頁及び一七頁。

（48）金谷範三「歩兵ノ攻撃」（『偕行社記事』第三八一号別冊附録、一九〇八年七月）三―四頁。金谷は日露戦争時は第二軍参謀。のち参謀総長、軍事参議官を歴任。同様の主張が、例えば『日露戦役ノ実験上ヨリ得タル戦術』（厚生堂、一九〇六年）一二一―一二四頁にも見られる。

(49) 晩翠「準備セシ陣地ノ攻撃ヲ論ス　戦役ノ経験ヲ基礎トシテ立論ス」(『偕行社記事』第三五八号別冊附録、一九〇七年三月)二三頁。
(50)「千九百七年普国第六軍団終季演習参観報告」(同右、第三七六号別冊附録、一九〇八年二月)一一—一三頁。
(51)「独国兵学家ノ野戦重砲ニ関スル意見」(同右、第四二三号、一九一〇年十二月)七八—八一頁。
(52)「日露戦争ノ教訓(野戦作業)」(同右、第三三九号、一九〇六年五月)六八頁。
(53)『偕行社記事』の表記。英語表記はThe Rousskii Invalid。
(54) "Lessons of the Russo-Japanese War : Armament," *Journal of the United States Artillery*, Vol.24, No.2 (September/October 1905), pp.172-174.
(55) リヒテル『日露戦役ノ経験ニ基キ砲兵ノ使用法ニ関スル研究』清野孝蔵訳(東京偕行社、一九一〇年)二四—二五頁。同記事は、インマヌエル「師兵上ニ於ケル日露戦争ノ実験及教訓　三」(防衛省防衛研究所図書館所蔵資料)四五—四七頁にも引用されている。
(56) "lessons of the Russo-Japanese War : Armament," p.172.
(57) Christopher Bellamy, "The Russian Artillery and the Origins of Indirect Fire : Part2," *Army Quarterly & Defense Jounal*, Vol.112, No.3 (July 1982), p.334.
(58) 独国防相付少佐フォン・ハーゼ千九百三十一年版「砲兵科以外ノ人々ノ為砲兵ノ種々相ニ就テ」野戦砲兵第四連隊中尉松井忠雄訳(『砲兵』第三〇号、一九三一年十月)八三頁。標題から、他兵科への広報パンフレット類と推定される。
(59) クラフト『砲兵論』日本陸軍士官学校訳(偕行社、一八九九年)二二九—二三〇頁。
(60) Bailey, *Field Artillery and Firepower*, p. iii.「戦時には、指揮官は割り当てられたよりも多くの砲兵を欲するが、悲しいことに、平時には砲兵の価値と歴史の教訓は忘れられてしまう。」
(61) 陸軍少将井森重夫「日露戦役に於ける兵器弾薬補充難の真相」(『偕行社記事』第六六六号、一九三〇年三月)一二七頁。
(62) Bailey, *Field Artillery and Firepower*, pp.15-16.
(63) KO生「火力の審判に就て」(『砲兵』第一七号、一九三〇年一月)一一頁。著者は、例えば電磁波を応用して火力の現示ができないか、と提案している。
(64) 陸軍少将金子直「砲兵の発刊に際して」(『砲兵』第一号、一九二七年六月)七頁。
(65) 参謀本部編『戦史及戦術ノ研究　第一巻　陣地攻撃』(参謀本部、一九一六年)七五八—七五九頁。

(66) 中島（三郎〔ママ〕）大佐「現時欧米諸国ニ於ケル砲兵射撃ノ趨勢並其教育ニ就テ（其二）」（『砲兵』第二号、一九二七年八月）七八―七九頁。

(67) 「昔は砲兵、工兵は月俸給が一〇円高かった。二三円五〇銭の少尉の月給のうち砲兵、工兵は三三円五〇銭もらったというんだ。技術兵というわけで……」（「有末精三氏対談記」（『偕行』第三五一号、一九八〇年三月）一七頁）。有末は仙台幼年学校第十三期生。紹介されているエピソードは一九一四（大正三）年のこと。有末は結局、将官ポストが多いという理由で歩兵を選んだ。「野砲校漫談」（『偕行』第四一三号、一九八五年五月）二四頁にも歩兵より砲兵の給料が高かったという逸話が出てくる。

(68) 「御署名原本・明治二十三年・勅令第六十七号・陸軍給与令」JACAR: Ref.A03020066800、「御署名原本・明治二十三年・勅令第六十七号・陸軍給与令」（国立公文書館）。

(69) 輜重兵史刊行委員会編『輜重兵史　上　沿革編・自動車編』（輜重兵会、一九七九年）二二五頁。なお、一九〇四年の徴兵検査において身長五尺二寸以上の者は、受検者のほぼ五〇パーセントである（「壮丁体格の傾向」（日本科学史学会編『日本科学技術史大系　第2巻』第一法規出版、一九六七年）三一二頁）。米国観戦武官報告によると、「工兵は最低五フィート四・四二インチの身長があり、歩兵より一・五インチ高い。また読み書きソロバンに優れる」という〔War Department, Office of the Chief of Staff, *Reports of Military Observers attached to the Armies in Manchuria during the Russo-Japanese War,* Part III (1906), p.36〕。

なお近衛歩兵第一連隊の荒波正隆少尉は、戦死者の招魂祭の余興で相撲を開催したことを記録しているが、砲兵連隊には「豪ノ者」が多かったという〔荒波正隆『日露戦争征露日誌　近衛兵が遺した戦地の記録』（ルネッサンスブックス、二〇〇五年）七三頁〕。

(70) 多田礼吉「大陸軍消滅に対しての感懐」（偕行社砲兵沿革史刊行会編『砲兵沿革史　第五巻上』偕行社、一九六六年）四八八―四八九頁。

(71) 「砲兵戦術ヲ主トシテ歩砲兵ノ協同動作ヲ論ス」（「自明治末期至大正中期砲兵研究録」靖国偕行文庫所蔵資料）二三頁。

(72) 同右、四二―四三頁。

(73) 几山生「我カ野戦重砲兵」（『偕行社記事』第四一八号、一九一〇年十月）二一―二三頁。傍点原文ママ。

(74) 『陸軍重砲兵学校史』（陸軍重砲兵学校史編纂委員会、二〇〇一年）七四頁。「野戦砲兵及重砲兵射撃学校を統一し砲兵学校とする説に対する意見書」（靖国偕行文庫所蔵資料）。

(75) 山口宗之『陸軍と海軍――陸海軍将校史の研究――』（清文堂出版、二〇〇〇年）八二―八三頁。

(76) 上法快男『陸軍省軍務局』（芙蓉書房、一九七九年）四一頁。

(77) 秦郁彦編『日本陸海軍総合事典』(東京大学出版会、一九九一年)二八七―二八八頁の表から算出。初代桂太郎、二代目岡沢精は兵科はなし。

(78) 井口省吾文書研究会編『日露戦争と井口省吾』五四―五六頁。

終　章

本書各章で述べてきた議論を、改めて確認しておく。

第一章「砲・工兵の日露戦争」では、日露戦争中の砲・工兵の戦いの実情を、ロシア側資料を交えて解明した。日本軍砲兵が、「常に」ロシア軍より劣勢で一方的に射撃を受けたというのは誤りである可能性が高い。日本軍野戦砲兵はロシア軍に先んじて遮蔽陣地と間接射撃を採用し、射程と発射速度の不利及び弾薬の欠乏を押して善戦した。また、野戦重砲の有効性を世界に先駆けて証明した。しかしロシア軍が遮蔽陣地を採用するようになって、お互いに目標を発見できないことから手詰まりとなった。また野戦築城の発達により、当時の野戦砲兵の主武装である榴霰弾では、守備側の歩兵の制圧が極めて困難になった。歩兵の砲兵に対する不信は、従来言われるように弾薬不足のためでも破壊力が乏しいからでもなく、目標が遠く、かつ隠蔽されているため射撃効果が挙がりにくいことが原因である。

一方、要塞戦では、攻城重砲の破壊力と野戦砲による密接な支援射撃の双方が必要であることが判明し、攻撃準備射撃の期間、火力支援の要領、目標の配分、歩・砲兵の連絡手段等々、試行錯誤しながら作戦を進めていた。また、工兵の対壕・坑道及び爆破が極めて有効であることが見直され、さらに新兵器の迫撃砲と手榴弾が有用な火力投射手段として注目された。

討した。

第二章「日露戦争の戦訓抽出」では、日露戦争の戦訓抽出作業がどのように行われ、どのような戦訓を得たかを検討した。

日露戦争の戦訓研究は、各軍・満州軍総司令部・軍務局各課及び各兵科など、様々なレベルで行われたが、公式なものは軍制調査委員によるものである。これらによると、陸軍は、将来の戦争は野戦と言えども陣地戦が主体になると正しく理解しており、火力の増強が必要であることをよく認識していた。工兵は旅順攻略戦で坑道戦の見直しを図った。また野戦においても、障害物の除去が重要な任務となり、工兵は単なる作業員ではなく戦闘兵種の一つという認識が生まれた。その一方で、火力だけでは陣地にこもる敵を駆逐できず、戦闘に「最終の決」を与えるのは銃剣突撃であるという主張もなされ、攻撃精神が重視された。

陸軍は日露戦争に関する海外の出版物や情報を精力的に収集しており、『偕行社記事』その他の出版物により、部内に紹介していた。しかしその論調は攻撃精神と白兵主義に偏りが見られ、駐在武官からのドイツ歩兵操典に関する報告も白兵主義寄りに解釈しており、日本の改正歩兵操典のドイツによる解釈とは認識の相違が見られる。報告を行った武官は、帰国後に歩兵操典改正に携わった。欧州諸国は日露戦争の戦訓を、「火器の発達した現代でも、よく訓練された兵士を用いて大きな損害を覚悟すれば攻勢は可能」と解釈した。実際に戦ったロシア軍を中心に、最終的に勝利を得るには白兵突撃が必要であると主張され、日本の勝因として激しい攻撃精神を指摘する意見が多かった。そうした論調は『偕行社記事』などを通じて日本に紹介されていた。

第三章「砲兵の改革」では、日露戦争後の砲兵が操典、組織制度及び装備にどのように戦訓を反映させたかを検討した。

日露戦争後の砲兵に求められたのは、陣地戦における破壊射撃と、歩兵への密接な協力であった。野戦砲兵操典の改正は、改正歩兵操典に併せて実行された。改正に当たっては、砲兵指揮能力の向上、遮蔽陣地及び間接射撃の採用、陣地攻略及び歩砲協同が重視され、野戦砲と重砲の任務分担が明確になった。野戦砲兵の任務は、敵砲兵の殲滅よりも歩兵の突撃支援が重要視され、野戦砲兵も特に問題なくそれを受容した。また重砲兵操典草案では、堅固な陣地の破壊が重砲兵の重要任務とされ、野戦砲兵との任務分担が明記された。両砲兵の操典は、改正歩兵操典を中心とした「諸兵科連合」の体系に組み込まれた。組織については、野砲旅団が増設されるとともに、要塞砲兵が重砲兵と改称され、野戦重砲兵連隊が常設となって要塞砲から野戦重砲へ重点が移った。装備については、火砲の更新による火力向上は、戦前から重砲の発注という形で行われていたが、戦後は砲身後座式野砲を筆頭に野戦重砲や攻城砲など各種火砲が開発・採用された。

第四章「工兵の改革」では、第三章と同様に日露戦争後の工兵が操典・組織制度及び装備にどのように戦訓を反映させたかを検討した。

日露戦争は、道路構築・通信手段の確保・地雷処理・陣地構築及び旅順攻略で見直された坑道戦など、工兵が重要な役割を果たした戦争でもあった。戦前の工兵操典は、作業ごとの個別の教範に過ぎなかったが、戦後の改正で改正歩兵操典を中心とした「諸兵科連合」の一環という立場を与えられ、工兵は単なる土木作業員ではなく戦闘兵種の一つとして認識された。旅順攻略の経験から、坑道戦器材・迫撃砲・気球及び飛行機など新兵器の導入にも積極的に取り組んだ。特に迫撃砲の有効性は高く評価されていたが、事故の影響でその開発は停滞した。

日露戦争後の陸軍は真摯に戦訓抽出に取り組み、今後の戦争は陣地戦が主になること、その突破には火力の増強と歩・砲・工兵の戦力の総合発揮が必要であることを正確に理解していたことが明らかになった。以上を踏まえて、第五章「考察」では改めて改正歩兵操典は何を目指していたのか、砲・工兵はそこでどのような役割を持っていたかを考察した。

改正歩兵操典は、旧歩兵操典にはなかった野戦砲兵と野戦重砲兵に関する記述が見られ、各兵科を統合して戦力を発揮する「諸兵科連合」としての性格を持っていた。死傷者統計から考えると、日露戦争は砲創より銃創が多い一九世紀的な戦争であり、そのため砲兵より歩兵が重視された。改正歩兵操典が根本主義を採用するに当たって白兵主義という用語を用いると、前後して火力（火兵）主義という用語が用いられるようになった。白兵主義と火力主義は最初から対立的な概念であり、しかも白兵主義の方が「最新の軍事思想」と考えられた。砲兵火力は、改正歩兵操典を中心とした統合戦力発揮の体系に組み込まれた結果、歩兵を主、砲兵を従とする関係性が固定されてしまい、後の火力主義の発展に支障を来すこととなった。

本書では、以上のように日露戦争後の砲・工兵がどのような戦訓認識を持ち、どのような改革を行ったかを論じた結果、陸軍は従来考えられてきたよりも火力を重視し、将来戦の主体を陣地戦と考えて改革を行っていたことが明らかになった。また、白兵主義の根源とされる改正歩兵操典が、各兵科の戦力を総合発揮する「諸兵科連合」を目指していた可能性を指摘した。日露戦争前は協力することなく個別に戦闘をしていた歩兵と砲兵は、改正歩兵操典を中心として戦力を総合発揮するように、用兵思想を変化させた。しかし、歩兵を中心とする改正歩兵操典の体系に砲兵火力が組み込まれたことで、砲兵が歩兵の下位に位置する関係が固定されてしまい、その後の発展を制約することにもなった。これが白兵主義と火力主義の相克の始まりだった、と言えよう。

残る課題として、以下のような事項が考えられる。

一つは、改正歩兵操典とドイツ歩兵操典の関係である。本書では、日本側のドイツ歩兵操典理解、及びドイツ側が改正歩兵操典をどう評したかに論及したが、歩兵操典改正に当たってドイツ歩兵操典から具体的にはどのような影響を受けたかは、分析し切れなかった。

工兵の組織制度の改革については、資料の制約もあり限定的な記述にとどまった。本書は火力に注目したため、工兵については坑道戦・気球及び迫撃砲に限って論述したが、工兵の任務は架橋・道路構築・測量・通信など極めて広い範囲に及んでおり、いまだ研究の余地は多い。

また砲兵及び工兵が、改正歩兵操典を中心とした戦力発揮の体系に組み込まれるに当たっては、それを主唱した「誰か」がいたはずである。先行研究では、歩兵操典に根本主義を導入したのは当時軍務局長だった長岡外史とされるが、各兵科の戦力の統合を、より広い視野で構想した誰かがいたのではないか、という観点で調査が必要と思われる。

最後に、陸軍は日露戦争で火力の重要性を学んだが、それはあくまで歩兵の支援のためであり、歩兵が主で砲兵が従という構図は変化がなく、むしろ強化された。この構図は新兵器が登場するたびに繰り返されることになる。例えば戦車は歩兵支援を主任務とするのか、独立して運用するのか。航空機は地上軍支援を主任務とするのか、敵航空戦力の撃滅を主任務とするのか、である。陸軍はそのいずれについても理論化することなく、結果として技術開発や戦力育生に問題を生じた。そこには、共通する背景があるようにも思われる。その検討については、今後に待ちたい。

参考文献

著者五十音順。著者名のないものは末尾にまとめ、タイトル五十音順。

日本語文献

一　軍事史

（一）論文

青山護・小野博「装備行政から見た日本陸軍近代化の問題点」（『防衛学研究』第一五号、一九九六年三月）
安部彦太「ノモンハン事件研究委員会について」（同右、第七号、一九九二年三月）
荒川憲一「ノモンハン事件における日・ソ両軍の戦闘」（『軍事史学』第三二巻第四号、一九九七年三月）
同　「我が国独特の戦法の誕生——歩兵操典成立の経緯にみる戦法の創出について——」（『陸戦研究』第四七巻第五五二号、一九九九年九月）
荒木淳一「ドクトリンの意義とその概念に関する考察」（石津朋之他『エア・パワー——その理論と実践——』芙蓉書房出版、二〇〇五年）
池田憲隆「日露戦後における陸軍と兵器生産」（『土地制度史学』第二九巻第二号、一九八七年一月）
石津朋之「『軍事革命』の歴史について——「ナポレオン戦争」を中心に——」（『戦史研究年報』第四号、二〇〇一年三月）

稲葉千晴「日露戦争中の日本諜報システム」(『東洋英和女学院大学短期大学部研究紀要』第三五号、一九九六年)
遠藤芳信「日露戦争と一九〇九年歩兵操典改正——一九一〇年代以降の『軍事教練』の内容方法の分析のために——」(『東京大学教育学部紀要』第一五号、一九七六年三月)
同「一八九一年歩兵操典の研究」(『軍事史学』第一七巻第二号、一九八一年九月)
同「一九〇九年歩兵操典改正の思想」(同右、第二〇巻第一号、一九八四年六月)
太田弘毅「総力戦研究所の設立について」(『日本歴史』第三五五号、一九七七年十二月)
押上森蔵「兵制改革の大略と兵器の沿革」(歴史地理学会編『日本兵制史』日本学術普及会、一九三九年)
カスパリ、ジグルン「陸・海軍航空史と独日技術交流」(『軍事史学』第三二巻第四号、一九九六年三月)
河野正雄「防空における縦深性について」(『防衛学研究』第七号、一九九二年三月)
葛原和三「帝国陸軍の第一次世界大戦史研究——戦史研究の用兵思想への反映について——」(『戦史研究年報』第四号、二〇〇一年三月)
同「『戦闘綱要』の教義の形成と硬直化」(『軍事史学』第四〇巻第一号、二〇〇四年六月)
クックス、アルヴィン・D「ノモンハン事件の歴史的教訓」(『防衛学研究』第一号、一九八九年一月)
久保田正志「日本の銃兵の訓練と常備兵化——いわゆる『軍事革命』論の視点から——」(『軍事史学』第三八巻第三号、二〇〇二年十二月)
同「日本における鉄砲の普及とその影響——兵力の自然限界の下での死傷率上昇がもたらしたもの——」(同右、第四〇巻第四号、二〇〇五年三月)
熊谷光久「近代日本軍備強化の数量的分析」(『政治経済史学』第二四〇号、一九八六年四月)
黒沢文貴「日本陸軍の総力戦構想——『大正デモクラシー期』を中心に——」(『上智史学』第二七号、一九八二年十一月)
黒野　耐「随感録及随感雑録等にみる田中義一の政戦略思想——帝国国防方針の源流——」(『政治経済史学』第三四一号、一九九四年十一月)
同「明治期における日本軍の戦略思想の変遷——守勢思想から攻勢思想への転換——」(『政治経済史学』第三四九号、一九九五年七月)
同「明治期における攻勢戦略の確立——日清戦争から日露戦争後の間——」(『防衛学研究』第一四号、一九九五年十月)
同「『帝国国防方針』戦略・用兵考」(『軍事史学』第三一巻第四号、一九九六年三月)
同「『帝国国防方針』政戦略考」(『国際政治』第一一二号、一九九六年五月)

同　「第一次大戦と国防方針の第一次改定」（『史学雑誌』第一〇六巻第三号、一九九七年三月）
同　「近代における日本陸軍の軍備構想――質と量の葛藤――」（『防衛研究』第二〇号、一九九八年四月）
桑田　悦「『旧日本陸軍の近代化の遅れ』の一考察（第一次大戦直後の日・仏歩兵操典草案の比較と『火力戦闘の主体論争』を中心として）」（『防衛大学校紀要』第三四号、一九七七年三月）
同　「旅順要塞の攻略はいつ、いかにして決定されたのか」（『軍事史学』第一七巻第三号、一九八一年十二月）
纐纈　厚「太平洋戦争直前期における戦争指導――『皇国総力戦指導機甲ニ関スル研究』を中心にして――」（『政治経済史学』第一八六号、一九八一年十一月）
同　「総力戦準備過程における陸軍の軍拡政策」（同右、第一九一号、一九八二年四月）
小林道彦「『帝国国防方針』再考――日露戦後における陸海軍の協調――」（『史学雑誌』第九八巻第四号、一九八九年四月）
五明祐貴「小林順一郎の思想と行動――二・二六事件から近衛内閣成立まで――」（『日本歴史』第六六七号、二〇〇三年十二月）
佐藤徳太郎「第一次大戦（西部戦線）における戦略、戦術思想の変遷とこれが一考察」（『防衛大学校紀要』第一〇号、一九六六年二月）
佐藤秀守「28センチ榴弾砲と日露戦争」（『防衛学研究』第一六号、一九九六年十月）
塩入　力「軍事組織における変化をめぐって――軍事組織研究ノート（4）――」（『山梨大学教育学部研究報告第一分冊・人文社会科学系』第二九号、一九七八年）
島貫武治「日露戦争以後における国防方針、所要兵力、用兵綱領の変遷（上・下）」（『軍事史学』第八巻第四号、第九巻第一号、一九七三年三月、六月）
下田耕士「近代軍隊の歴史的生成とその発展――陸軍の類型的考察――」（同右、第一七巻第三号、一九八一年十二月）
高橋久志「『戦争の有用性』という観点からの軍事史研究」（『戦史研究年報』第六号、二〇〇三年三月）
田中宏巳「日露戦争資料の解題と目録」（『軍事史学』第一七巻第二号、一九八一年九月）
土居秀夫「月曜会事件についての一考察――四将軍との関係を中心に――」（同右、第一七巻第二号、一九八一年九月）
戸部良一「第一次大戦と日本における総力戦論の受容」（『新防衛論集』第七巻第四号、一九八〇年三月）
外山三郎「戦訓論」（『軍事史学』第九巻第二号、一九七三年九月）
中山隆志「帝政ロシアの崩壊が日本陸軍に及ぼした影響」（『防衛学研究』第九号、一九九三年三月）
生天目章・小谷琢磨「知的意思決定支援システム」（同右、第八号、一九九二年十月）

名和田雄「日本陸軍の技術将校制度」(『新防衛論集』第七巻第一号、一九七九年六月)
西川吉光「平和国家の政軍システム：旧軍用兵思想にみる問題点」(『国際地域学研究』第一二号、二〇〇九年三月)
西堀　昭「明治時代の兵語辞典の参考――仏和・和仏を中心として――」(『軍事史学』第九巻第二号、一九七三年九月)
信岡資生「明治期の兵語辞書について――ドイツ語を中心にして――(一)～(四)」(『成城大学経済研究』第一六二、一六三、一六五、
一六九号、二〇〇三年十一月、十二月、二〇〇四年六月、二〇〇五年六月)
野村　実「近代化途上における日本陸海軍の対立」(『政治経済史学』第二四七号、一九八六年十一月)
服部　聡「第一次世界大戦と日本陸軍の近代化――その成果と限界――」(『国際安全保障』第三六巻第三号、二〇〇八年十二月)
林　吉永「戦史研究について」(『戦史研究年報』第六号、二〇〇三年三月)
原　剛「日露戦争後の帝国陸軍作戦計画とその訓令」(『軍事史学』第一八巻第三号、一九八二年十二月)
同「日露戦争の影響――戦争の矮小化と中国人蔑視感――」(軍事史学会編『二〇世紀の戦争』(錦正社、二〇〇一年三月)
同「歩兵中心の白兵主義の形成」(『軍事史学』第四一巻第一・二合併号、二〇〇五年六月)
ハワード、マイケル「火力に逆らう男たち　1914年の攻勢ドクトリン」(『現代戦略思想の系譜』ダイヤモンド社、一九八九年)
平吹通之「兵術用語『統制』の概念」(『防衛学研究』第八号、一九九二年十月)
平山貫起「日本陸軍の対戦車兵器開発について――運用(要求)と技術の関係を中心に――」(『新防衛論集』第一六巻第二号、一九八八年
九月)
古谷大輔「近世スウェーデンにおける軍事革命――初期ヴァーサ朝期からグスタヴ2世アードルフ期におけるスウェーデン軍制の展開――」
(『大阪大学世界言語研究センター論集』第三号、二〇一〇年三月)
堀江保蔵「日露戦争・第一次世界大戦間の日本経済」(『経済論叢』第九七巻第一号、一九六六年一月)
前原　透「兵語『会戦』の解の変遷――旧軍用兵思想の一側面――」(『軍事史学』第一七巻第一号、一九八一年六月)
同「日本陸軍へのクラウゼヴィッツの影響(上・下)――兵語『殲滅』『殲滅戦』などから――」(同右、第一九巻第一号及び二号、
一九八三年六月及び九月)
同「日本陸軍の『戦略』『戦術』についての特有の理解」(同右、第二四巻第四号、一九八九年三月)
同「昭和期陸軍の軍事思想――我が国独特の用兵思想の形成過程――」(同右、第二六巻第一号、一九九〇年六月)
松田裕之「南北戦争における軍用電信網の役割――連邦陸軍電信隊始末――」(『甲子園大学紀要』第三四号、二〇〇六年)
水沢　光「陸軍における『航空研究所』設立構想と技術院の航空重点化」(『科学史研究』第Ⅱ期第四二巻第二二五号、二〇〇三年三

月）
同「アジア太平洋戦争期における旧陸軍の航空研究機関への期待」（同右、第Ⅱ期第四三巻第二二九号、二〇〇四年三月）
同「太平洋戦争初期における旧日本陸軍の航空研究戦略の変容」（博士論文、二〇〇四年）
同「太平洋戦争期の旧日本陸軍の航空研究戦略——応用研究の推進から基礎研究の奨励へ——」（『科学史研究』第Ⅱ期第四五巻第二三八号、二〇〇六年六月）
茂津目晴道「ＲＭＡと軍事ドクトリン——過去の軍事組織の革新事例からの教訓——」（『波涛』第二七巻第六号、二〇〇二年三月）
安岡昭男「日露戦争と外国観戦武官」（『政治経済史学』第四三八・四三九号、二〇〇三年二月）
由井正臣「二箇師団増設問題と軍部」（『駒沢史学』第一七号、一九七〇年四月）
横山久幸「日本陸軍の軍事技術戦略と軍備構想について——第一次世界大戦後を中心として——」（『防衛研究所紀要』第三巻第二号、二〇〇〇年十一月及び第三巻第三号、二〇〇一年二月）
同「技術戦としての日露戦争——日本陸軍による技術革新期への対応——」（『日露戦争と世界——100年後の視点から——』戦争史研究国際フォーラム報告書、防衛庁防衛研究所、二〇〇五年三月）
同「日本陸軍の軍事技術戦略とエア・パワーの形成過程」（『21世紀のエア・パワー：日本の安全保障を考える』芙蓉書房出版、二〇〇六年）
同「日本陸軍の兵器研究思想の変遷——戦間期の兵器研究方針を中心に——」（『軍事史学』第四六巻第四号、二〇一一年三月）
吉田裕「第一次世界大戦と軍部——総力戦段階への軍部の対応——」（『歴史学研究』第四六〇号、一九七八年九月）
米田富彦「日欧交渉意外史——比較軍事史より見た革命的軍事改革（ＲＭＡ）についての同時代性に関する一考察——」（『京都外国語大学研究論叢』第六五号、二〇〇五年七月）
李鍾学「日本の西洋軍事理論受容に関する研究」（『戦史研究年報』第七号、二〇〇四年三月）

（二）単行本

秋山紋次郎・三田村啓『陸軍航空史　黎明期〜昭和12年』（原書房、一九八一年）
浅野和生『大正デモクラシーと陸軍』（慶應通信、一九九四年）
雨宮昭一『近代日本の戦争指導』（吉川弘文館、一九九七年）
アメリカ合衆国戦略爆撃調査団『日本戦争経済の崩壊』正木千冬訳（日本評論社、一九五〇年）

荒木貞夫編『元帥上原勇作傳　上・下』（元帥上原勇作伝記刊行会、一九三七年）
荒木　肇『日本人はどのようにして軍隊をつくったのか――安全保障と技術の近代史――』（出窓書房、二〇一〇年）
アール、エドワード・M『新戦略の創始者』山田積昭ら訳（原書房、一九七八年）
飯村　穣『兵術随想――日本の防衛を語る――』（今日の問題社、一九六六年）
池田　清『海軍と日本』（中央公論社、中公新書、一九八一年）
石津朋之、ウィリアムソン・マーレイ編『日米戦略思想史』（彩流社、二〇〇五年）
一ノ瀬俊也『明治・大正・昭和　軍隊マニュアル――人はなぜ戦場へ行ったのか――』（光文社、光文社新書、二〇〇四年）
同　『米軍が恐れた『卑怯な日本軍』――帝国陸軍戦法マニュアルのすべて――』（文藝春秋、二〇一二年）
伊藤正徳『軍閥興亡史』（文藝春秋、一九六〇年）
井上幾太郎伝刊行会編『井上幾太郎伝』（井上幾太郎伝刊行会、一九六六年）
井上　清『宇垣一成』（朝日新聞社、朝日評伝選、一九七五年）
井上光貞ほか編『日本歴史大系4　近代Ⅰ』（山川出版社、一九八七年）
猪瀬直樹『昭和16年夏の敗戦』（文藝春秋、文春文庫、一九八六年）
岩堂憲人『世界銃砲史　上・下』（国書刊行会、一九九五年）
岩間　敏『石油で読み解く「完敗の太平洋戦争」』（朝日新聞社、朝日新書、二〇〇七年）
上杉　忍『二次大戦下の「アメリカ民主主義」――総力戦の中の自由――』（講談社、講談社選書メチエ、二〇〇〇年）
上原勇作関係文書研究会編『上原勇作関係文書』（東京大学出版会、一九七六年）
宇垣一成『宇垣日記』（朝日新聞社、一九五四年）
ウッド、ジェームズ・B『「太平洋戦争」は無謀な戦争だったのか』茂木弘道訳（ワック、二〇〇九年）
遠藤芳信『近代日本軍隊教育史研究』（青木書店、一九九四年）
同　『近代日本の要塞築造と防衛体制構築の研究』（平成13―15年度科学研究費補助金研究成果報告書、二〇〇四年）
岡田和裕『ロシアから見た日露戦争――大勝したと思った日本負けたと思わないロシア――』（光人社、光人社NF文庫、二〇一一年）
岡村純他『航空技術の全貌　上・下』（原書房、一九七六年）
大江志乃夫『日露戦争の軍事史的研究』（岩波書店、一九七六年）
同　『日露戦争と日本軍隊』（立風書房、一九八七年）

偕行社編『砲兵沿革史』(偕行社、一九六四年)
偕行社日露戦史刊行委員会編『大国ロシアになぜ勝ったのか――日露戦争の真実――』(芙蓉書房出版、二〇〇六年)
片山杜秀『未完のファシズム――「持たざる国」日本の運命――』(新潮社、新潮選書、二〇一二年)
菅　晴次『技術報国五十年の回顧』(私家版、一九六七年)
同ほか『陸戦兵器の全貌(上)』(興洋社、一九五三年)
神戸雄一『工兵の父』(新興亜社、一九四三年)
柏原宏紀『工部省の研究――明治初年の技術官僚と殖産工業政策――』(慶應義塾大学出版会、二〇〇九年)
加藤　朗『兵器の歴史』(芙蓉書房出版、二〇〇八年)
同・長尾雄一郎ほか『戦争――その展開と抑制――』(勁草書房、一九九七年)
加藤陽子『戦争の日本近現代史』(講談社、講談社現代新書、二〇〇二年)
加登川幸太郎『三八式歩兵銃――日本陸軍の七十五年――』(白金書房、一九七五年)
同　『戦車』(戦史刊行会、一九七七年)
同　『帝国陸軍機甲部隊』(原書房、一九八一年)
同　『陸軍の反省』(文京出版、一九九六年)
北岡伸一『日本陸軍と大陸政策　1906―1918年』(東京大学出版会、一九九五年)
同　『官僚制としての日本陸軍』(筑摩書房、二〇一二年)
近現代史編纂会『日露戦争』(新人物往来社、二〇〇三年)
近代戦史研究会編・長谷川慶太郎責任編集『日本近代と戦争5　日本的組織原理の功罪』(PHP研究所、一九八六年)
同編『日本近代と戦争6　軍事技術の立後れと不均衡』(同右、一九八六年)
クックス、アルヴィン・D『ノモンハン――草原の日ソ戦―1939――』岩崎俊夫・吉本晋一郎訳(朝日新聞社、一九八九年)
久保田正志『日本の軍事革命』(錦正社、二〇〇八年)
熊谷光久『日本軍の人的制度と問題点の研究』(国書刊行会、一九九四年)
久米邦武編述、中野禮四郎編纂『鍋島直正公傳』(侯爵鍋島家編纂所、一九二〇年)
クレフェルト、マーチン・ファン『戦争の変遷』石津朋之監訳(原書房、二〇一一年)
黒川雄三『近代日本の軍事戦略概史』(芙蓉書房出版、二〇〇三年)

黒沢文貴『大戦間期の日本陸軍』(みすず書房、二〇〇〇年)
黒田康弘『帝国日本の防空対策――木造家屋密集都市と空襲――』(新人物往来社、二〇一〇年)
黒野　耐『「たら」「れば」で読み直す日本近代史――戦争史の試み――』(講談社、二〇〇六年)
同　『帝国陸軍の〈改革と抵抗〉』(講談社、講談社現代新書、二〇〇六年)
同　『帝国国防方針の研究――陸海軍国防方針の展開と特徴――』(総和社、二〇〇九年)
同ほか『昭和陸海軍の失敗――彼らはなぜ国家を破滅の縁に追いやったのか――』(文藝春秋、二〇〇七年)
桑田悦編『近代日本戦争史　第一編　日清・日露戦争』(同台経済懇話会、一九九五年)
纐纈　厚『日本陸軍の総力戦政策』(大学教育出版、一九九四年)
同　『総力戦体制研究――日本陸軍の国家総動員構想――』(社会評論社、二〇一〇年)
小林啓治『戦争の日本史21　総力戦とデモクラシー　第一次世界大戦・シベリア干渉戦争』(吉川弘文館、二〇〇八年)
小林道彦『児玉源太郎――そこから旅順港は見えるか――』(ミネルヴァ書房、ミネルヴァ評伝選、二〇一二年)
小山弘健『日本軍事工業の史的分析――日本資本主義の発展構造との関係において――』(御茶の水書房、一九七二年)
コロミーエツ、マクシム『ノモンハン戦車戦』小松徳仁訳(大日本絵画、二〇〇五年)
阪口修平編『歴史と軍隊――軍事史の新しい地平――』(創元社、二〇一〇年)
佐藤昌一郎『陸軍工廠の研究』(八朔社、一九九九年)
佐山二郎『大砲入門――陸軍兵器徹底研究――』(光人社、光人社NF文庫、一九九九年)
同　『工兵入門――技術兵器徹底研究――』(同右、同右、二〇〇一年)
同　『日露戦争の兵器』(同右、同右、二〇〇五年)
同　『日本陸軍の火砲――迫撃砲　噴進砲　他――』(同右、同右、二〇一一年)
同　『日本陸軍の火砲――歩兵砲　対戦車砲　他――』(同右、同右、二〇一一年)
同　『日本陸軍の火砲――要塞砲――』(同右、同右、二〇一一年)
同　『日本陸軍の火砲――機関砲　要塞砲　続――』(同右、同右、二〇一二年)
同　『日本陸軍の火砲――野砲　山砲――』(同右、同右、二〇一二年)
同　『日本陸軍の火砲――野戦重砲　騎砲　他――』(同右、同右、二〇一二年)
輜重兵史刊行委員会編『輜重兵史　上　沿革編・自動車編』(輜重兵会、一九七九年)

信夫清三郎・中山治一編『日露戦争史の研究』（河出書房新社、一九五九年）
白井明雄『日本陸軍「戦訓」の研究――大東亜戦争期「戦訓報」の分析――』（芙蓉書房出版、二〇〇三年）
同編　『「戦訓報」集成』（芙蓉書房出版、二〇〇三年）
上法快男編『陸軍大学校』（同右、一九七三年）
新人物往来社戦史室編『日本軍敗北の本質』（新人物往来社、一九九五年）
須見新一郎『須見新一郎遺稿抄――いたづら小僧ノモンハン日記――』（須見部隊会、一九七八年）
竹内昭・佐山二郎『日本の大砲』（出版協同社、一九八六年）
武田清彦『日本陸軍史百題――なぜ負けたのか――』（亜紀書房、一九九五年）
谷　寿夫『機密日露戦史　新装版』（原書房、二〇〇四年）
チポラ、C・M『大砲と帆船――ヨーロッパの世界制覇と技術革新――』大谷隆昶訳（平凡社、一九九六年）
角田　順『満州問題と国防方針』（原書房、一九六七年）
テイラー、A・J・P『第一次世界大戦』倉田稔訳（新評論、一九八〇年）
同台経済懇話会『昭和軍事秘話　上　同台クラブ講演集』（同台経済懇話会、一九八九年）
徳富蘇峰編『公爵桂太郎傳　乾巻』明治百年史叢書（原書房、一九六七年）
戸髙一成『［証言録］海軍反省会』（PHP研究所、二〇〇九年）
戸部良一『日本の近代9　逆説の軍隊』（中央公論社、一九九八年）
同ほか　『失敗の本質――日本軍の組織論的研究――』（同右、中公文庫、一九九一年）
土門周平『戦車と将軍――陸軍兵器テクノロジーの中枢――』（光人社、一九九六年）
中村好寿『軍事革命』（中央公論社、中公新書、二〇〇一年）
西村文雄『軍医の観たる日露戦争――弾雨をくぐる担架――』（戦医史刊行会、一九三四年）
日本兵器工業会編『陸戦兵器総覧』（図書出版社、一九七七年）
ネディアルコフ、ディミタール『ノモンハン航空戦全史』源田孝監訳（芙蓉書房出版、二〇一〇年）
ノックス、マクレガー・マーレー、ウィリアムソン編著『軍事革命とRMAの戦略史――軍事革命の史的変遷　1300～2050年――』今村伸哉訳（同右、二〇〇四年）
野中郁次郎ほか『戦略の本質――戦史に学ぶ逆転のリーダーシップ――』（日本経済新聞出版部、二〇〇八年）

パーカー、ジェフリー『長篠合戦の世界史――ヨーロッパ軍事革命の衝撃１５００～１８００年――』大久保桂子訳（同文館出版、一九九五年）
萩原晋太郎『日本工業技術史』（新泉社、一九九四年）
パレット、ピーター『現代戦略思想の系譜――マキャベリから核時代まで――』防衛大学校「戦争・戦略の変遷」研究会訳（ダイヤモンド社、一九八九年）
パワーズ、トマス『なぜ、ナチスは原爆製造に失敗したか』鈴木主税訳（福武書店、一九九四年）
ハワード、マイケル『ヨーロッパ史と戦争』奥村房夫・奥村大作訳（学陽書房、一九八一年）
半藤一利『あの戦争と日本人』（文藝春秋、二〇一一年）
同ほか『あの戦争になぜ負けたのか』（同右、二〇〇六年）
ピエール、ルヌーヴァン『ドキュメンタリー・フランス史　ドイツ軍敗れたり』西海太郎編訳（白水社、一九八七年）
兵頭二十八『日本海軍の爆弾』（四谷ラウンド、一九九九年）
同　『近代未満の軍人たち』（光人社、二〇〇九年）
同　『地獄のＸ島で米軍と戦い、あくまで持久する方法』（光人社、光人社ＮＦ文庫、二〇一〇年）
同　『戦争と経済のカラクリがわかる本――アングロサクソン「常勝」の秘密――』（ＰＨＰ研究所、二〇〇三年）
同・小松直之『イッテイ――13年式村田歩兵銃の創製――』（四谷ラウンド、一九九八年）
同・別宮暖朗『技術戦としての第二次大戦――日本vs米英中ソ篇――』（ＰＨＰ研究所、二〇〇五年）
フォッグ、イアン・Ｖ『大砲撃戦』小野佐吉郎訳（サンケイ出版、一九七〇年）
福井静夫ほか『機密兵器の全貌――わが軍事科学技術の真相と反省――』（興洋社、一九五二年）
藤井非三四『陸海軍戦史に学ぶ――負ける組織と日本人――』（集英社、集英社新書、二〇〇八年）
藤田由紀子『公務員制度と専門性――技術系行政官の日英比較――』（専修大学出版局、二〇〇八年）
フラー、Ｊ・Ｆ・Ｃ『制限戦争指導論』中村好寿訳（原書房、一九八〇年）
古是三春『ノモンハンの真実――日ソ戦車戦の実相――』（産経新聞出版、二〇〇九年）
米国戦略爆撃調査団『ジャパニーズ・エア・パワー――米国戦略爆撃調査団報告／日本空軍の興亡――』大谷内一夫訳（光人社、一九九六年）
裴富吉（べえぶぎる）『伍堂卓雄海軍造兵中将――日本産業能率史における軍人能率指導者の経営思想――』（三恵社、二〇〇七年）

防衛庁防衛研修所戦史室『戦史叢書9　陸軍軍需動員（1）　計画編』（朝雲新聞社、一九六七年）
同『戦史叢書27　関東軍（1）　対ソ戦備・ノモンハン事件』（同右、一九六九年）
同『戦史叢書94　陸軍航空の軍備と運用（3）　大東亜戦争終結まで』（同右、一九七六年）
同『戦史叢書99　陸軍軍戦備』（同右、一九七九年）
同『戦史叢書87　陸軍航空兵器の開発・生産・補給』（同右、一九八五年）
保阪正康『陸軍良識派の研究――見落とされた昭和人物伝――』（光人社、一九九六年）
堀　栄三『大本営参謀の情報戦記』（文藝春秋、一九八九年）
堀江好一『陸軍エリート教育――その功罪に学ぶ戦訓――』（R出版、一九八七年）
堀　真清『宇垣一成とその時代』（新評論、一九九九年）
ホール、バート・S『火器の誕生とヨーロッパの戦争』市場泰男訳（平凡社、一九九九年）
ボンド、ブライアン『戦略研究学会翻訳叢書1　イギリスと第一次世界大戦――歴史論争をめぐる考察――』川村康之訳（芙蓉書房出版、二〇〇六年）
前原透監修『戦略思想家事典』（芙蓉書房出版、二〇〇三年）
マクニール、ウィリアム・H『疫病の世界史』佐々木昭夫訳（新潮社、一九八五年）
同『戦争の世界史』高橋均訳（刀水書房、二〇〇二年）
松下芳男『明治軍制史論集』（育生社、一九三八年）
同『明治軍制史論』（有斐閣、一九五六年）
同『日本軍閥の興亡』（芙蓉書房、一九七四年）
松村　劭『世界全戦争史』（エイチアンドアイ、二〇一〇年）
マーレー、ウィリアムソンほか編著『戦略の形成――支配者、国家、戦争――』歴史と戦争研究会訳（中央公論新社、二〇一〇年）
三宅宏司『大阪砲兵工廠の研究』（思文閣出版、一九九三年）
三輪芳朗『政府の能力』（有斐閣、一九九八年）
同『続政府の能力――計画的戦争準備・軍需動員・経済統制――』（同右、二〇〇八年）
森松俊夫編『頼れる指揮官』（芙蓉書房、一九八三年）
同編『指揮者の戦訓』（同右、一九八五年）

同編　『敗者の戦訓』（図書出版社、一九八五年）
安井　淳『芙蓉選書ピクシス3　対米戦争開戦と官僚――意思決定システムの欠陥――』（芙蓉書房出版、二〇〇六年）
山口宗之『陸軍と海軍――陸海軍将校史の研究――』（清文堂出版、二〇〇〇年）
山田　朗『軍備拡張の近代史――日本軍の膨張と崩壊――』（吉川弘文館、一九九七年）
同　『戦争の日本史20　世界史の中の日露戦争』（同右、二〇〇九年）
山本七平『一下級将校の見た帝国陸軍』（文藝春秋、文春文庫、一九八七年）
横手慎二『日露戦争史――20世紀最初の大国間戦争――』（中央公論新社、中公新書、二〇〇五年）
吉永義尊『日本陸軍兵器沿革史』（私家版、一九九六年）
吉原　矩『日本工兵史』（九段社、一九五八年）
同　『工兵のあゆみ』（工兵会、一九八一年）
ヨルゲンセン、クリステルほか『戦闘技術の歴史3　近世編　AD1500―AD1763』竹内喜・徳永優子訳（創元社、二〇一〇年）
陸軍重砲兵学校史編纂委員会編『陸軍重砲兵学校史』（陸軍重砲兵学校史編纂委員会、二〇〇一年）
陸上自衛隊施設学校『工兵沿革史』（靖国偕行文庫所蔵資料、一九七六年）
同教育部戦史室『工兵戦闘戦史　日露戦役』（一九七六年）
リデル・ハート、B・H『第一次大戦――その戦略――』後藤冨男訳（原書房、一九八〇年）
同　『ナポレオンの亡霊――戦略の誤用が歴史に与えた影響――』石塚栄・山田積昭訳（原書房、一九八〇年）
歴史地理学会編『日本兵制史』（日本学術普及会、一九三九年）
ロストーノフ、I・I『ソ連から見た日露戦争』大江志乃夫監修、及川朝雄訳（原書房、一九八〇年）

（三）　定期刊行物記事

尾崎元美「弾頭の起爆過程と破片の飛しょう状況」（『防衛技術ジャーナル』第三〇巻第五号、二〇一〇年五月）
田村尚也「各国陸軍の教範を読む」（『歴史群像』二〇〇八年六月～二〇一一年十月）
同　「カンブレー1917」（同右、二〇〇九年二月）
中川　務「貧弱だった日本海軍の対空兵装」（『世界の艦船』二〇〇六年八月）

野木恵一「システムとしての艦隊防空――その発達をたどる――」（同右、二〇〇六年八月）
橋田直芳「射表整備とはいかなるものか？」（『防衛技術ジャーナル』第三二巻第三号、二〇一二年二月）
樋口隆晴「機関銃は歩兵の絶対火力なのか――白兵戦からマシンガン・ウォーへ――」（『軍事研究』第三七巻第一一号、二〇〇二年十一月）
星野卓哉「砲弾の弾体の製造技術」（『防衛技術ジャーナル』第二一巻第六号、二〇〇一年六月）

二　技術史

（一）論文

池田憲隆「日露戦争後における海軍兵器生産の構造――大型艦船生産を中心として――」（『社会経済史学』第五〇巻第二号、一九八四年七月）
今久保宏大「技術力による安全保障の提言」（『防衛学研究』第一四号、一九九五年十月）
上田愛彦「技術安全保障について」（同右、第七号、一九九二年三月）
大河内正敏「近世野砲に応用せる機構」（『機械学会誌』第一〇巻第一八号、一九〇八年二月）
大野哲弥「空白の35年、日米海底ケーブル建設交渉小史」（『情報化社会・メディア研究』第四巻、二〇〇七年十一月）
同「日露戦争初期の無線電信利用状況」（同右、第五巻、二〇〇八年十一月）
河村　豊「旧日本海軍における科学技術動員の特徴――第二次世界大戦期のレーダー研究開発を事例に――」（『科学史研究』第Ⅱ期第三九巻第二一四号、二〇〇〇年六月）
同「物理学者動員と戦時研究」（同右、第Ⅱ期第四三巻第二二九号、二〇〇四年三月）
菊池俊彦「明治科学史と資料（上）（中）（下）」（『日本古書通信』第三一巻第二～四号、一九六六年二～四月）
岸　尚「近接信管の開発」（『軍事史学』第二四巻第四号、一九八九年三月）
木村　洋「第二次世界大戦期に於ける日本人数学者の戦時研究」（『数理解析研究所講究録』一二五七巻、二〇〇二年四月）
小池重喜「日露戦争と下瀬火薬システム」（『高崎経済大学論集』第四九巻第一号、二〇〇六年六月）
神津正男「技術の発展に意志の果たす役割」（『防衛学研究』第八号、一九九二年十月）

佐々木重雄「大河内正敏教授についての回想」(『精密機械』第四四巻第一二号、一九七八年十二月)

沢井　実「第一次大戦前後における日本工作機械工業の本格的展開」(『社会経済史学』第四七巻第二号、一九八一年八月)

同「１９３０年代の日本工作機械工業」(『土地制度史学』第二五巻第一号、一九八二年十月)

同「科学技術新体制構想の展開と技術院の誕生」(『大阪大学経済学』第四一巻第二・三号、一九九一年十二月)

同「日中戦争期の科学技術政策」(『年報・近代日本研究13　経済政策と産業』山川出版社、一九九一年)

同「太平洋戦争期科学技術政策の一齣――科学技術審議会の設置とその活動――」(『大阪大学経済学　戦後日本形成の基礎的研究 No.15』第四四巻第二号、一九九四年十月)

同「戦争と技術発展――総力戦を支えた技術――」(『日本の時代史25　大日本帝国の崩壊』吉川弘文館、二〇〇四年)

同「戦時期日本の研究開発体制――科学技術動員と共同研究の深化――」(『大阪大学経済学』第五四巻第三号、二〇〇四年十二月)

同「太平洋戦争期における陸軍の研究開発体制構想――陸軍兵器行政本部技術部の活動を中心に――」(同右、第五八巻第四号、二〇〇九年三月)

同「技術者の軍民転換と鉄道技術研究所」(同右、第五九巻第一号、二〇〇九年六月)

鈴木一雄「薬莢製造機械」(『精密機械』第八巻第九九号、一九四一年一月)

鈴木　淳「明治期内燃機関製造業の展開」(『土地制度史学』第三二巻第四号、一九九〇年七月)

鈴木普慈夫「旧陸軍技術本部の電波兵器研究報告――太平洋戦争開戦当初の状況――」(『科学史研究』第Ⅱ期第四一巻第二二四号、二〇〇二年十二月)

田中浩朗「日本戦時科学史研究の動向」(同右、第Ⅱ期第四三巻第二二九号、二〇〇四年三月)

田中道彦「武田三郎にみる弾道の科学」(『日本技術史教育学会』第一〇巻第一・二号、二〇〇九年三月)

堤　一郎「火兵学会創立期の活動――(第1報)創刊号の内容から――」(『１９９５年度精密工学会秋期大会学術講演会講演論文集』一九九五年第二号、一九九五年九月)

同「火兵学会創立期の活動――(第2報)第1巻・第2巻の内容から――」(『１９９６年度精密工学会秋期大会学術講演会講演論文集』一九九六年第二号、一九九六年九月)

冨澤一郎「日本海海戦――その情報通信からの視点1～5――」(『太平洋学会誌』第二八巻第一号、二〇〇五年五月)

兵藤友博「ナチズムと科学――ファシズムと対峙する物理学者たち――」(『物理学史』第八号、一九九五年三月)

同「科学・技術政策の動向と学術研究体制」(『科学史研究』第Ⅱ期第四六巻第二四一号、二〇〇七年二月)

保谷（熊澤）徹「幕府の米国式旋条銃生産について」（『東京大学史料編纂所研究紀要』第一一号、二〇〇一年三月）
堀切善雄「日本鉄鋼業における銑・鋼生産の変則的生産構造の形成とその技術的要因――日露戦争後から第一次世界大戦前にいたる時期を中心として――」（『社会経済史学』第四二巻第二号、一九七六年九月）
本間久朗「日露戦争における坑道発破」（『骨材資源』第三一巻第一二三号、一九九九年十一月）
松本三和夫「産業社会における技術移転の構造――二〇世紀初頭日本の造船業における舶用蒸気タービンの移転を事例として――」（『社会経済史学』第五六巻第六号、一九九一年三月）
山崎志郎「太平洋戦争後半期における航空機増産政策」（『土地制度史学』第一三〇号、一九九一年一月）
同「太平洋戦争後半期における動員体制の再編――航空機増産体制をめぐって――」（『商学論集』第五九巻第四号、一九九一年三月）
山崎正勝「わが国における第二次世界大戦期科学技術動員――井上匡四郎文書に基づく技術院の展開過程の分析――」（『東京工業大学人文論叢』第二〇号、一九九四年）

（二）単行本

足達裕之『異様の船――洋式船導入と鎖国体制――』（平凡社、平凡社選書、一九九五年）
石井正紀『陸軍燃料廠――太平洋戦争を支えた石油技術者たちの戦い――』（光人社、光人社NF文庫、二〇〇三年）
同『石油技術者たちの太平洋戦争――戦争は石油に始まり石油に終わった――』（同右、同右、二〇〇八年）
ウィリアムズ、トレヴァー・I『20世紀技術文化史　上・下』中岡哲郎・坂元賢三監訳（筑摩書房、一九八七年）
梅溪　昇『お雇い外国人』（講談社、講談社学術文庫、二〇〇七年）
エリス、ジョン『機関銃の社会史』越智道雄訳（平凡社、平凡社ライブラリー、二〇〇八年）
大江志乃夫『日本の産業革命』（岩波書店、日本歴史叢書、一九六七年）
大熊康之『軍事システムエンジニアリング――イージスからネットワーク中心の戦闘までいかにシステムコンセプトは創出されたか――』（かや書房、二〇〇六年）
大橋周治『幕末明治製鉄史』（アグネ、一九七五年）
大橋隆憲『日本の統計学』（法律文化社、一九六五年）
大淀昇一『宮本武之輔と科学技術行政』（東海大学出版会、一九八九年）

同　『技術官僚の政治参画──日本の科学技術行政の幕開き──』（中央公論社、中公新書、一九九七年）
奥村正二『火縄銃から黒船まで──江戸時代技術史──』（岩波書店、岩波新書、一九七〇年）
同　『技術史をみる眼──自動車から京友禅へ──』（技術と人間、一九七七年）
奥山修平「１９３０～４０年代の日米研究開発体制の比較研究」（中央大学法学部、二〇一〇年）
茅原　健『工手学校──旧幕臣たちの技術者教育──』（中央公論新社、中公新書ラクレ、二〇〇七年）
川勝平太『日本文明と近代西洋──「鎖国」再考──』（日本放送出版協会、ＮＨＫブックス、一九九一年）
川地博行『英米日の小銃・自転車・自動車産業』（中央公論事業出版、二〇〇九年）
木村哲人『真空管の伝説』（筑摩書房、ちくまプリマーブックス、二〇〇一年）
クランツバーグ、Ｍ：パーセル二世、Ｃ・Ｗ『二〇世紀の技術　上・下』小林達也監訳（東洋経済新報社、一九七六年）
クーン、トーマス『科学革命の構造』中山茂訳（みすず書房、一九七一年）
小杉　肇『統計学史』（恒星社厚生閣、一九八四年）
小林達也『技術移転──歴史からの考察・アメリカと日本──』（文眞堂、一九八一年）
同　『続・技術移転──土着化への挑戦──』（同右、一九八三年）
同　『文明随想　継承と移転──日本の底力を読む──』（思文閣出版、二〇〇五年）
齋藤　憲『大河内正敏──科学・技術に生涯をかけた男──』（日本経済評論社、二〇〇九年）
須川薫雄『日本の軍用銃と装具』（国書刊行会、一九九五年）
鈴木眞哉『鉄砲と日本人──「鉄砲神話」が隠してきたこと──』（筑摩書房、ちくま学芸文庫、二〇〇〇年）
鈴木　淳『日本史リブレット100　科学技術政策』（山川出版社、二〇一〇年）
武市銀治郎『富国強馬──ウマからみた近代日本──』（講談社、講談社選書メチエ、一九九九年）
田中博秀『解体する熟練──ＭＥ革命と労働の未来──』（日本経済新聞社、一九八四年）
玉手榮治『陸軍カ号観測機──幻のオートジャイロ開発物語──』（光人社、二〇〇二年）
津野瀬光男『歴史に見る火器開発裏面史』（かや書房、一九九七年）
同　『幻の自動小銃──六四式小銃のすべて──』（光人社、光人社ＮＦ文庫、二〇〇六年）
東京大学百年史編集委員会『東京大学百年史』（全一〇巻）（東京大学、一九八四年）
中岡哲郎『人間と労働の未来』（中央公論社、中公新書、一九七〇年）

同　　　『日本近代技術の形成――〈伝統〉と〈近代〉のダイナミクス――』（朝日新聞社、朝日選書、二〇〇六年）
同・石井正・内田星美『近代日本の技術と技術政策』（東京大学出版会、一九八六年）
南部麒次郎『或る兵器発明家の一生』（天竜出版社、一九五三年）
日本科学史学会編『日本科学技術史大系』（全二五巻、別巻）（第一法規出版、一九六七年）
日本工学会編『明治工業史4　火兵篇・鉄鋼篇』（日本工学会明治工業史発行所、一九二九年）
バナール、J・D『歴史における科学』鎮目恭男訳（みすず書房、一九六六年）
日野川静枝『第一次世界大戦から第二次世界大戦にかけての現代アメリカ技術の実証的分析』（拓殖大学、一九九四年）
廣重　徹『科学の社会史――近代日本の科学体制――』（中央公論社、自然選書、一九七三年）
同　　　『近代科学再考』（筑摩書房、ちくま学芸文庫、二〇〇八年）
防衛システム研究会編『火器弾薬技術ハンドブック』（防衛技術協会、一九九〇年）
洞　富雄『鉄砲――その伝来と影響――』（思文閣出版、一九九一年）
前田裕子『戦時期航空機工業と生産技術形成――三菱航空エンジンと深尾淳二――』（東京大学出版会、二〇〇一年）
前間孝則『技術者たちの敗戦』（草思社、二〇〇四年）
三根生久大『陸軍参謀』（文藝春秋、一九八八年）
宮田由起夫『アメリカの科学技術政策』（昭和堂、二〇一一年）
三好信浩『日本工業教育成立史の研究――近代日本の工業化と教育――』（風間書房、一九七九年）
同　　　『明治のエンジニア教育』（中央公論社、中公新書、一九八三年）
同　　　『日本工業教育発達史の研究』（同右、二〇〇五年）
村上陽一郎『日本人と近代科学』（新曜社、一九八〇年）
木山聡毅『戦時体制下の語られざる技術者たち』（鳥影社、二〇〇七年）
山崎俊雄ほか編『科学技術史概論』（オーム社、一九七八年）
山田順治『コンクリートものがたり――コンクリートの文化史――』（文一総合出版、一九八六年）
山本　潔『日本における職場の技術・労働史　１８５４～１９９０』（東京大学出版会、一九九四年）
ロルト、L・T・C『工作機械の歴史――職人の技からオートメーションへ――』磯田浩訳（平凡社、一九八九年）
『近代日本学術用語集成　第2期・大正篇　第11・12巻　上・下（軍事篇）』（竜渓書舎、一九九〇年）

（三） 定期刊行物

日本銃砲史研究会編『銃砲史研究』（日本銃砲史学会）

三 組織論・経営学

（一） 単行本（含論文）

今坂朔久『現代経営者思考論――経営者的システム思考――』（白桃書房、一九七三年）
岩田光信『技術者のための研究開発マネジメント』（日刊工業新聞社、一九八〇年）
イン、R・K『ケース・スタディの方法　第2版』近藤公彦訳（千倉書房、一九九六年）
ウォーターマンJr.、ロバート・H『アドホクラシー――変革への挑戦――』平野勇夫訳（ティビーエス・ブリタニカ、一九九〇年）
加護野忠男「組織文化の測定」（『国民経済雑誌』第一四六巻第二号、一九八二年八月）
ガードナー、ダン『専門家の予測はサルにも劣る』川添節子訳（飛鳥新社、二〇一二年）
北川賢司『研究開発のシステムズアプローチ』（コロナ社、一九七七年）
キング、G・コヘイン、R・O・ヴァーバ、S『社会科学のリサーチ・デザイン――定性的研究における科学的推論――』真渕勝監訳（勁草書房、二〇〇四年）
クリステンセン、クレイトン『イノベーションのジレンマ　増補改訂版』玉田俊平太監訳、伊豆原弓訳（翔泳社、二〇〇一年）
玄場公規『ストラテジー選書13　イノベーションと研究開発の戦略』（芙蓉書房出版、二〇一〇年）
小池和男『日本産業社会の「神話」――経済自虐史観をただす――』（日本経済新聞出版社、二〇〇九年）
コリンズ、ジェームズ・C『ビジョナリー・カンパニー⑤　衰退の五段階』山岡洋一訳（日経BP社、二〇一〇年）
サイモン、ハーバート・A『意思決定の科学』（産業能率大学出版部、一九七九年）
佐藤郁也・山田真茂留『制度と文化――組織を動かす見えない力――』（日本経済新聞出版社、二〇〇四年）
高仲　顕『零戦のマネジメント』（日刊工業新聞、一九九五年）
高野研一・長谷川尚子「組織事故の共通要因と安全文化」（『電子情報通信学会技術研究報告』第一〇一巻第二二三号、二〇〇一年七

月）
高橋秀幸『ストラテジー選書7　空軍創設と組織のイノベーション――旧軍ではなぜ独立できなかったのか――』（芙蓉書房出版、二〇〇八年）
トフラー、アルビン『アルビン・トフラーの戦争と平和――21世紀、日本への警鐘――』徳山二郎訳（フジテレビ出版、一九九三年）
ドラッカー、P・F『テクノロジストの条件――ものづくりが文明をつくる――』上田惇生訳（ダイヤモンド社、二〇〇五年）
野中郁次郎・勝見明『イノベーションの本質』（日経BP社、二〇〇四年）
延岡健太郎『MOT［技術経営］入門』（日本経済新聞社、二〇〇六年）
秦　郁彦『官僚の研究――不滅のパワー1868－1983――』（講談社、一九八三年）
ポースト、ポール『戦争の経済学』山形浩生訳（バジリコ、二〇〇七年）
三澤一文『技術マネジメント入門』（日本経済新聞出版社、日経文庫、二〇〇七年）
森田松太郎・杉之尾宜生『撤退の研究――時機を得た戦略の転換――』（同右、二〇〇七年）
森本忠夫『魔性の歴史――マクロ経営学からみた太平洋戦争――』（文藝春秋、一九八五年）
山之内昭夫『新・技術経営論』（日本経済新聞社、一九九二年）
ワルドゥ、D『行政学入門』足立忠夫訳（勁草書房、一九六六年）

四　文化論

（一）論　文

井竿富雄「『日露戦争一〇〇年』の語り」（『法政研究』第七一巻第四号、二〇〇五年三月）
和泉洋一郎「特攻と日本人の死生観・戦争観」（『防衛学研究』第九号、一九九三年三月）
一ノ瀬俊也「日本陸軍と〝先の戦争〟についての語り――各連隊の『連隊史』編纂をめぐって――」（『史学雑誌』第一一二巻第八号、二〇〇三年八月）
稲野　強「牧野伸顕と日露戦争（二）――オーストリアの新聞から見た戦争世論――」（『群馬県立女子大学紀要』第一〇号、一九九〇年三月）

倉田安里「戦訓と国防」(『嘉悦女子短期大学研究論集』第四三巻第三号、二〇〇〇年八月)
西川吉光「日本の戦略文化と戦争」(『国際地域学研究』第一三号、二〇一〇年三月)
則定隆男「文化的キーワード『杓子定規』に見る日本人の契約観」(『青山経営論集』第四五巻第二号、二〇一〇年九月)

(二) 単行本

青木 保『日本文化論の変容——戦後日本の文化とアイデンティティー——』(中央公論新社、中公文庫、一九九九年)
大久保喬樹『日本文化論の系譜——『武士道』から『「甘え」の構造』まで——』(同右、中公新書、二〇〇三年)
大原康男『帝国陸海軍の光と影——一つの日本文化論として——』(日本教文社、一九八二年)
片山杜秀『近代日本の右翼思想』(講談社、講談社選書メチエ、二〇〇七年)
カッツェンスタイン、ピーター・J『文化と国防——戦後日本の警察と軍隊——』(日本経済評論社、二〇〇七年)
クレフェルト、マーチン・ファン『戦争文化論 上・下』石津朋之監訳(原書房、二〇一〇年)
クンダ、ギデオン『洗脳するマネジメント——企業文化を操作せよ——』樫村志保訳(日経ＢＰ社、二〇〇五年)
小松真一『虜人日記』(筑摩書房、一九七五年)
佐伯真一『戦場の精神史——武士道という幻影——』(ＮＨＫ出版、ＮＨＫブックス、二〇〇四年)
佐島直子『叢書 日本の安全保障第3巻 国際安全保障論Ⅰ——転換するパラダイム——』(内外出版、二〇〇七年)
同・丸茂雄一『叢書 日本の安全保障第4巻 国際安全保障論Ⅱ——アジア・太平洋の「戦略文化」——』(同右、二〇一〇年)
ダイアモンド、ジャレド『文明崩壊——滅亡と存続の命運を分けるもの——(上下)』(草思社、二〇〇五年)
千葉徳爾『負けいくさの構造——日本人の戦争観——』(平凡社、平凡社選書、一九九四年)
土居健郎『甘えの構造』(弘文堂、一九七一年)
吹浦忠正『捕虜の文明史』(新潮社、一九九〇年)
馬家駿・湯重南『東アジアのなかの日本歴史8 日中近代化の比較』(六興出版、一九八八年)
マッケイ、チャールズ『ウィザードブックシリーズ75 狂気とバブル——なぜ人は集団になると愚行に走るのか——』塩野未佳・宮口尚子訳(パンローリング株式会社、二〇〇四年)
マーレー、ウィリアムソン：シンレイチ、リチャード・ハート編『歴史と戦略の本質——歴史の英知に学ぶ軍事文化——』今村伸哉監訳(原書房、二〇一一年)

メイ、アーネスト『歴史の教訓――アメリカ外交はどう作られたか――』新藤榮一訳（岩波書店、岩波現代文庫、二〇〇四年）
山本七平『「空気」の研究』（文藝春秋、一九八三年）

五　一次資料

（一）単行本（含論文）

荒波正隆『日露戦争征露日誌』（ルネッサンスブックス、二〇〇五年復刻）
有末精三『有末精三回顧録』（芙蓉書房、一九七四年）
井口省吾文書研究会編『日露戦争と井口省吾』（原書房、一九九四年）
石井常造『日露戦役余談』（陸軍大学将校集会所、一九〇八年）
同『野戦砲兵戦術』（同右、一九〇八年）
ウィリアム、ウィルス『英国公使館員の維新戦争見聞記』中須賀哲朗訳（校倉書房、一九七四年）
上原勇作関係文書研究会『上原勇作関係文書』（東京大学出版会、一九七六年）
ウェーヤーコウレフ『旅順口要塞戦ノ実験ニ於ケル要塞坑道防御論』工兵監部訳（東京偕行社、一九一〇年）
鵜崎鷺城『陸軍の五大閥』（隆文館国書株式会社、一九一五年）
エヌ・ア・ツァベリ『日露戦争ノ際ニ於テ適用シタル野戦防御ノ形式』参謀本部訳（偕行社、一九一〇年。防衛大学校図書館所蔵資料）
〇〇氏『戦時彼我ノ兵力及損傷』（兵林館、一九〇三年）
小原正忠『横須賀重砲兵連隊史』（軍人会館出版部、一九三五年）
か・お・生『戦闘綱要・砲兵操典――砲兵戦闘ノ原則――』（成武堂、一九二九年）
鹿野吉広『日露戦争を斯く戦へり――鹿野吉広従軍（世田谷野戦砲兵連隊）日記――』（正直書林、一九三七年）
河村正彦『改正独日歩兵操典比較研究』（兵事雑誌社、一九〇八年）
清岡五明『様子嶺日誌』（清岡竜編、一九〇五年）
宮内庁編『明治天皇紀』（吉川弘文館、一九七五年）

クラフト『砲兵論』日本陸軍士官学校訳（偕行社、一八九九年）
来原慶助『黒木軍百話』（博文館、一九〇五年）
黒澤礼吉『日露戦争思出の記』（私家版、一九三五年）
工兵会議編『一九〇四年一九〇五年日露戦争ニ於ケル工兵勤務』（一九〇七年）
斎藤兵一『兵語ノ戦術的説明』（尚武館、一九四三年）
佐藤鋼次郎『日露戦争秘史――旅順を落すまで――』（あけぼの社、一九二四年）
参謀本部『明治三十七八年日露戦史』（一九一二年）
同『戦史及戦術ノ研究第一巻　陣地攻撃』（偕行社、一九一八年）
同『要塞攻撃ノ教訓』（同右、一九一八年）
同編『日露戦争ニ於ケル露軍ノ後方勤務』（東京偕行社、一九一五年）
同編訳『五国対照兵語字書』（一八八一年）
同第九課「日露戦役ニ於ケル日露両軍ノ主要兵器一覧表」（『日露戦役出征常備部隊ノ素質一覧表』靖国偕行文庫所蔵資料。一九〇五年と推定）
同第四部『明治三十七八年役露軍之行動』（一九〇八年。文生書院、二〇〇六年復刻版と併用）
関口隆正『故児玉参謀総長伝』（金港堂、一九〇六年）
関　太常『白兵主義』（兵林館、一九一〇年）
谷　寿夫『機密日露戦史　新装版』（原書房、二〇〇四年）
多門二郎『多門二郎日露戦争日記』（芙蓉書房、一九八〇年）
痴庵熊川千代喜『田中弘太郎大将』（牧夫荘、一九三八年）
デ・パルスキー『日露戦争ニ於ケル露軍失敗ノ原因（露軍改革意見）』河津敬次郎訳（干城堂、一九一三年）
富井静男『明治三十七、八年日露戦役参戦記録』（富井潔編、一九九九年）
長岡外史研究会編『長岡外史関係文書　回顧録篇』（長岡外史顕彰会、一九八九年）
同『同右、書簡・書類篇』（同右、一九八九年）
長澤重五『団洞斎全集』（軍事工業新聞出版局、一九四四年）
中島今朝吾「砲兵操典戦闘原則講演輯録其二」（野砲兵第七聯隊将校集会所、一九二九年）

中村　晃『大軍師児玉源太郎』（叢文社、一九九三年）
博文館編『児玉陸軍大将』（マツノ書店、二〇〇五年）
原乙未生「列強兵器技術の教訓」（『日本機械学会誌』第四五巻第三〇四号、一九四二年七月）
原田政右衛門『日本軍の暗黒面』（尚武社、一九一四年）
同　『大日本兵語辞典』（国書刊行会、一九八〇年復刻）
フォン・タルナワ『日露戦役の実験上に基ける野戦築城』木全多見・有川鷹一訂（兵事雑誌社、一九〇六年）
フォン・トロイエンシウェールト『日露戦役ノ経験ニ基ク歩兵攻撃』参謀本部訳（東京偕行社、一九〇九年）
フォン・ホフバウェル『野戦砲兵集団用法ノ沿革』野戦砲兵射撃学校訳（偕行社、一九〇三年）
武章生編『列強兵学家ノ日露戦ニ基ク戦術上ノ意見』（厚生堂、一九一一年）
仏国陸軍省編『戦闘間砲兵用法教育』砲兵射的学校訳（砲工共同会、一八八九年）
ミエーフ、ブニヤコフスキー共著『日露戦史摘例集』参謀本部訳（東京偕行社、一九一〇年）
三村砲兵中佐『兵器行政』（靖国偕行文庫所蔵資料）
宮本林治編『新旧対照歩兵操典の研鑽　上・下巻』（宮本武林堂、一九一〇年）
向田初市『一下士官の日露従軍日記――老爺嶺頭の寒月――』（にっかん書房、一九七九年）
森真三郎『日独仏三国戦術比較対照論』（兵事雑誌社、一九〇七年）
森山森次・蔵辻明義『児玉大将伝』（星野暢、一九〇八年）
安井洋偏『軍陣外科叢書第三輯　戦傷ノ統計的観察』（南江堂、一九一四年）
矢寺伊太郎『日露戦争従軍日記』（私家版、一九八〇年）
吉武源五郎編『児玉将軍十三回忌寄稿録』（マツノ書店、二〇一〇年）
陸軍技術本部高等官集会所編『陸軍大将田中弘太郎伝』（陸軍技術本校等官集会所、一九四〇年）
陸軍省『明治三十六年野戦砲兵操典』（一九〇三年。国立国会図書館所蔵資料）
同　『明治三十七八年戦役統計』（一九一一年）
同　『明治三十七八年戦役陸軍政史』（一九一一年）
同　『日清戦争統計集――明治二十七八年戦役統計集――』（海路書院、二〇〇五年復刻）
陸軍歩兵学校『敵ノ砲兵射撃界ヲ通過スル為ノ歩兵隊形ノ研究』（一九一七年）

リヒテル『日露戦役ノ経験ニ基キ砲兵ノ使用法ニ関スル研究』清野孝蔵訳（東京偕行社、一九一〇年）
臨時軍事調査委員『交戦諸国ノ陸軍ニ就テ（第四版）』（陸軍省、一九一八年）
ローネ『明治四十二年野戦砲兵戦術』陸軍砲工学校訳（陸軍砲工学校、一九〇九年）
ローリングホーフェン、フォン・フライターハ『１９０６年独逸歩兵操典戦史的説明』教育総監部訳（東京偕行社、一九一一年）
『外国武官観戦秘聞』（戦記名著刊行会、一九二九年）
『河北新報』
『坑道読本』（東京兵事雑誌社、一九〇六年）
『参戦二十将星回顧三十年日露大戦を語る　陸軍篇』（東京日日新聞社、一九三五年）
『重砲兵射撃教範草案』（一九一一年。国立国会図書館所蔵資料）
『重砲兵操典草案』（一九一三年）
『戦陣叢話　第四巻』（軍事普及会、一九二九年）
『タイムス日露戦争批評』（時事新報社、一九〇五年）
『敵ノ砲兵射撃界ヲ通過スル為ノ歩兵隊形ノ研究』（陸軍歩兵学校、一九一七年）
『独逸歩兵操典』山田耕三訳（軍事雑誌社、一九〇六年）
『東洋経済新報』
『日露戦役ノ実験上ヨリ得タル戦術』（厚生堂、一九〇六年）
『砲工共同会紀事』（砲工共同会
『歩兵操典』（昌栄社、一八九八年）
『野戦砲兵射撃教範』（厚生堂、一八九八年）
『野戦砲兵操典改正草案』（一九〇六年。国立国会図書館所蔵資料）
『野戦砲兵操典草案』（一九一五年。同右）
『明治三十七八年戦役工兵第十大隊略歴』（一九〇七年。国立国会図書館所蔵資料）
『明治四十三年野戦砲兵操典』（川流堂、一九一〇年）
『有毒瓦斯処分調査ニ関スル書類』（防衛大学校図書館所蔵資料）
『要塞砲兵操典改正草案』（川流堂、一九〇六年）

（二）　靖国偕行文庫所蔵資料

大野廣一『日露戦役初期ニ於ケル陸海軍ノ協同作戦』（一九二六年）
『工兵沿革大要』（一八九七年と推定）
『自明治末期至大正中期砲兵研究録』

（三）　防衛省防衛研究所図書館所蔵資料

伊地知幸介「鶏林日誌」
今澤重克「迫撃砲の発明」
上原勇作「日露戦争の感想」
教育総監部「重砲兵操典草案ニ関ル訓示及講話筆記」（一九一一年）
同　「野戦砲兵操典ニ関スル訓示及講話筆記」（一九一一年）
同　「明治四十年五月富士裾野附近陣地攻防演習記事」
研究会編『戦略戦術詳解　巻之七』（兵事雑誌社、一九一一年）
工兵監陸軍少将榊原昇造「工兵諸制度改良ニ関スル意見」（「明治33—40年陸軍技術審査部関係史料綴」）
児玉源太郎「我陸軍戦後経営ニ関シ参考トスヘキ一般ノ要件」
小沼治夫「戦闘ノ実相——戦史ニ基ヅク日本軍ノ能力特性ノ一端——」
酒井亀久次郎「火砲製造の想い出」
白石七郎「白石七郎の戦記と追想」
誉田甚八「日露戦役感想録」
「欧州戦争の実験に鑑み兵器行政上施設すへき事項　其一　戦時砲兵工廠職員及職工充足方法について」
「技術審査部業務規則類」
「曲射歩兵砲審査経過ノ概要」
「訓示　明治三十六〜三十九」
「軍用自動車調査委員彙報補遺」

「現行操典と改正案との比較」

「工兵操典」（一九一三年）

「工兵操典　臨時築城之部」（一八九三年）

「工兵編制関係綴」

「攻城工兵廠陣中日誌」

「攻城工兵廠等職員及馬匹名簿」

「攻城工兵廠兵器材料梱包員数表」

「攻城砲兵隊戦闘詳報」

「功績関係書類綴」

「工兵15大隊歴史」

「工兵第十一連隊歴史」

「近衛工兵大隊歴史（巻一）　明治8．2．24―41．12．25」

「参考書外国（歩・騎・砲・野戦築城）」

「参考の断片　其六（歩兵操典第二部の研究）」

「三八式野砲取扱に関する参考」

「実戦の経験に基づく意見」

「実戦の経験に基づく兵器資材に関する意見」

「自大正12年至昭和3年　取扱法並審査に関する書類綴」

「自大正13年至昭和3年　試験要領及報告綴」

「自明治三十八年二月下旬及至同三月上旬奉天附近ノ会戦ニ於ケル第四軍戦闘詳報　第四号」

「障害物通過法」

「将来の野砲に関する基礎的考察」

「昭和十六．五　科学知識不足に基づき兵器取扱上現れし欠陥の実例」

「昭和十六．九　陸達第68号　兵器業務規則」

「昭和十七年科学知識不足に基づく兵器取扱上の欠陥の実例」

「戦場に於ける野砲兵及重砲兵の本務上の差異」

「千八百九十九年二月四日発仏国攻守城教令　全」

「大正五．十一　各国各兵種使用兵器概見表」

「大正六．二　兵器工業に関する講演要旨」

「第二軍戦闘詳報　明治37年5月20日」

「太平洋戦争に於ける日本軍工兵及日本軍より見たる米軍工兵に関する観察」

「青島要塞攻撃に於ける野戦砲兵の用法に関する講話案」

「独逸新徒歩砲兵操典」（一九〇九年）

「独仏両国に於ける野砲兵一般用法」

「独国徒歩砲兵操典　第四部」

「日露戦役回想談」

「日露戦役観戦雑記」

「日露戦役時ノ要塞重砲ノ移動」

「日露戦役の感想」

「日露戦講話録」

「２０３高地要塞教育用断面図」

「兵器沿革史　第二輯」

「同右　第九輯」

「兵器技術の進歩を中心とした編成推移の概要　其一、二」

「米軍工兵将校の教育」

「砲工学校沿革史　明治34、35年」

「歩兵操典改正草案編纂綴（一）～（四）」

「明治29～39．10　戦後陸軍軍備充実計画」

「明治37．4．28　第一軍戦闘詳報」

「明治三十八年一月五日水師営ニ於ケル旅順開城乃木ステッセル両大将会見始末」

「明治三十八年十一月今回戦役ノ実験ニ基キ将来ニ関スル意見　第七師団」

「明治39年陸軍拡張案」

「明治39．2―39　12陸軍拡張案」

「明治42．1．4―大正8．12．28　近衛工兵大隊歴史（巻二）」

「野戦築城教範草案」

「野戦砲兵学校参考輯録」第2号
「野戦砲兵射撃教範改正草案」

「野戦砲兵射撃教範改正草案理由書」

「野戦砲兵操典改正理由書」

「野戦砲兵操典に関わる訓示及講話筆記」

「野戦砲兵第十五連隊歴史」

「野戦砲兵第13連隊歴史」

「野戦砲兵第14連隊歴史」

「野戦砲兵第十六連隊陣中日誌　其一」

「野戦砲兵第十六連隊明治三十七八年戦史」

「野戦砲兵第二旅団戦闘詳報」

「野戦砲兵編制論　明治32年」

「要塞坑道防御論」

「要塞戦術学読本　坑道戦及突撃」

「陸軍給与令」

「陸軍教育史　明治本記　1巻」（1914（大正3）年）

「陸軍教育史　明治三十七年」

「陸軍教育史　明治別記第十四巻　野戦砲兵射撃学校」

「陸軍教育史　明治別記第十五巻　重砲兵射撃学校」

「陸軍教育史草稿　明治39～41年」

「陸軍航空技術史の問題点」
「陸軍戦闘能力ヲ増加スルヲ要スル議」
「陸軍野戦砲兵射撃学校学生優等者講話集」
「陸軍の教育　第9編　典範令」
「旅順開城報告書」
「臨時築城教程」
「露国砲兵操典」
「我帝国陸軍教育史編纂ヲ必要トスル意見」
「我陸軍の戦後経営に関し参考とすべき一般の要件」

(四) アジア歴史資料センター所蔵資料（リファレンスコード順）

A：国立公文書館　C：防衛省防衛研究所

Ref.A03020066800「御署名原本・明治二十三年・勅令第六十七号・陸軍給与令」「御署名原本・明治二十三年・勅令第六十七号・陸軍給与令」
Ref.C02030391200「作戦用弾薬準備に関する件」明治43年『軍事機密大日記 1/4 明治43年01月～43年12月』
Ref.C02030404000「攻城重砲の砲種、砲数、及其弾薬に関し調査の件」明治44年『軍事機密大日記 3/4 明治44年01月～44年12月』
Ref.C02030404000「攻城重砲の砲種砲数及弾薬に関する件」明治44年『軍事機密大日記 3/4 明治44年01月～44年12月』
Ref.C02030665100「45式15珊加農及同34（ママ）珊榴弾砲制式制定の件」『大日記甲輯　大正02年』
Ref.C02030738800「三八式機関銃及三八式野砲並同弾薬車、予備品車、弾薬箱野戦火工具代用弾炸薬填実器其台制式制定の件」『大日記甲輯　大正04年』
Ref.C02031678300「24珊榴弾砲40式15珊加農運用及弾丸効力試験記事及同附図附録」『大日記乙輯　大正02年』
Ref.C03020226100「砲身後座式速射野砲車買収之件」明治37年『満密大日記　明治37年　10月　11月　12月』
Ref.C03020331300「迫撃砲擲爆薬鉄楯改良の件」明治38年『満密大日記　明治38年5月6月』
Ref.C03022794500「参謀本部　戦時補充令制定の件」『陸軍省―密大日記―明治36年』
Ref.C03022794600「参謀本部　諸勤務令改正の件」同右（戦時弾薬補給令を収録）

Ref.C03022804200「参謀本部　野戦兵器廠並野戦兵器本廠勤務令改正の件」同右
Ref.C03022830100「軍務局陸軍軍制調査委員の組織及訓令に関する件」『密大日記　明治39年』
Ref.C03022867100「教育総監部　陣地攻防演習計画要領の件」「密大日記　明治40年」
Ref.C03022968100「参謀本部　攻守城用材料として迫撃砲研究の件」「密大日記　明治42年」
Ref.C03026500000「砲身後坐式速射野砲砲架同前車弾薬車等改修の件」明治38年『満大日記　6月下』
Ref.C03026536000「銑製榴弾完成作業中止の件」明治38年「満大日記　7月上」
Ref.C03026576000「銑製榴弾半製品鋳潰の件」明治38年「満大日記　10月下」
Ref.C03026622000「銑製榴弾の効力実験の結果砲種配合に関する意見の件」明治38年「満大日記　8月」
Ref.C06040008200「37．5．5石渡幸之輔　御試験願　電瓶1個」『明治37．8年戦役に関する満受書類補遺　陸軍省　4冊の内の1』
Ref.C06040008600「37．9．4軍事局砲兵課　電瓶試験の件」同右
Ref.C06040008700「37．8．23陸軍技術審査部長　漆製電瓶審査の件　覆申」同右
Ref.C06040082900「6日露戦争の評論　日本の兵士、時局私見外」『明治37年臨密書類陸軍省』
Ref.C06040173700「第二篇　戦役間ニ於ケル兵器ニ関スル事項」『明治37、8年戦役　陸軍省軍務局砲兵科業務詳報　砲兵科』
Ref.C06040173900「3架橋材料の準備」同右
Ref.C06040174900「歩兵の防楯」同右
Ref.C06040175100「10鉄条鋏の問題」同右
Ref.C06040175800「17大籠．焼弾光弾を請求」同右
Ref.C06040175900「18戦利砲弾薬の補充請求」同右
Ref.C06040179500「10．19兵器会議に於て砲身後座式野砲4百門克社より購買することなす外」同右
Ref.C06040181700「結論及意見」同右
Ref.C06040181800「第2動員計画以外に編成すべき部隊に対する兵器弾薬等を準備し置くこと」同右
Ref.C06040181900「第3兵器弾薬の消耗力を予定すること」同右
Ref.C06040182000「第5兵器管理官及保管者の心得」同右
Ref.C06040363900「実験より得たる歩兵戦術一班」『明治38年1月—12月謀臨書類綴り大本営陸軍参謀』

Ref.C06040411400「発石本次官　宛大島大本営参謀　第1軍に於ける戦利砲の研究に関する件」『明治37年7月―9月謀臨書類綴大本営陸軍参謀』
Ref.C06040457400「37．8砲弾・製作工程を増加すへき提議」「明治37年8月　謀臨綴　大本営陸軍参謀部　保管」
Ref.C06040777100「第1臨時築城団長独乙式気球材料野外演習報告書」『明治38年9月　副臨号書類綴』
Ref.C06040945900「7月28日　流家溝、花児山を経て五台山に至る線を占領他」『明治37、38年　戦報　俘虜情報局』
Ref.C06041558000「編制」「明治38年　将来に関する意見書　満州軍第1師団」
Ref.C06041558500「兵器弾薬に関する改良案」同右
Ref.C06041559200「第2軍臨時攻城廠に関する意見」同右
Ref.C06083654600「独式12珊米及15珊米榴弾砲用の弾薬其他材料運搬車両取調の件」明治35年乾「貳大日記12月」
Ref.C06083759200「克式12、15珊米榴弾砲榴霰弾完成の件」明治36年乾「貳大日記5月」
Ref.C06083780500「15、12珊米榴弾砲薬莢用爆管完成の件」明治36年乾「貳大日記7月」
Ref.C06083815300「克式12、15珊米榴弾砲購買の件」明治36年乾「貳大日記11月」
Ref.C06084071600「迫撃砲試験射撃の際に於ける死傷者へ下賜金伝達の件」明治38年乾「貳大日記9月」
Ref.C06084413800「陣地攻防戦計画委員会開会の件」明治40年坤「貳大日記4月」
Ref.C06084414900「陣地攻防演習実費（ママ）に関する件」同右
Ref.C06084419600「陣地攻防戦演習計画委員任命の件」明治40年坤「貳大日記5月」
Ref.C06085078700「歩兵操典に関し訓示及講話の要旨送付の件」明治43年坤「貳大日記3月」
Ref.C07051205600「銑製榴弾腔発或は過早破裂に関する件」明治38年「五大日期　7月」
Ref.C07082343700「戦闘動作及通信勤務に関する注意の件」『明治37年自9月至12月　参謀本部大日記　臨号2』
Ref.C09050191800「38式野砲及38式機関銃の制式制定」『明治40年　陸達号綴』
Ref.C09050769600「第2軍戦報（3）」『第2軍戦報　明治37～38』
Ref.C09123104000「歩兵の射法及諸種躍進法試験報告の配賦通知」「明治37年　秘密日記　庶秘号」
Ref.C10071817700「号外軍制調査報告書（其の1）目次」『明治40年　号外軍制調査報告書　秘』
Ref.C10071818100「教育一般に関する意見」同右
Ref.C10071818200「歩兵に関する事項（機関砲を含む）」同右

Ref.C10071818400「野戦砲兵に関する事項」同右
Ref.C10071819100「秘第6号号外軍制調査報告書(其の2)兵器、弾薬、器具、材料、被服及糧食」同右
Ref.C10071819300「歩兵用兵器弾薬器具材料に関する意見」同右
Ref.C10071819500「野戦砲兵用兵器弾薬器具材料に関する意見」同右
Ref.C10071819600「工兵用兵器弾薬器具材料に関する意見」同右
Ref.C10071819700「輜重兵用兵器、弾薬、器具、材料及被服に関する意見」同右
Ref.C10071819900「炊具及器具に関する意見」同右

(五) 定期刊行物(掲載順)

(ア)『偕行社記事』及び『偕行』

「英杜戦争」(『偕行社記事』第二五七号、一九〇一年一月)
「南阿ニ於ケル戦争」(同右、第二六〇号、一九〇一年二月)
「英国ニ於ケル戦術ノ現状」(同右、第二八三号、一九〇二年二月)
「歩兵射撃力ノ増進」(同右、第三六八号、一九〇七年九月)
「千九百九年十一月八日発布日本新歩兵操典ニ於ケル教練及戦闘原則」(同右、第四一〇号、一九一〇年四月)
「日本新歩兵操典ニ就テ」(同右、第四〇九号、一九一〇年四月)
「日本新歩兵操典」(同右、第四一〇号、一九一〇年四月)
几山生「我カ野戦重砲兵」(同右、第四一八号、一九一〇年十月)
「独国兵学家ノ野戦重砲ニ関スル意見」(同右、第四二二号、一九一〇年十二月)
「千九百九年十一月八日発布日本歩兵操典ニ就テ」(同右、第四三九号、一九一二年三月)
「重砲兵ト牽曳自働車」(同右、第四五五号、一九一三年三月)
陸軍中将志岐守治「鴨緑江軍」(同右、第六六五号、一九三〇年一月)
「有末精三氏対談記」(『偕行』第三五一号、一九八〇年三月)
「野砲校漫談」(同右、第四一三号、一九八五年五月)
「陸軍野戦砲兵学校こぼれ話」(同右、第四一七号、一九八五年九月)

（イ）『偕行社記事』別冊附録

「日露戦講話録」（『偕行社記事』第三四六号別冊附録、一九〇六年八月）
晩翠「準備セシ陣地ノ攻撃ヲ論ス　戦役ノ経験ヲ基礎トシテ立論ス」（同右、第三五八号別冊附録、一九〇七年三月）
陸軍砲兵大尉山下定二「野戦ニ於ケル機関砲ノ研究」（同右、第三五二号別冊附録、一九〇六年十二月）
歩兵中佐森邦武「独逸新歩兵操典ヲ読ム」（同右、第三六一号別冊附録、一九〇七年五月）
露国参謀少将エ・マルツィノフ「悲痛ナル日露戦争ノ経験」（同右、第三六九号別冊附録、一九〇七年十月）
「千九百七年普国第六軍団終季演習参観報告」（同右、第三七六号別冊附録、一九〇八年二月）
金谷範三「歩兵ノ攻撃」（同右、第三八一号別冊附録、一九〇八年七月）
「工兵操典ニ関スル落合工兵監ノ訓示摘要」（同右、第四六八号別冊附録、一九一三年十月）
陸軍少将井森重夫「日露戦役に於ける兵器弾薬補充難の真相」（同右、第六六六号別冊附録、一九三〇年三月）

（ウ）『砲兵』

陸軍少将金子直「砲兵の発刊に際して」（『砲兵』第一号、一九二七年六月）
「現時欧米諸国ニ於ケル砲兵射撃ノ趨勢並其教育ニ就テ（其一）」（同右）
野戦砲兵学校研究部「欧州大戦ニ於テ激戦ニ当面セル火砲一門一日ノ消費弾薬数」（同右）
中島（三郎）（ママ）大佐「現時欧米諸国ニ於ケル砲兵射撃ノ趨勢並其教育ニ就テ（其二）」（同右、第二号、一九二七年八月）
瀧原三郎「日露戦争（戦場）に於ける砲兵小隊長としての実験（第三回）」（同右、第一〇号、一九二八年十二月）
KO生「火力の審判に就て」（同右、第一七号、一九三〇年一月）
独国防相付少佐フォン・ハーゼ千九百三十一年版「砲兵科以外ノ人々ノ為砲兵ノ種々相ニ就テ」野戦砲兵第四連隊中尉松井忠雄訳（同右、第三〇号、一九三一年十月）
室兼次「思い出のままに」（同右、第一七号、一九三〇年一月及び同第一八号、一九〇三年三月）

（エ）『火兵学会誌』

渡邊岩之助「近世野戦砲兵の進歩」（『火兵学会誌』第一巻第一号、一九〇五年十一月）

「露国陸軍に於ける弾着の観測に飛行機の応用」（同右、第八巻第二号、一九一三年八月）
「航空機内の無線電信機」（同右、第八巻四号、一九一四年一月）

（六）　福島県立図書館所蔵資料

参謀本部「明治三十七八年日露戦史編纂綱領」
「明治三十七八年日露戦史編纂規定」
「日露戦史編纂ニ関スル注意」
「日露戦史史稿審査ニ関スル注意」
「日露戦史整理ニ関スル注意」
参謀本部第四部「日露戦史編纂史料」
インマヌエル「統帥兵上ニ於ケル日露戦争ノ実験及教訓」深田康算訳
英国参謀本部編「日露戦記」岡部陸軍編修訳
カリノフスキー「日露戦争」雪山俊夫訳
ギヲニック「満州戦論」田久保昌雄訳
シュワルツ「クロパトキン軍ニ於ケル十ヶ月従軍記」秋山精一訳
シレーテル「旅順ノ戦闘」秋山精一訳
ストレツフロイル「日露戦争」兵藤為三郎訳
セドウィック「陸上ニ於ケル日露戦争」浅野政次郎訳
セリワチエーフ「日露戦争記」神戸応一訳
ソロウィーフ「日露戦争ノ実験」岡部陸軍編修訳
タルナヴァ「遼陽及奉天戦ノ研究」雪山俊夫訳
ヅルージニン「本渓湖戦記事」井田孝平訳
テッタウ「露国満州軍十八ヶ月従軍記」秋山精一訳
ピエール・ルホートクール「日露戦争ニ於ケル若干ノ教訓」田久保昌雄訳
ビュージャク「日露戦争」田久保昌雄訳

フレック「奉天会戦ノ研究」橋本忠夫訳
メウニエル「日露戦争教訓」阿部漸訳
ロスタニヨ「満州ニ於ケル露軍」松井徳善訳
ロマノフスキー及びシュワルツ「満州ニ於ケル防御」佐藤宝五郎訳
「日露戦争講話」田久保昌雄訳
「日露戦争の詳細」秋山精一訳
「旅順口」森御蔭訳

英語文献

一　軍事史

（一）論文

Bellamy, Christopher, "The Firebird andathe Bear : 600 Years of the Russian Artillery," *History Today*, Vol. 32, No. 9(Sept. 1982).
——, "The Russian Artillery and the Origins of Indirect Fire : Part1," *Army Quarterly & Defense Journal*, Vol.112, No.2 (April 1982), pp.211-222.
——, "The Russian Artillery and the Origins of Indirect Fire : Part2," *Ibid.*, Vol.112, No.3 (July 1982), pp.330-337.
Bond, Brian, "Military History in the West : A Personal View"（『戦史研究年報』第６号、2003 年３月）.
Cox, P. Gary, "Of Aphorisms, Lessons, and Paradigms: comparing the British and German Official Histories of the Russo-Japanese War," *Journal of Military History*, Vol.56, No.3 (July 1992), pp.389-401.

Howard, Michael, “Men against Fire : The Doctrine of the Offensive in 1914,” *Makers of Modern Strategy from Machiavelli to the Nuclear Age* (Princedton University Press, 1986).

Katzenbach, Edward L., “Tradition and Technological Change,” *American Defense Policy,* 5th ed. (The Johns Hopkins University Press, 1982).

Millett, Allan R., “Military History in the United State”（『戦史研究年報』第 6 号、2003 年 3 月）.

Murray, Williamson, “Transformation and Innovation : The Lessons of the 1920s and 1930s”（同上、第 7 号、2004 年 3 月）.

Sheffy, Yigal, “A model not to follow,” *The Impact of Russo-Japanese War* (Routledge, 2007).

（二） 単行本

Adamsky, Dima, *The Culture of Military Innovation* (Stanford University Press, 2010).

Armstrong, David A., *Bullets and bureaucrats : The Machine gun and the United States Army, 1861-1916* (Greenwood Press, 1982).

Bailey, Jonathan B.A., *Field Artillery and Firepower* (Routledge, 2004).

Bidwell, Shelford and Graham, Dominick, *Fire Power : British Army Weapons and Theories of War 1904-1945* (Pen & Sword Books Limited, 2004).

Carter, John R., *Airpower and the Cult of Offensive* (University Press of Pacific, 2005).

Chasseur, *A study of the Russo-Japanese War* (W. Blackwood, 1905).

Creveld, Martin Van, *Technology and War : from 2000B.C. to the Present* (The Free Press, 1989).

Duma, Samuel and Vedel-Petersen, K.O., *Loss of Life caused by War* (Clarendon Press, 1923).

Dupuy, Trevor N., *The Evolution of Weapons and Warfare* (Da Capo Press, 1984).

Dyke, Carl Van, *Russian Imperial Military Doctrine and Education, 1832-1914* (Greenwood Press, 1990).

Echevarria II, Antulio J., *Imaging Futurre War : The West's Technological Revolution and Visions of Wars to Come, 1880-1914* (Praeger Security International, 2007).

Farrell, Theo, *Weapons without a Cause : The Politics of Weapons Acquisition in the United States* (Macmillan Press, 1997).

——, and Terry Terriff, *The Sources of Military Change Culture, Politics, Technology* (Lynne Rienner Publishers, Inc., 2002).

Fuller, J. F. C., *Armament & History : The Influence of Armament on History from the Dawn oj Classical Warfare to the End of the Second World*

War (Da Capo Press, 1998).
Grunden, Walter E., *Secret Weapons and WW2: Japan in the shadow of Big Science* (University Press of Kansas, 2005).
Jäger, Herbert, *German Artillery of World War One* (The Crowood Press Ltd., 2001).
Johnson David E., *Fast Tanks and Heavy Bombers : Innovation in the U. S. Army 1917-1945* (Cornell University Press, 1998).
Knox, Macgregor and Murray, Williamson, ed., *The Dynamics of Military Revolution 1300-2050* (Cambridge University Press, 2001).
Kowner, Rotem, ed., *The Impact of Russo-Japanese War* (Routledge, 2007).
Lieber, Keir A., *War and the Engineers* (Cornell University Press, 2005).
Luttwak, Edward N., *Strategy : The Logic of War and Peace, revised and enlarged edition* (Belknap Press of Harvard University Press, 2001).
Marshall, S. L. A., *Men against Fire : The Problem on Battle Command* (University of Oklahoma Press, 1947).
Moy, Timothy, *War machines : transforming technologies in the U.S. military, 1920-1940* 〈Texas A&M University military history series ; 71〉 (Texas A&M University Press, 2001).
Murray, Williamson and Millett, Allan R., *Military Innovation in the Interwar Period* (Cambridege University Press, 1996).
O'connell, Robert L,. *Of Arms and Men : A History of War, Weapons, and Aggression* (Oxford University Press, 1989).
Pierce, Terry C., *Warfighting and Disruptive Technologies* (Frank Cass, 2004).
Porter, Patric, *Military Orientalism, Eeastern War Through Western Eyes* (Hurst & Company, 2009).
Posen, Barry R., *The Sources of Military Doctrine : France, Britain, and Germany between the World Wars* (Cornell Studies in Security Affairs, 1984).
Rao, Digumarti Bhaskara, ed., *MILITARY CONVERSION Impact on Science and Technology* (Discovery Publishing House, 2003).
Reichart, John F. and Sturm, Steven R., ed., *AMERICAN DEFENSE POLICY,* Fifth Edition (The Johns Hopkins University Press, 1982).
Reid, Brian Holden, *Studies in British Military Thought* (University of Nebraska Press, 1998).
Rosen, Stephen Peter, *Winning the Next War : Innovation and the Modern Military* (Cornell University Press, 1991).
Ross, Steven T., *From Flintlock to Rifle : Infantry Tactics, 1740-1866* (Frank Cass, 1979).
Snyder, Jack, *The Ideology of the Offensive* (Cornell University Press, 1984).
Steele, Brett D., *Military Reengineering between the World Wars* (RAND corporation, 2005).
Steinberg, John W., ed., *The Russo-Japanese War In Global Perspective: World War Zero* (Brill Academic Pub., 2005).

Van Dyke, Carl, *Russian Imperial Military Doctrine and Education, 1832-1914* (Greenwood Press, 1990).
Vining, Margaret and Hacker, Barton C., ed., *Science in Uniform, Uniforms in Science* (Scarecrow Press, Inc., 2007).
Wells, David and Wilson, Sandra, ed., *The Russo-Japanese War in Cultural Perspective, 1904-1905* (Macmillan Press LTD., 1999).
Wilkinson, Spenser, *Lessons of the War : Being Comments from week to week to the Relief of Ladysmith* (General Books, 2009).
Wilson, Trevor, *THE MYRIAD FACES OF WAR* (Polity Press, 1986).
Zisk, Kimberly Marten, *Engaging the Enemy : Organization Theory and Soviet Military Innovation, 1955-1991* (Princeton University Press, 1993).
Department of Defense, *Dictionary of Military and Associated Terms* (Joint Chiefs of Staff, 1979).

二　その他

Mitroff, Ian I. & Abraham Silvers, *Dirty Rotten Strategies: How We Trick Ourselves and Others into Solving the Wrong Problems Precisely* (Stanford University Press, 2010).
Booth, Ken and Russell Trood, ed., *Strategic Cultures in the Asia-Pacific Region* (St. Mratin's Press, INC., 1999).

三　一次資料

（一）　単行本

General Staff, War Office, Sebastian, *The Russo-Japanese war : reports from officers attached to the Japanese forces in the field* (Ganesha, 2000). 原著は1906年刊行。
Hamilton, Sir Ian, *A staff officer's scrap-book during the Russo-Japanese War,* Vol. 1 (E. Arnold, 1905).
Palmer, Frederick , *WITH KUROKI IN MANCHURIA* (Charles Scribner's Sons, 1904).
Rowan-Robinson, Major H, *The Campaign of Liao-Yang* (Constable and Company, Ltd., 1914).
War Department, Office of the Chief of Staff, *Reports of Military Observers attached to the Armies in Mnchuria during the Russo-Japanese War*

(Parts I & II, Part III) (1906).

The Russo-Japanese war, translatated by Carl von Donat (Hugh Rees, Ltd., 1908).

The Red Cross in the Far East (Red Cross Society of Japan, 1907-1910).

The Russo-Japanese war: medical and sanitary reports from officers attached to the Japanese and Russian forces in the field (H. M. Stationery Office by Eyre & Spottiswoode, 1908).

（二）　定期刊行物記事

"lessons of the Russo-Japanese War : Armament," *Jounal of the United States Artillery,* Vol.24, No.2 (September/October 1905).

"RUSSIAN FIELD ARTILLERY AT THE BATTLE OF DA-THCI-TSIAO," *Journal of the United States Artillery,* Vol.23, No.2 (whole No.72) (March-April 1905).

あとがき

本書は、筆者が防衛大学校総合安全保障研究科後期課程で執筆した博士論文に若干の修正を加えたものである。論文執筆に際し、よく訊かれたことが二つある。

一つ目は、なぜ修士論文と全然違うテーマを選んだのかというもの。

二つ目は、航空自衛隊に奉職している身で、なぜ砲兵の研究をしているのかというものである。

まず一つ目。筆者は修士課程では、「日本陸軍の飛行場設定」を、特にニューギニア戦の事例に注目して研究した。それがなぜ博士論文では日露戦争なのか。

ニューギニアにおける日本の航空作戦の敗北は、飛行場建設能力の優劣と直結している。ブルドーザーを駆使する米軍に対し、日本軍は人海戦術でジャングルの開墾に挑むしかなかった。そこから、大雑把に言って、日本軍には技術の向上よりも労働力によって問題を解決する傾向があるのではないか、兵器開発に技術を軽視する心理が働いているのではないか、という疑問を抱いた。

その原点がどこにあるのかと遡っていったら、日露戦争までたどり着いてしまったというわけである。結局、調べた事実と技術軽視とをうまく結びつけることができず、日露戦争の戦訓と制度改革に絞って論文にまとめた。技術軽視と兵器開発は、より大きなテーマとして今後に持ち越すことになる。

二つ目については、砲兵のミッションは航空作戦と重なるところが多いというのが理由である。しばしば参照した Jonathan B.A.Bailey, *Field Artillery and Firepower* (Routledge, 2004) は、砲兵のミッションについて詳しく述べた本である。この本は砲兵の特別任務として Counter Battery Fire と Direct Fire を挙げている。これらはそれぞれ、代表的な航空作戦である Counter Air と Close Air Support に相当する。さらに驚いたことには、これらに加えて Suppression of Enemy Air Defense (SEAD) の項があるのだ。SEAD とは「敵防空網制圧」と訳され、攻撃に先立って対空砲、地対空ミサイルなどの対空砲火を撃破する任務のことである。現代の航空作戦では不可欠の任務だ。砲兵が行う SEAD は、味方空挺部隊の降下地点の対空砲火を制圧するミッションのようだが、航空機がかつて「空飛ぶ砲兵」と呼ばれたのは伊達ではないのだ。火砲も航空機も、火力をより速く、より遠く、より正確に投射する手段であることに変わりはない。航空戦力のご先祖である砲兵について知ることは、決して無駄にはならないであろう。


本書の刊行までには、実に多くの方々のお世話になった。到底全員のお名前を挙げることはできないが、特に次の方々にはこの場を借りて深くお礼を申し上げる。

研究科における指導教官、鎌田伸一先生。五年の長きにわたり、辛抱強くご指導頂いた。私の課程修了と同時に退官されたが、先生の最後の弟子になれたことを誇りに思っている。

戸部良一先生、荒川憲一先生のご両名には、手厳しくも貴重なコメントを数多く頂戴した。

横山久幸先生は、軍事技術史というジャンルにのめりこむきっかけを作ってくださった。

修士論文の審査以来、なにくれとなく気にかけて頂いた等松春夫先生。出版のために労を取って頂いた源田孝先生。

古峰文三さんのお仕事は、参考文献に挙げることができなかったが、氏の砲兵に関する知見には大きなヒントを頂いた。

中藤正道さんをはじめ錦正社の皆さまは、遅々として進まない筆者の校正作業に粘り強く付き合って下さった。

最後に、震災の後も変わらず貴重な史料を守ってこられた福島県立図書館の皆さまに心から敬意を表したい。「日露戦史編纂史料」の閲覧なしには到底博士論文は書けず、したがって本書も存在しなかった。

ありがとうございました。

平成二十八年一月

わ行

ら行

ま行

や行

な行

は行

た行

事 項 索 引

あ行

か行

な行

は行

ま行

や行

ら行

索　　引

同一項目が２つ以上ある場合は、２番目以降の項目名を、１字下げて——で示してある。

数字が含まれている場合は、五十音順にこだわらず、数字順にしてある。

長音（ー）、濁音、半濁音は無視して並べてある。
→は、矢印の右側の項目を見よの意である。

人名索引

あ行

か行

さ行

た行

著者略歴

小数賀　良二（こすが　りょうじ）

２等空佐。防衛大学校防衛学教育学群准教授。
1972 年生。1994 年筑波大学基礎工学類卒。1996 年筑波大学大学院工学研究科博士課程中退。修士（工学）。同年航空自衛隊入隊。第７航空団、補給本部等で勤務後、2008 年防衛大学校総合安全保障研究科前期課程に入学。2010 年修了。2013 年同後期課程修了。博士(安全保障学)。

主要業績：「日露戦争後の歩砲協同思想の確立」(『軍事史学』第 51 巻第１号、2015 年６月)。
“Airstrip Construction of the Imperial Japanese Army during the Battle for New Guinea,” Global War Studies, Asia-Pacific War, 1931-1945 International Conference で発表。

砲・工兵の日露戦争
戦訓と制度改革にみる白兵主義と火力主義の相克

平成二十八年二月　二日　印刷
平成二十八年二月十八日　発行

※定価はカバー等に表示してあります。

著　者　小数賀　良二
発行者　中藤　正道
発行所　㈱錦　正　社
〒一六二―〇〇四一
東京都新宿区早稲田鶴巻町五四四―六
電　話　〇三（五二六一）二八九一
FAX　〇三（五二六一）二八九二
URL　http://www.kinseisha.jp/

印刷　㈱平河工業社
製本　㈱ブロケード

ISBN978-4-7646-0340-0